PREFACE 머리말

건설과 산업현장의 자동화, 대형화가 가속화되면서 로더(Loader)는 현장 효율성과 안전성을 좌우하는 핵심 장비로 자리 잡고 있습니다. 로더는 토사, 자갈, 폐자재 등 각종 자재를 신속히 운반하고 적재하는 역할을 담당하며, 도로공사·토목현장·폐기물처리장·채석장 등 거의 모든 산업현장에서 활용됩니다. 이처럼 다양한 산업에 로더 조종 인력이 필요하므로 로더운전기능사 자격증의 효용 가치는 높게 평가 받고 있습니다.

로더운전기능사 자격은 중장비 운전의 기본이자 출발점으로, 공공기관·건설사·토목업체 등에서 공식적으로 인정 받는 전문 면허입니다. 자격 취득자는 공사 현장, 지방자치단체, 환경미화시설, 항만 등 다양한 분야로 진출할 수 있으며, 국가기술자격증 소지자로서 경력인정과 승진, 취업 시 가산점 등의 혜택을 받을 수 있습니다. 또한 로더운전기능사는 다기능 장비 운전자로 성장하기 위한 첫 단계로도 평가됩니다. 현장에서 직접 장비를 다루며 기술적 감각을 익히고, 경험을 축적하면 건설기계 정비·관리·감독 분야로의 진출도 가능해집니다.
따라서 로더운전기능사 자격증은 단순한 면허 이상의 의미를 지닙니다. 그것은 기술인의 자부심, 그리고 대한민국 산업현장의 안전과 효율을 지탱하는 전문성의 증표이기도 합니다.

본 교재는 실제 시험 출제기준과 현장 경험을 토대로 구성되어, 초보자도 체계적으로 학습할 수 있도록 하였습니다. 이 교재를 통해서 로더의 구조 이해부터 실기 절차까지, 기능사 합격을 넘어 실무 역량까지 갖춘 기술인으로 성장하시길 바랍니다.

GUIDE 안전보건&교통안전 표지

◆ 산업안전표시

금지표지	출입금지	보행금지	차량통행금지	사용금지	탑승금지	금연	화기금지	물체이동금지

경고표지	인화성물질 경고	산화성물질 경고	폭발성물질 경고	급성독성물질 경고	부식성물질 경고	방사성물질 경고	고압전기 경고	매달린 물체 경고
	낙하물 경고	고온 경고	저온 경고	몸균형상실 경고	레이저광선 경고	발암성·변이원성·생식독성·전신독성·호흡기 과민성 물질 경고		위험장소 경고

지시표지	보안경 착용	방독마스크 착용	방진마스크 착용	보안면 착용	안전모 착용	귀마개 착용	안전화 착용	안전장갑 착용	안전복 착용

안내표지	녹십자표지	응급구호표지	들것	세안장치	비상용기구	비상구	좌측비상구	우측비상구

◆ 규제표지

통행금지	자동차 통행금지	화물자동차 통행금지	승합자동차 통행금지	이륜자동차 및 원동기 장치 자전거통행금지	자동차·이륜자동차 및 원동기장치 자전거 통행금지	경운기·트랙터 및 손수레 통행금지	자전거 통행금지	진입금지
직진금지	우회전금지	좌회전금지	유턴금지	앞지르기금지	주정차금지	주차금지	차중량제한	차높이제한
차폭제한	차간거리확보	최고속도제한	최저속도제한	서행	일시정지	양보	보행자 보행금지	위험물적재차량 통행금지

◆ 주의표지

+자형교차로	T자형교차로	Y자형교차로	ㅏ자형교차로	ㅓ자형교차로	우선도로	우합류도로	좌합류도로	회전형교차로
철목건널목	우로굽은도로	좌로굽은도로	우좌로굽은도로	도로폭이좁아짐	우측차로없어짐	좌측차로없어짐	우측방통행	양측방통행
중앙분리대시작	중앙분리대끝남	신호기	미끄러운도로	강변도로	노면고르지못함	과속방지턱	낙석도로	횡단도로
어린이보호	자전거	도로공사중	비행기	횡풍	터널	교량	야생동물보호	위험
상습정체구간								

◆ 지시표지

자동차 전용도로	자전거 전용도로	자전거 및 보행자 겸용도로	회전교차로	직진	우회전	좌회전	직진 및 우회전	직진 및 좌회전
좌회전 및 유턴	좌우회전	유턴	양측방통행	자전거 및 보행자 통행구분	자전거 전용차로	주차장	자전거 주차장	보행자 전용도로
횡단보도	노인보호	어린이보호	장애인보호	자전거횡단도	일방통행	일방통행	일방통행	비보호좌회전
버스전용차로	다인승차량 전용차로	통행우선	자전거나란히 통행허용					

GUIDE 로더운전기능사 시험정보

| 로더운전기능사 취득방법

구분		내용
시험과목	필기	건설기계기관, 전기 및 작업장치, 유압일반, 건설기계관리법규 및 도로통행방법, 안전관리
	실기	로더운전작업
검정방법	필기	객관식 4지 택일형 60문항(60분)
	실기	작업형(3분 정도)
합격기준	필기	100점을 만점으로 하여 60점 이상
	실기	100점을 만점으로 하여 60점 이상

| 로더운전기능사 합격률

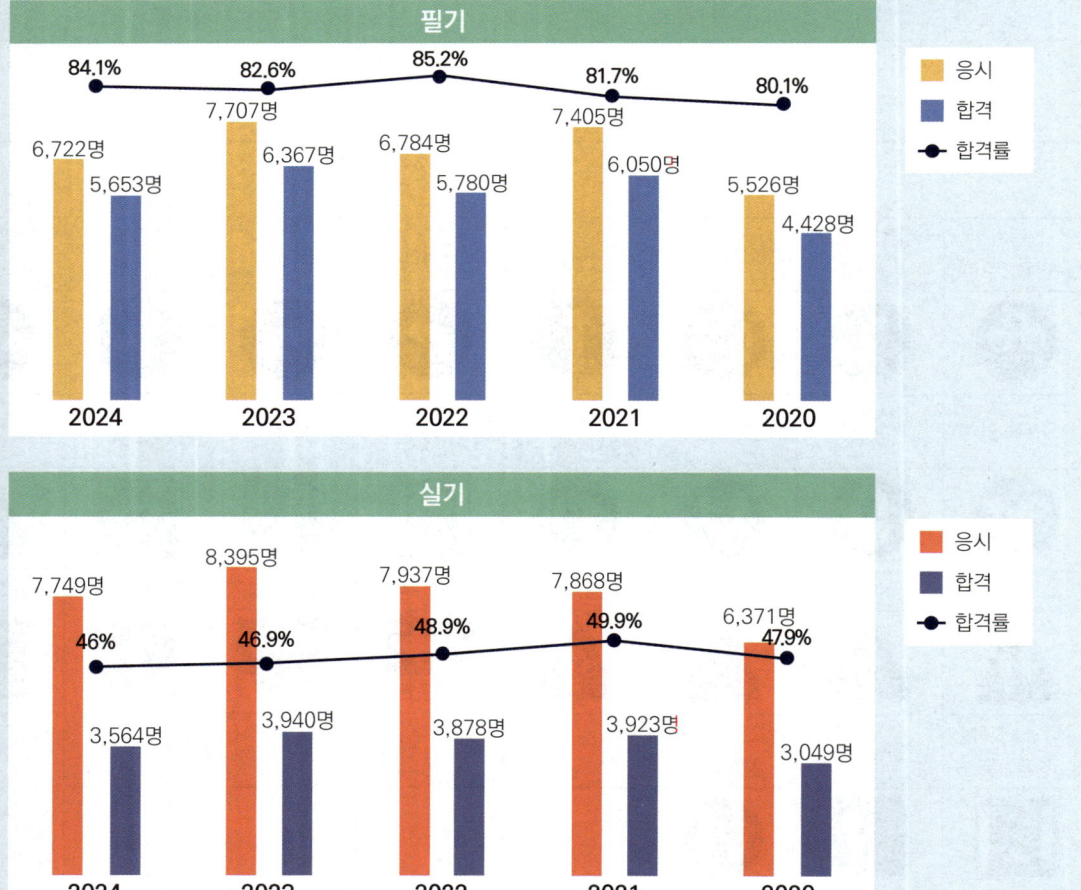

GUIDE 로더운전기능사 필기 출제기준

직무분야	건설	중직무분야	건설기계운전	자격종목	로더운전기능사	적용기간	2025.01.01.~2027.12.31.
필기검정방법	객관식	문제수	60			시험시간	1시간

필기과목명	주요항목	세부항목
로더 조종, 점검 및 안전관리	1. 장비구조 및 점검	1. 엔진구조
		2. 전기장치
		3. 동력전달(차체)장치
		4. 유압장치
		5. 로더 점검
	2. 조종 및 작업	1. 로더 일반
		2. 로더 조종 및 기능
		3. 로더 작업방법
	3. 로더안전 · 환경관리	1. 산업안전보건
		2. 작업·장비 안전관리
	4. 건설기계관리법규	1. 건설기계등록 및 검사
		2. 면허·사업·벌칙

GUIDE 구성과 특징

✅ 핵심이론

Point 1
꼭 알아야 할 중요한 핵심이론만 완벽하게 정리하였습니다.

Point 2
학습 내용을 쉽게 이해할 수 있도록 삽화를 수록하였습니다.

✅ 단원문제

Point 1
기출분석으로 엄선된 단원문제로 출제경향을 완벽하게 파악할 수 있습니다.

Point 2
문제 해결을 위한 포인트만 콕 집어 쉽고 명확한 해설을 제공합니다.

✅ CBT 적중모의고사

Point 1

수험생들이 스스로 역량을 확인할 수 있도록 최신 경향의 CBT 문제와 빈출 유형을 분석하여 엄선하였습니다.

Point 2

자세한 해설로 시험을 체계적으로 대비할 수 있습니다.

✅ 핵심압축이론

Point 1

꼭 알아야 할 중요한 핵심이론만 정리하였습니다.

Point 2

압축된 내용으로 학습 개념을 빠르게 정리하며 시험에 대비할 수 있습니다.

CONTENTS 목차

01 안전관리
- CHAPTER 01 산업안전관리 ... 10
- CHAPTER 02 안전보호구 및 안전장치 ... 12
- CHAPTER 03 안전표지 ... 14
- CHAPTER 04 기계, 기구, 공구 및 작업 안전 ... 16

02 로더의 점검 및 장비구조
- CHAPTER 01 로더의 작업 전·중·후 점검 ... 32
- CHAPTER 02 로더 일반 ... 34
- CHAPTER 03 로더의 제원과 구조 및 종류 ... 36
- CHAPTER 04 로더의 조종 및 기능 ... 39

03 로더의 작업 방법
- CHAPTER 01 로더 작업의 기초 ... 60
- CHAPTER 02 로더의 작업 방법 ... 63

04 건설기계관리법 및 도로교통법
- CHAPTER 01 도로교통법 ... 74
- CHAPTER 02 건설기계관리법 ... 80
- CHAPTER 03 응급대처 ... 87

05 엔진구조
- CHAPTER 01 엔진 주요부 ... 110
- CHAPTER 02 윤활장치 ... 117
- CHAPTER 03 냉각장치 및 흡·배기장치 ... 119

06 전기장치
- CHAPTER 01 전기와 축전지(배터리) ... 140
- CHAPTER 02 시동장치 ... 143
- CHAPTER 03 충전장치와 등화장치 ... 145

07 전·후진 주행장치
- CHAPTER 01 동력전달장치 ... 160
- CHAPTER 02 조향장치 ... 164
- CHAPTER 03 제동장치 ... 166

08 유압장치
- CHAPTER 01 유압일반 및 유압펌프와 실린더 ... 178
- CHAPTER 02 유압탱크와 유압기호 및 회로 ... 181
- CHAPTER 03 유압유·컨트롤 밸브 및 그 밖의 부속장치 ... 183

09 CBT 적중모의고사
- 1 1회 CBT 적중모의고사 ... 206
- 2 2회 CBT 적중모의고사 ... 213
- 3 3회 CBT 적중모의고사 ... 220
- 4 4회 CBT 적중모의고사 ... 226
- 5 5회 CBT 적중모의고사 ... 233

10 CBT 적중모의고사 정답과 해설
- 1 1회 CBT 적중모의고사 정답과 해설 ... 242
- 2 2회 CBT 적중모의고사 정답과 해설 ... 245
- 3 3회 CBT 적중모의고사 정답과 해설 ... 248
- 4 4회 CBT 적중모의고사 정답과 해설 ... 252
- 5 5회 CBT 적중모의고사 정답과 해설 ... 255

부록
- 핵심 압축 이론 ... 260

PART 01

안전관리

Chapter 01　산업안전관리
Chapter 02　안전보호구 및 안전장치
Chapter 03　안전표지
Chapter 04　기계, 기구, 공구 및 작업 안전

CHAPTER 01 산업안전관리

01 산업안전의 정의

1 산업재해 정의
산업재해(産業災害) 또는 산재(産災)로, 노동자가 업무에 관계되는 건설물·설비·원재료·가스·증기·분진 등으로 작업 또는 그 밖의 업무로 사망 또는 부상을 당하거나 질병에 걸리는 것

2 재해조사의 목적
① 발생한 재해를 과학적 방법으로 조사, 분석하여 재해의 발생 원인 규명
② 안전대책을 수립하여 동종 및 유사재해의 재발 방지
③ 안전한 작업 상태를 확보하고 쾌적한 작업환경 조성

02 산업재해의 원인

1 직접적 원인
(1) 개인의 행동(가장 많은 재해 발생 원인, 산업재해율 85%)
   ① 사고·재해를 일으키거나 그 요인을 만들어 내는 작업자의 행동을 의미
   ② 안전장치 무효와 안전 조치 불이행, 불안전한 방치, 장치 등의 목적 이외의 사용 등이 원인
   ③ 운전 중 기계 및 장치 등의 점검 미비, 보호구와 복장 결함과 위험장소 출입 및 잘못된 동작 등도 원인이 됨

(2) 불안정한 상태(산업재해율 15%)
   ① 사고·재해를 일으키거나 그 요인을 만들어 내는 물리적 상태나 환경을 의미
   ② 방호조치 결함 및 물건 적치 방법, 작업장소 결함, 보호구, 복장 등의 결함 그리고 작업환경 결함 등이 원인

2 간접적 원인
① 기술적 원인: 건물 기계장치 설계 불량, 구조재료의 부적합, 생산방법 부적당, 점검 불량 등
② 교육적 원인: 안전 지식 부족, 안전 수칙 미숙지, 경험 부족, 작업 방법 교육 불충분 등
③ 작업 관리상 원인: 안전 수칙 미숙지, 작업 준비 부족, 인원배치 부적당, 작업지시 부적당 등
④ 불가항력의 원인
   • 천재지변(태풍, 홍수, 지진 등), 인간이나 기계의 한계로 인한 불가항력을 의미
   • 사고 발생의 순서

   불안전 행위 → 불안전 조건 → 불가항력

> **산업안전의 3요소**
> » 교육적 요소
> » 기술적 요소
> » 관리적 요소

03 산업재해 예방

1 산업재해 예방의 4원칙
① 예방가능의 원칙: 천재지변을 제외한 모든 인재는 예방이 가능
② 손실우연의 원칙: 사고의 결과 손실의 유·무 또는 대·소는 사고 당시의 조건에 따라 우연히 발생
③ 원인연계의 원칙: 사고에는 반드시 원인이 있으며 원인은 대부분 복합적 연계 원인
④ 대책선정의 원칙: 사고의 원인이나 불안정 요소가 발견되면 반드시 대책 선정

04 산업재해 분류

1 산업재해의 용어
① 사망: 사고로 생명을 잃게 되는 것(노동 손실일수 7,500일)

② 무상해 사고: 응급조치 이하의 상해로 치료를 받는 것
③ 경상해: 부상으로 1일 이상 7일 이하의 노동 상실을 가져오는 것
④ 중경상: 부상으로 인하여 8일 이상의 노동 상실을 가져오는 것

2 ILO의 근로 불능 상해의 구분(상해 정도별 분류)

사망	사고로 생명을 잃음 (노동 손실일수 7,500일)
영구 전노동 불능	신체 전체의 노동 기능 완전 상실(1~3급)(노동 손실일수 7,500일)
영구 일부노동 불능	신체 일부의 노동 기능 상실(4~14급)
일시 전노동 불능	일정기간 노동 종사 불가(휴업 상해)
일시 일부노동 불능	일정기간 일부 노동에 종사 불가(통원 상해)
구급조치 상해	1일 미만의 치료를 받고 정상작업에 임할 수 있는 상해

05 산업재해 발생 시 조치사항

① 산업재해: 근로자가 업무와 관련된 건설물, 설비, 원재료, 가스, 증기·분진 등으로 작업 또는 기타 업무 때문에 사망 또는 부상을 당하거나 질병에 걸리는 것
② 중대 산업재해
  • 사망자 1명 이상 발생
  • 동일한 사고로 6개월 이상 치료가 필요한 부상자가 2명 이상 발생
  • 동일한 유해요인으로 급성중독 등 대통령령으로 정하는 직업성 질병자가 1년 이내에 3명 이상 발생
③ 재해발생 시 조치 순서

> 기계 정지 → 피해자 구출 → 응급처치 및 긴급후송 → 보고 및 현장보존

④ 산업재해 발생보고: 산업재해가 발생한 날부터 1개월 이내에 지방고용노동관서에 산업재해 조사표를 제출하여야 함
⑤ 중대 재해는 지체 없이 관할 지방고용노동관서에 전화 및 팩스 등으로 보고

06 방호장치

[방호장치의 분류]

1 방호장치의 정의
방호장치는 위험원을 방호하는 포집형 방호장치와 위험 장소를 방호하는 격리형, 위치 제한형, 접근 거부형, 접근 반응형 등이 있음

2 방호의 원리
① 위험 제거: 위험원을 제거하여 위험 요인을 원칙적으로 없애는 것
② 차단: 위험성은 존재하나 기계와 사람을 격리시켜 재해 발생이 불가능하게 하는 것
③ 덮어씌움: 작업자와 기계가 격리될 수 없는 공유 영역이 있을 경우, 한쪽을 덮어씌우는 것
④ 위험 적응: 사람이 위험에 적응하도록 위험에 대한 정보 제공, 안전 행동 동기 부여, 안전 교육 훈련 등을 실시

3 방호장치 종류

방호장치 종류	점검사항
격리형 방호장치	위험 장소에 작업자가 접근하여 일어날 수 있는 재해를 방지하기 위해 차단벽이나 망을 설치(방책)
위치제한형 방호장치	위험 장소에 접근하지 못하도록 안전거리를 확보하여 작업자를 보호
접근거부형 방호장치	위험 장소에 접근하면 위험 지점으로부터 강제로 밀어냄
접근반응형 방호장치	위험 장소에 접근 시, 센서가 작동하여 기계를 정지시킴
포집형 방호장치	위험 장소의 방호가 아니라 위험원에 대한 방호(연삭 숫돌의 포집 장치)

안전보호구 및 안전장치

01 안전보호구

산업재해를 예방하기 위해 작업자가 작업하기 전에 착용하는 기구나 장치를 뜻함

1 안전보호구의 구비조건

① 유해, 위험 요소로부터 충분한 보호 기능이 있어야 함
② 품질과 끝마무리가 양호해야 함
③ 착용이 간단하고 착용 후 작업하기가 편리해야 함
④ 겉모양과 표면이 매끈하고 외관상 양호해야 함
⑤ 보호성능 기준에 적합해야 함

2 안전보호구 선택 시 주의사항

① 사용하기 쉬워야 하며, 사용 목적에 적합해야 함
② 품질이 좋고 작업자에게 잘 맞아야 함
③ 관리가 편리해야 함

02 안전보호구의 종류

[안전보호구]

1 안전모

물체의 비래 또는 낙하, 작업자의 추락 위험으로부터 작업자의 머리를 보호

① 작업 내용에 적합한 안전모를 착용
② 안전모 착용 시 턱 끈을 바르게 조절
③ 자신의 머리 크기에 맞도록 착장제의 머리 고정대 조절
④ 충격을 받은 안전모나 변형된 안전모는 폐기 처분
⑤ 안전모에 구멍을 내지 않도록 주의
⑥ 합성수지는 자외선에 균열 및 노화가 일어나므로 자동차 뒷 창문 등에 보관하지 말 것

2 안전화

작업장소의 상태가 나쁘거나, 작업자세가 부적합하여 발생할 수 있는 사고 또는 물건을 운반할 때 발등이 다치는 위험으로부터 작업자를 보호

㉠ 경 작업용: 금속선별, 전기제품 조립 화학제품 선별, 식품가공업 등 경량의 물체를 취급하는 작업장에서 착용
㉡ 보통 작업용: 기계공업, 금속가공업, 등 공구부품을 손으로 취급하는 작업 및 차량사업장, 기계 등을 조작하는 작업장에서 착용
㉢ 중 작업용: 중량물 운반 작업 및 중량이 큰 물체를 취급하는 작업장에서 착용

3 안전작업복

안전작업복의 기본 요소	• 기능성 • 심미성 • 상징성
안전작업복의 조건	• 보건성 • 장신성 • 적응성 • 내구성

4 보안경

보안경은 날아오는 물체로부터 눈을 보호하고, 유해 및 약물로부터 시력을 보호

일반 보안경	고운가루, 칩, 기타 비산물체로부터 눈을 보호
차광용 보안경	전기 아크용접이나 가스용접, 자외선 및 적외선, 가시광선 등으로부터 눈을 보호
도수렌즈 보안경	작업자의 눈을 보호하고, 시력을 보정해주는 렌즈를 사용하는 보안경

5 방음보호구(귀마개, 귀덮개)

소음이 발생하는 작업장에서 작업자의 청력을 보호하기 위해 사용되는데, 소음의 허용기준은 8시간 작업을 할 때 90dB이며, 그 이상의 소음 작업장에서는 귀마개나 귀덮개를 착용해야 함

6 마스크 (호흡용 보호구)

산소결핍 작업, 분진 및 유독가스 발생 작업장에서 작업할 때 신선한 공기 공급 및 여과를 통하여 호흡기를 보호
① 방진 마스크: 분진이 발생하는 작업장에서 착용
② 방독 마스크: 유해가스가 발생하는 장소에서 착용
③ 송기(공기)마스크: 산소 결핍이 우려되는 작업장에서 착용

7 안전대

높이가 2m 이상이며 추락 위험이 있는 장소에서 신체를 보호하기 위해 착용
① 작업자세 유지: 전신주 작업 등에서 작업을 할 수 있도록 자세를 유지시켜 추락 방지
② 작업제한: 개구부 또는 측면이 개방 형태로, 추락할 수 있는 장소에서 작업자의 행동반경을 제한하면서 추락을 방지
③ 추락억제: 철골 구조물 또는 비계의 조립·해체 작업 시 충격흡수장치가 부착된 죔줄을 사용하여 추락 하중을 신체에 고루 분포시키고 추락 하중을 감소

CHAPTER 03 안전표지

01 안전표지

1 안전표지의 개요
① 「산업안전보건법」상 안전표지는 색채, 내용, 모양으로 구성
② 작업장에서 작업자의 실수가 발생하기 쉬운 장소나 중대한 재해를 일으킬 수 있는 장소에서 안전확보를 위해 표시하는 표지

2 안전·보건 표지의 사용 및 색채

색상	용도	사용
빨간색	금지	소화설비, 정지신호, 유해행위 금지
빨간색	경고	화학물질 취급 장소에서의 유해·위험을 경고
노란색	경고	화학물질 취급 장소에서의 유해·위험경고 이외의 위험경고, 주의표지 및 기계 방호물
파란색	지시	특정 행위의 지시 및 사실의 고지
녹색	안내	사람 또는 차량의 통행표지, 비상구 및 피난소
흰색		파란색 또는 녹색에 대한 보조색
검은색		문자 및 빨간색 또는 노란색에 대한 보조색
보라색		방사능 등의 표시에 사용

3 금지표지(8종)

출입금지	보행금지	차량통행금지	사용금지
탑승금지	금연	화기금지	물체이동금지

4 경고표지(15종)

인화성 물질 경고	산화성 물질 경고	폭발성 물질 경고	급성독성 물질 경고
부식성 물질 경고	방사성 물질 경고	고압전기 경고	매달린 물체 경고
낙하물 경고	고온 경고	저온 경고	몸균형 상실 경고
레이저광선 경고	발암성·변이원성·생식독성·전신 독성·호흡기 과민성 물질 경고		위험장소 경고

5 지시표지(9종)

보안경 착용	방독마스크 착용	방진마스크 착용	보안면 착용	안전모 착용
귀마개 착용	안전화 착용	안전장갑 착용	안전복 착용	

6 안내표지(8종)

녹십자표지	응급구호표지	들것	세안장치
비상용기구	비상구	좌측비상구	우측비상구

CHAPTER 04 기계, 기구, 공구 및 작업 안전

01 수공구 안전사항

1 수공구 사용 시 주의사항
① 수공구 사용 전에 이상 유무 확인
② 작업자는 필요한 안전보호구 착용
③ 용도 이외의 수공구 사용 금지
④ 사용 전에 공구에 묻은 기름 등 제거
⑤ 수공구 사용 후 정해진 장소에 보관
⑥ 작업대 위에서 떨어지지 않도록 안전한 곳에 보관
⑦ 예리한 공구 등은 주머니에 넣고 작업 금지
⑧ 공구를 던져서 전달 금지

2 렌치(스패너) 사용 시 주의사항
① 볼트 및 너트 머리 크기와 같은 죠(Jaw)의 렌치 사용
② 볼트 및 너트에 렌치를 깊이 물림
③ 렌치를 몸 안쪽으로 당기며 움직이도록 함
④ 파이프 등을 끼워서 사용 금지
⑤ 해머로 렌치를 두들겨서 사용 금지
⑥ 높거나 좁은 장소에서는 안전에 유의하며 작업
⑦ 해머 대용으로 사용 금지

02 스패너, 렌치 작업

1 렌치의 종류
① 조정렌치(몽키렌치): 제한된 범위에서 다양한 규격의 볼트나 너트에 사용할 수 있음

② 복스렌치: 볼트 너트 주위를 완전히 감싸는 형태라 사용 중에 미끄러지지 않으며, 6각 볼트나 너트에 적합

③ 오픈엔드렌치: 한쪽 또는 양쪽이 벌어진 렌치이며 연료 파이프의 피팅을 풀거나 조일 때 사용

④ 조합렌치(콤비네이션렌치): 한쪽은 오픈엔드렌치이고, 다른 한쪽은 복스렌치로 되어 있음

⑤ 토크렌치: 볼트나 너트를 규정 토크로 조일 때 사용하는 렌치

⑥ 파이프렌치: 파이프 관을 설치하거나 분해할 때 관의 나사를 조이거나 푸는 렌치

⑦ 소켓렌치: 복스렌치의 일종으로, 라쳇핸들 또는 힌지 핸들, 스피드핸들에 끼워 사용하는 렌치

[소켓렌치용 소켓]

03 드라이버(Driver) 작업 시 주의사항

① 스크루 드라이버의 크기는 손잡이를 제외한 길이로 표시한다.
② 날 끝의 홈의 폭과 길이가 같은 것을 사용한다.
③ 작은 크기의 부품이라도 한 손으로 잡지 않으며 바이스에 고정시키고 작업한다.
④ 전기 작업을 할 때에는 절연된 손잡이를 사용한다.
⑤ 드라이버에 압력을 가하지 말아야 한다.
⑥ 정 대용으로 드라이버를 사용하지 않는다.
⑦ 자루가 쪼개졌거나 허술한 드라이버는 사용하지 않는다.
⑦ 드라이버의 끝을 항상 양호하게 관리해야 한다.
⑧ 날 끝이 수평이어야 한다.

04 해머 작업 시 주의 및 안전사항

① 해머로 녹슨 것을 때릴 때에는 반드시 보안경을 쓴다.
② 기름이 묻은 손이나 장갑을 끼고 작업하지 않는다.
③ 해머는 작게 시작하여 차차 큰 행정으로 작업한다.
④ 해머 대용으로 다른 것을 사용 금지한다.
⑤ 타격면은 평탄하고, 손잡이는 튼튼한 것을 사용한다.
⑥ 사용 중에 자루 등을 자주 조사한다.
⑦ 타격 가공하려는 것을 보면서 작업한다.
⑧ 해머를 휘두르기 전에 반드시 주위를 확인한다.
⑨ 좁은 곳에서는 해머 작업을 금지한다.

05 드릴 작업 시 주의 및 안전사항

① 구멍을 거의 뚫었을 때 일감 자체가 회전하기 쉽다.
② 드릴의 탈부착은 회전이 멈춘 다음 진행한다.
③ 공작물은 단단히 고정시켜서 따라 돌지 않게 해야 한다.
④ 드릴 끝이 가공물을 관통여부를 손으로 확인하지 않는다.
⑤ 드릴작업은 장갑을 끼고 작업하지 않는다.
⑥ 작업 중 쇳가루를 입으로 불지 않는다.
⑦ 드릴작업을 하고자 할 때 재료 밑의 받침은 나무판을 이용한다.

06 가스 용접 작업 시 주의 및 안전사항

① 산소 용기(봄베)의 주둥이 쇠나 물통에 녹이 슬지 않게 하려고 그리스를 바르면 폭발한다.
② 토치는 반드시 작업대 위에 놓고 기름이나 그리스가 묻지 않도록 주의한다.
③ 가스를 완전히 멈추지 않거나 점화된 상태로 방치하지 않는다.
④ 산소 용기는 던지거나 넘어뜨리지 않는다.
⑤ 산소 용기는 40℃ 이하에서 보관한다.
⑥ 아세틸렌 밸브를 먼저 열고 점화한 후 산소 밸브를 개방한다.
⑦ 산소 용접 시 역류 및 역화가 일어나면 산소 밸브부터 잠근다.
⑧ 점화는 성냥불로 직접 하지 않는다.
⑨ 운반할 때는 운반용으로 전용 운반 차량을 사용한다.
⑩ 용접기에서 가스 누설 여부를 확인할 때는 비눗물을 사용한다.

07 연삭기 작업 시 주의 및 안전사항

① 작업 시 보안경과 방진마스크를 착용한다.
② 연삭 칩의 비산을 막기 위해 안전덮개를 부착한다.
③ 연삭숫돌과 받침대 사이 간격은 3mm 이상 떨어지지 않도록 해야 한다.
④ 숫돌의 측면 쪽에 서서 작업하고, 숫돌의 측면으로 연삭 작업을 금지한다.

08 벨트 작업 시 주의 및 안전사항

① 벨트 교환 및 점검은 회전이 완전히 멈춘 상태에서 진행한다.
② 벨트의 이음쇠는 돌기가 없는 구조로 해야 한다.
③ 벨트는 적당한 장력을 유지한다.
④ 벨트의 둘레 및 풀리가 돌아가는 부분은 보호덮개를 설치한다.

 풀리(pulley) 도르래
로프나 벨트를 걸어 회전시키는 바퀴

09 전기장치 작업

1 전기장치 작업 시 주의 및 안전사항
① 전기장치는 반드시 접지설비를 구비하여 감전 사고를 방지한다.
② 퓨즈의 교체는 반드시 규정 용량의 퓨즈를 사용한다.
③ 작업 중 정전이 되었을 경우에는 즉시 전원스위치를 끄고 퓨즈의 단선 여부를 점검한다.
④ 전기장치는 사용을 마친 후에는 스위치를 끈다.
⑤ 전기장치의 전류 점검 시 전류계는 부하에 직렬로 접속해야 한다.
⑥ 전기장치의 배선 작업 시 제일 먼저 축전지의 접지 단자를 제거해야 한다.
⑦ 전선이나 코드의 접속부는 절연물로 완전히 피복한다.
⑧ 전선의 연결부(접촉부)는 최대한 저항을 적게 한다.
⑨ 퓨즈를 교체했음에도 지속적으로 단선이 발생하는 경우, 과전류가 의심되므로 고장개소를 찾아 수리한다.

2 감전재해 발생 유형
① 전기기기의 충전부에 인체가 접촉되는 경우
② 누전 상태의 전기기기에 인체가 접촉되는 경우
③ 고압 전력선에 안전거리 이상 떨어져 있지 않은 경우
④ 콘덴서나 고압케이블 등의 잔류전하에 의해 감전되는 경우
⑤ 전선이나 전기기기의 노출된 충전부의 양단간에 인체가 접촉되는 경우
⑥ 손상, 절연, 열화, 파손 등 전선 표면이 누설되어 있는 곳에 인체가 접촉되는 경우

 감전사고 예방
» 전기 기기에는 위험 표시하기
» 젖은 손으로는 전기 기기 만지지 않기
» 전선에 물체 접촉하지 않기
» 코드를 뺄 때에는 반드시 플러그의 몸체를 잡고 빼기
» 작업자에게 사전 안전교육 실시

10 화재 분류와 소화 설비

1 화재의 정의 및 분류
화재는 어떤 물질이 산소와 결합하여 연소하면서 열을 방출시키는 산화 반응이며, 화재가 발생하기 위해서는 가연성 물질, 산소, 점화원 등이 필요하다.

(1) A급 화재(일반 가연물질 화재)
① 나무나 섬유, 종이 및 고무, 플라스틱류와 같은 일반 가연성 물질이 연소된 후에 재를 남기는 일반적인 화재를 뜻한다.
② 포말 소화기 등의 냉각소화 방식으로 소화한다.

(2) B급 화재(유류 화재)
① 유류, 가스 등의 가연성 액체나 기체 등의 화재로 연소 후 재를 남기지 않는 화재를 뜻한다.
② 포말, 분말 소화기, 탄산가스 소화기 등의 질식소화 방식으로 소화한다.
③ 유류화재 시 물을 사용하면 화재가 더 확산되므로 사용을 금지한다.

(3) C급 화재(전기 화재)
㉠ 전기설비 등에서 발생하는 화재이며, 물을 사용하면 안되는 화재를 말한다.
㉡ 전기적 절연성을 갖는 이산화탄소, 할론, 분말 등의 소화 약제를 사용하여 질식·냉각 효과를 이용한다.

 ABC 소화기
A급, B급, C급 화재에 적합한 소화기로 주로 냉각 및 질식·억제 작용으로 소화

(4) D급 화재(금속 화재)
　① 금속이나 금속분에서 발생하는 화재이며, 화재의 발생빈도는 낮은 편이다.
　② 금속 화재 시 물을 사용하면 수소가스가 발생하므로 사용을 금지한다.

11 소화

1 소화 방법

연소의 3요소(가연물, 점화원, 산소) 중 어느 하나를 제거하거나 연소가 계속되지 않도록 하는 방법으로 화재를 진화한다.

① 질식소화 방법: 산소를 차단
② 냉각소화 방법: 화점의 온도를 낮춤
③ 제거소화 방법: 가연물 제거
④ 억제소화 방법: 산화반응의 진행을 차단
⑤ 유화소화 방법: 기름 등 화재 시 유류 포면에 유화층의 막이 형성되어 공기 접촉을 차단
⑥ 희석소화 방법: 가연물의 농도를 희석

2 소화 설비 분류

분말 소화 설비	분말소화기 속에는 밀가루와 같은 미세한 분말인 '제1인산 암모늄'이라는 소화약제가 들어 있어 질식 또는 냉각 효과로 화재를 진화한다.
물 분무 소화 설비	분무헤드에서 물을 안개와 같이 내뿜는 형상으로 방사하여 냉각 효과 또는 질식 효과로 화재를 소화하는 고정식 소화 설비를 말한다.
이산화탄소 소화 설비	화재 발생 장소의 공기 중 산소 농도를 낮추어 연소 반응을 억제하는 질식소화 방식으로, 유류 및 전기 감전 위험이 높은 전기 화재에 사용한다.

PART 01 안전관리

단원문제

★ 개수는 빈출도와 중요도를 의미합니다.

01 ★★★ 안전관리의 근본적인 목적으로 옳은 것은?
① 생산량 증대
② 생산자의 경제적 운용
③ 근로자의 생명 및 신체 보호
④ 생산과정의 시스템화

02 ★★★ 산업안전에서 근로자가 안전하게 작업할 수 있는 세부작업 행동 지침은?
① 안전표지　② 작업지시
③ 작업수칙　④ 안전수칙

03 ★★★ 사고를 많이 발생시키는 원인을 순서대로 나열한 것 중 옳은 것은?
① 불안전 행위 → 불가항력 → 불안전 조건
② 불안전 조건 → 불안전 행위 → 불가항력
③ 불안전 행위 → 불안전 조건 → 불가항력
④ 불가항력 → 불안전 조건 → 불안전 행위

04 ★★★ 재해의 원인 중 생리적인 원인에 해당되는 것은?
① 안전수칙의 미준수
② 작업복의 부적당
③ 안전장치의 불량
④ 작업자의 피로

05 ★★ 다음 중 재해발생의 직접적인 원인이 아닌 것은?
① 잘못된 작업방법에 의한 재해발생
② 관리감독 소홀로 인한 재해발생
③ 방호장치의 기능제거로 인한 재해발생
④ 작업 장치 회전반경 내 출입금지

06 ★★★ 사고의 직접원인으로 가장 알맞은 것은?
① 불안전한 행동 및 상태
② 사회적 환경요인
③ 성격결함
④ 유전적인 요소

정답해설

01 근로자의 생명과 신체를 보호하고 사고발생을 사전에 방지하는 것이 안전관리의 근본적인 목적이다.
02 근로자의 작업을 안전하게 세부작업 행동을 지시하는 지침은 안전수칙이다.
03 사고를 많이 발생시키는 원인의 순서는 불안전 행위 → 불안전 조건 → 불가항력이다.
04 재해 발생의 생리적인 원인은 작업자의 피로이다.
06 사고의 직접적인 원인은 작업자의 불안한 행동 및 상태이다.

|정답| 01 ③　02 ④　03 ③　04 ④　05 ④　06 ①

07 작업자의 불안전한 행동으로 인하여 오는 산업재해로 볼 수 없는 것은?

① 불안전한 자세
② 방호장치의 결함
③ 안전구의 미착용
④ 안전장치의 기능제거

08 〈보기〉에서 재해발생시 조치요령 순서로 가장 적절하게 이루어진 것은?

[보기]
ⓐ 응급처치   ⓑ 2차 재해 방지
ⓒ 운전정지   ⓓ 피해자 구조

① ⓐ → ⓑ → ⓒ → ⓓ
② ⓒ → ⓑ → ⓓ → ⓐ
③ ⓒ → ⓓ → ⓐ → ⓑ
④ ⓐ → ⓒ → ⓓ → ⓑ

09 작업점에 직접 사람이 접촉하여 말려들거나 다칠 위험이 있는 장소를 덮는 방호 장치로 옳은 것은?

① 위치제한형 방호장치
② 포집형 방호장치
③ 접근 거부형 방호장치
④ 격리형 방호장치

10 하인리히가 말한 산업안전의 안전의 3요소에 속하지 않는 것은?

① 교육적 요소
② 자본적 요소
③ 기술적 요소
④ 관리적 요소

11 인간공학적 안전설정으로 페일 세이프에 관한 설명 중 가장 적절한 것은?

① 인간 또는 기계에 과오나 동작상의 실패가 있어도 안전사고를 발생시키지 않도록 하는 통제책을 말한다.
② 안전사고를 예방할 수 없는 물리적 불안전 조건과 불안전 인간의 행동
③ 안전통제의 실패로 인하여 원상복귀가 가장 쉬운 사고의 결과를 말한다.
④ 안전도 검사방법을 말한다.

12 다음 중 안전의 제일이념에 해당하는 것은?

① 품질향상
② 재산보호
③ 인간존중
④ 생산성 향상

정답해설

08 재해 발생 시 조치순서: 운전정지 → 피해자 구조 → 응급처치 → 2차 재해방지

09 격리형 방호장치는 작업점에 직접 사람이 접촉하여 말려들거나 다칠 위험이 있는 장소를 덮어 씌우는 방호장치이다.

10 안전의 3요소에는 관리적 요소, 기술적 요소, 교육적 요소가 있다.

11 페일 세이프(Fail safe): 인간 또는 기계에 과오나 동작상의 실패가 있어도 안전사고를 발생시키지 않도록 하는 통제방책이다.

12 안전제일의 이념은 인간존중, 즉 인명보호이다.

|정답| 07 ② 08 ③ 09 ④ 10 ② 11 ① 12 ③

13 산업재해를 예방하기 위한 재해예방 4원칙으로 옳지 않은 것은? ★★

① 대량생산의 원칙
② 손실우연의 원칙
③ 예방가능의 원칙
④ 대책선정의 원칙

14 산업안전을 통한 기대효과로 옳은 것은? ★★

① 기업의 생산성이 저하된다.
② 근로자의 생명만 보호된다.
③ 기업의 재산만 보호된다.
④ 근로자와 기업의 발전이 도모된다.

15 구급처치 중에서 환자의 상태를 확인하는 사항과 가장 거리가 먼 것은? ★★★

① 의식   ② 상처
③ 출혈   ④ 격리

안전보호구 및 안전장치

16 안전모의 관리 및 착용방법으로 옳지 않은 것은? ★

① 규정된 방법으로 착용하고 사용한다.
② 통풍을 목적으로 안전모에 구멍을 뚫어 사용하여서는 안 된다.
③ 큰 충격을 받은 것은 사용을 피한다.
④ 사용 후 뜨거운 스팀으로 반드시 소독하여 사용해야 한다.

17 보호구의 구비조건이 아닌 것은? ★

① 유해위험 요소에 대한 방호 성능이 경미해도 된다.
② 작업에 방해가 되어서는 안 된다.
③ 보호구 착용은 편리해야 한다.
④ 보호구의 구조는 양호한 상태여야 한다.

18 다음 중 안전보호구의 종류가 아닌 것은? ★★★

① 안전 방호장치
② 안전모
③ 안전장갑
④ 보안경

정답해설

13 재해예방의 4원칙에는 예방가능의 원칙, 손실우연의 원칙, 원인연계의 원칙, 대책선정의 원칙이 있다.
15 구급처치 중 환자의 상태 확인은 의식, 상처, 출혈 여부를 확인한다.
16 안전모는 사용 후 스팀으로 소독할 필요가 없는 안전보호구이다.
17 보호구는 유해 위험요소에 대한 방호성능이 좋아야 한다.
18 안전 방호장치는 안전시설이다.

| 정답 | 13 ① 14 ④ 15 ④ 16 ④ 17 ① 18 ①

19 안전모에 대한 설명이 아닌 것은? ★★★

① 충격 흡수성이 좋아야 한다.
② 알맞은 규격으로 성능 시험에 합격한 제품이어야 한다.
③ 낙하 또는 비래, 추락, 감전 등으로부터 머리를 보호해야 한다.
④ 머리 크기보다 큰 안전모를 선택해야 한다.

20 작업복에 대한 설명으로 옳지 않은 것은? ★

① 착용자의 연령, 성별 등에 관계없이 작업복의 디자인과 색깔이 똑같아야 한다.
② 작업복은 항상 깨끗한 상태를 유지하는 것이 좋다.
③ 작업복은 몸에 알맞고 동작이 편해야 한다.
④ 주머니가 너무 많지 않고, 소매가 단정한 것이 안전에 더 유리하다.

21 작업복을 착용하는 이유로 옳은 것은? ★★★

① 질서를 확립시키기 위해서
② 직책과 직급을 알리기 위해서
③ 복장 통일을 위해서
④ 작업 시 위험 요소로부터 작업자의 몸을 보호하기 위해서

22 중량물 운반 작업 시 착용하여야 할 안전화의 종류로 옳은 것은? ★★

① 절연용
② 보통 작업용
③ 경 작업용
④ 중 작업용

23 보안경을 착용하는 이유로 옳지 않은 것은? ★★★

① 유해 화학물의 침입을 막기 위해서
② 낙하하는 물체로부터 작업자의 머리를 보호하기 위해서
③ 그라인더 작업이 비산되는 칩으로부터 작업자의 눈을 보호하기 위해서
④ 용접이 발생되는 자외선이나 적외선 등으로부터 작업자의 눈을 보호하기 위해서

정답해설

19 안전모는 머리 크기에 꼭 맞는 것으로 선택해야 한다.
20 작업복은 착용자의 연령, 성별 등에 따라 알맞은 디자인으로 착용해야 한다.
21 작업복은 작업 시 발생할 수 있는 위험 요소로부터 작업자의 몸을 보호해야 한다.
22
- 경 작업용 안전화: 금속 선별, 전기제품 조립, 화학품 선별, 식품 가공업 등 경량 물체를 취급하는 작업장
- 보통 작업용 안전화: 기계공업, 금속 가공업 등 공구를 손으로 취급하는 작업 및 차량사업장, 기계조작 사업장
- 중 작업용 안전화: 광산, 채광, 철강 작업에서 원료 취급, 강재 운반 중량물 운반 작업 및 중량이 큰 물체를 취급하는 작업장

23 낙하하는 물체로부터 작업자의 머리를 보호하기 위한 보호구는 안전모이다.

|정답| 19 ④ 20 ① 21 ④ 22 ④ 23 ②

24 비산 물체로부터 눈을 보호하고 작업자의 시력을 교정하기 위한 보안경은?

① 도수렌즈 보안경
② 플라스틱 보안경
③ 유리 보안경
④ 고글형 보안경

25 방진 마스크를 착용해야 하는 작업장으로 옳은 것은?

① 온도가 높은 작업장
② 분진이 많은 작업장
③ 유해가스가 많은 작업장
④ 소음이 심한 작업장

26 산소결핍의 우려가 있는 장소에서 착용하여야 하는 마스크는?

① 송기마스크
② 방진마스크
③ 방독마스크
④ 안면부 여과마스크

> 안전표지

27 다음 안전보건표지가 나타내는 것은?

① 인화성 물질경고
② 출입금지
③ 보안경 착용
④ 비상구

28 다음 안전보건표지가 나타내는 것은?

① 물체이동금지
② 사용금지
③ 탑승금지
④ 차량통행금지

29 안전표지의 구성요소가 아닌 것은?

① 내용
② 색깔
③ 크기
④ 모양

> 정답해설

24 도수렌즈 보안경은 시력을 교정하고 비산물체로부터 눈을 보호할 수 있는 보안경이다.

25 분진(먼지)이 발생하는 장소에서는 방진마스크를 착용하여야 한다.

26 산소가 부족한 작업 장소에서는 산소를 공급하는 기능이 있는 송기(송풍) 마스크를 착용하여야 한다.

27 금지표지 중 출입금지표지이다.
28 금지표지 중 차량통행금지표지이다.
29 안전표지의 구성 요소는 모양, 색깔, 내용이다.

| 정답 | 24 ① 25 ② 26 ① 27 ② 28 ④ 29 ③

30 다음 안전보건표지가 나타내는 것은?

① 매달린 물체 경고
② 비상구
③ 몸 균형상실 경고
④ 방화성 물질 경고

31 다음 안전보건표지가 나타내는 것은?

① 고압전기 경고
② 폭발물 경고
③ 독극물 경고
④ 지시표지

32 산업안전보건법상 안전보건표지의 종류에 해당되지 않는 것은?

① 경고표지   ② 위험표지
③ 지시표지   ④ 금지표지

33 산업안전보건표지의 종류에서 지시표지에 해당하는 것은?

① 안전모 착용   ② 출입금지
③ 차량통행금지   ④ 고압경고

34 적색 원형으로 만들어진 안전표지의 종류로 옳은 것은?

① 경고표시   ② 안내표시
③ 지시표시   ④ 금지표시

35 안전보건표지에서 바탕은 흰색, 기본 모형은 빨간색, 부호 및 그림은 검정색으로 된 표지는?

① 보조표지   ② 지시표지
③ 금지표지   ④ 주의표지

36 다음 안전보건표지가 나타내는 것은?

① 보안경 착용
② 방진마스크 착용
③ 안전화 착용
④ 보안면 착용

정답해설

30 경고표지 중 매달린 물체 경고표지이다.
31 경고표지 중 고압전기 경고표지이다.
32 안전보건표지는 금지표지, 경고표지, 지시표지, 안내표지 등으로 분류된다.
33 지시표지에는 보안경 착용, 안전복 착용, 방지마스크 착용, 보안면 착용, 안전모 착용, 귀마개 착용, 방독마스크 착용, 안전장갑 착용, 안전화 착용 등이 있다.
34 금지표지는 적색원형으로 만들어지는 안전표지판이다.
35 금지표지는 바탕은 흰색, 기본모형은 빨간색, 관련부호 및 그림은 검정색으로 되어 있다.
36 지시표지 중 보안경 착용표지이다.

| 정답 | 30 ① 31 ① 32 ② 33 ① 34 ④ 35 ③ 36 ①

37 다음 안전보건표지가 나타내는 것은?

① 안전복 착용
② 안전모 착용
③ 보안면 착용
④ 출입금지

38 다음 안전보건표지가 나타내는 것은?

① 폭발성 물질경고
② 인화성 물질경고
③ 산화성 물질경고
④ 급성독성 물질경고

39 다음 안전보건표지가 나타내는 것은?

① 물체이동금지
② 출입금지
③ 보행금지
④ 탑승금지

40 다음 안전보건표지가 나타내는 것은?

① 비상구표지
② 녹십자표지
③ 병원표지
④ 응급구호 표지

41 다음 안전보건표지가 나타내는 것은?

① 교차로
② 비상구
③ 응급구호
④ 안전제일

42 안내표지로 옳지 않은 것은?
① 녹십자표지 ② 응급구호표지
③ 비상구표지 ④ 출입금지표지

43 산업안전보건법령상 안전보건표지의 색채와 용도로 옳지 않은 것은?
① 파란색: 지시 ② 녹색: 안내
③ 노란색: 위험 ④ 빨간색: 금지, 경고

정답해설
37 지시표지 중 안전모 착용표지이다.
38 경고표지 중 인화성 물질경고표지이다.
39 경고표지 중 물체이동금지표지이다.
40 안내표지 중 녹십자표지이다.
41 안내표지 중 응급구호표지이다.
42 출입금지표지는 금지표지에 해당한다.
43 노란색은 주의표시로 사용된다.

| 정답 | 37 ② 38 ② 39 ① 40 ② 41 ③ 42 ④ 43 ③

기계, 기구, 공구 및 작업안전

44 기계 취급 안전수칙으로 옳지 않은 것은?
① 기계운전 중에는 자리를 뜨지 않는다.
② 기계 공장에서는 반드시 작업에 알맞은 작업복과 안전화를 착용한다.
③ 기계운전 중 정전 시, 즉시 주 스위치를 차단시켜야 한다.
④ 작동 중인 기계를 청소한다.

45 기계 장치와 관련된 사고 발생 원인으로 옳지 않은 것은?
① 기계 장치가 넓은 장소에 설치된 때
② 정리정돈이 잘되어 있지 않을 때
③ 불량 공구를 사용할 때
④ 안전장치 및 보호장치가 불안전할 때

46 기계 운전에 대한 설명으로 옳은 것은?
① 기계 운전 중 이상한 냄새, 소음, 진동이 날 때는 운전을 멈추고 전원을 끈다.
② 작업 효율을 높이기 위해 작업 범위 이외의 기계도 동시에 작동시킨다.
③ 빠른 속도로 작업할 때는 일시적으로 안전장치를 제거한다.
④ 기계 장비의 이상으로 정상 가동이 어려운 상황에서는 중속 회전 상태로 작업한다.

47 안전하게 공구를 취급하는 방법으로 옳지 않은 것은?
① 공구를 사용한 후 제자리에 정리하여 둔다.
② 끝 부분이 예리한 공구 등을 주머니에 넣고 작업을 하여서는 안 된다.
③ 공구 사용 전에 손잡이에 묻은 기름 등은 닦아내어야 한다.
④ 숙달이 되면 옆 작업자에게 공구를 던져서 전달하여 작업 능률을 올린다.

48 공구 및 장비 사용에 대한 설명으로 옳지 않은 것은?
① 토크렌치는 볼트와 너트를 풀거나 조일 때 모두 사용이 가능하다.
② 볼트와 너트를 다룰 때는 알맞은 소켓렌치로 작업한다.
③ 마이크로미터를 보관할 때는 직사광선이나 습기에 노출시키지 않는다.
④ 공구는 사용 후 공구상자에 넣어 보관한다.

49 렌치를 사용할 때의 안전사항으로 옳은 것은?
① 볼트를 풀 때는 렌치 손잡이를 당길 때 힘을 받도록 한다.
② 볼트를 조일 때는 렌치를 해머로 쳐서 조이면 강하게 조일 수 있다.
③ 렌치 작업 시 큰 힘으로 조일 경우 연장대를 끼워서 작업한다.
④ 볼트를 풀 때는 지렛대 원리를 이용하여, 렌치를 밀어서 힘을 받도록 한다.

정답해설

44 안전을 위해 기계를 청소할 때는 모든 엔진을 끈 상태로 청소한다.
45 기계 장치가 넓은 장소에 설치된 경우를 사고 발생 원인으로 볼 수 없다.
46 기계 운전 중에 이상한 냄새나 소음, 진동이 날 때는 운전을 멈추고 전원을 끈 다음 점검해야 한다.
47 공구를 취급할 때는 안전을 위해 공구를 던지지 않는다.
48 토크렌치는 볼트와 너트를 규정토크로 조일 때만 사용하는 측정기이다.
49 렌치 사용 시에는 렌치 손잡이를 몸쪽으로 당길 때 힘을 받도록 하여 사용하는 것이 안전하다.

| 정답 | 44 ④ 45 ① 46 ① 47 ④ 48 ① 49 ①

50 수공구 사용 시 안전 수칙으로 옳지 않은 것은?

① 해머작업은 미끄러짐을 방지하기 위해서 반드시 장갑을 끼고 작업한다.
② 줄 작업으로 생긴 쇳가루는 브러시로 살살 털어내며 작업한다.
③ 톱 작업은 밀 때 절삭되도록 작업한다.
④ 조정렌치는 조정조가 있는 부분에 힘을 받지 않도록 사용한다.

51 볼트 등을 조일 때 조이는 힘을 측정하기 위하여 사용하는 렌치는?

① 토크렌치
② 복스렌치
③ 소켓렌치
④ 오픈엔드렌치

52 볼트머리나 너트의 크기가 명확하지 않을 때나 가볍게 조이고 풀 때 사용하며 크기는 전체 길이로 표시하는 렌치는?

① 조정렌치　② 복스렌치
③ 소켓렌치　④ 파이프렌치

53 스패너 사용 시 주의사항으로 옳지 않은 것은?

① 스패너는 볼트나 너트의 폭과 맞는 것을 사용한다.
② 필요 시 스패너 두 개를 이어서 사용하기도 한다.
③ 스패너를 너트에 정확하게 장착하여 사용한다.
④ 스패너의 입이 변형된 것은 폐기한다.

54 다음 중 드라이버 사용 방법으로 옳지 않은 것은?

① 작은 공작물이라도 한 손으로 잡지 않고 바이스 등으로 고정하고 사용한다.
② 전기 작업 시 자루는 모두 금속으로 되어있는 것을 사용한다.
③ 날 끝이 수평이어야 하며 둥글거나 빠진 것은 사용하지 않는다.
④ 날 끝 홈의 폭과 깊이가 같은 것을 사용한다.

55 드라이버 사용 시 주의할 점으로 옳지 않은 것은?

① 규격에 맞는 드라이버를 사용한다.
② 지렛대 대신 소형 드라이버를 사용하지 않는다.
③ 클립이 있는 드라이버는 옷에 걸고 다녀도 무방하다.
④ 잘 풀리지 않는 나사는 플라이어를 이용하여 강제로 뺀다.

정답해설

50 면장갑을 착용하고 해머 작업을 하면 해머를 놓칠 수 있기 때문에 장갑 착용을 금한다.

51 토크렌치는 볼트 등을 조일 때 조이는 힘을 측정하기 위하여 사용하는 도구이다.

52 조정렌치는 볼트머리나 너트의 크기가 명확하지 않을 때나 가볍게 조이고 풀 때 사용하는 공구이다.(몽키스페너)

54 전기 작업을 할 때 손잡이 전체가 절연되어야 한다.

55 잘 풀리지 않는 나사를 플라이어를 이용하여 강제로 빼면 나사 머리 부분이 변형되거나 파손될 수 있다.

| 정답 | 50 ① 51 ① 52 ① 53 ② 54 ② 55 ④ |

56 드릴 작업의 안전수칙으로 옳지 않은 것은?

① 드릴을 끼운 후에 척렌치는 그대로 둔다.
② 칩을 제거할 때는 회전을 정지시킨 상태에서 솔로 제거한다.
③ 일감은 견고하게 고정시키고 손으로 잡고 구멍을 뚫지 않는다.
④ 장갑을 끼고 작업하지 않는다.

57 연삭기에서 연삭 칩의 비산을 막기 위해 착용하는 보호구는?

① 안전덮개
② 광전식 안전방호장치
③ 급정지 장치
④ 양수 조작식 방호장치

58 연삭기의 안전한 사용 방법으로 옳지 않은 것은?

① 숫돌과 받침대 간격을 넓게 유지한다.
② 숫돌덮개 설치 후 작업한다.
③ 보안경과 방진마스크를 착용한다.
④ 숫돌 측면으로 작업하지 않는다.

59 감전 사고를 예방하기 위해 필요한 설비는 무엇인가?

① 접지 설비
② 고압계 설비
③ 방폭등 설비
④ 대지 전위 상승 설비

60 전기 작업에서 안전 작업으로 적절하지 않은 것은?

① 저압전력선에서는 감전 우려가 없으므로 안심하고 작업할 것
② 규정된 알맞은 퓨즈를 사용할 것
③ 전선이나 코드 접속부는 절연물로 완전히 피복할 것
④ 전기장치는 사용 후 스위치를 OFF 할 것

61 감전 재해 요인으로 옳지 않은 것은?

① 작업 시 절연장비 및 안전장치 착용
② 충전부에 직접 접촉하거나 안전거리 이내 접근
③ 절연, 열화, 손상, 파손 등으로 누전된 전기 기기 등에 접촉
④ 전기 기기 등의 외함과 대지 간의 정전 용량에 의한 전압 발생부분 접촉

정답해설

56 드릴을 끼운 후 척렌치는 분리하여 보관하여야 안전하다.
57 연삭기에는 연삭 칩의 비산을 막기 위하여 안전덮개를 부착 하여야 한다.
58 연삭기의 숫돌 받침대와 숫돌과의 틈새는 2~3mm 이내로 조정한다.
59 전기 기기에 의한 감전 사고를 막기 위해 접지를 설비한다.
60 저압전력선에서도 감전 우려가 있으므로 주의해야 한다.
61 작업 시 감전재해를 예방하기 위하여 절연장비 및 안전장구를 착용해야 한다.

| 정답 | 56 ① 57 ① 58 ① 59 ① 60 ① 61 ① |

62 감전사고 방지책으로 옳지 않은 것은? ★★

① 전기 기기에 위험 표시를 한다.
② 작업자는 안전 보호구를 착용한다.
③ 작업자에게 사전 안전교육을 실시한다.
④ 전기설비에 약간의 물을 뿌려 감전 여부를 확인한다.

63 연소의 3요소에 해당하지 않는 것은? ★★★

① 물　　　　　② 공기
③ 점화원　　　④ 가연물

64 화재 분류에 대한 설명으로 옳은 것은? ★★★

① B급 화재 – 전기 화재
② C급 화재 – 유류 화재
③ D급 화재 – 금속 화재
④ E급 화재 – 일반 화재

65 유류 화재 시 소화 방법으로 옳지 않은 것은? ★★★

① B급 화재 소화기를 사용한다.
② 모래를 뿌린다.
③ ABC소화기를 사용한다.
④ 다량의 물을 부어서 끈다.

66 화재 발생 시 화염이 있는 곳을 통과할 때의 요령으로 옳지 않은 것은? ★★

① 몸을 낮게 엎드려서 통과한다.
② 물수건으로 입을 막고 통과한다.
③ 뜨거운 김을 입으로 마시면서 통과한다.
④ 머리카락, 얼굴, 발, 손 등이 불과 닿지 않게 한다.

67 전기 화재 시 화점에 분사하여 산소를 차단하는 소화기는? ★★★

① 분말 소화기
② 증발 소화기
③ 포말 소화기
④ 이산화탄소 소화기

정답해설

62 감전 사고가 발생할 수 있으므로 전기설비에 물을 뿌려서는 안 된다.

63 연소의 3요소: 점화원, 가연물, 공기(산소)

64 A급 화재: 일반 가연물 화재
B급 화재: 유류 화재
C급 화재: 전기 화재
D급 화재: 금속 화재

65 유류 화재를 진화할 때는 물 사용이 금지되며, 분말 소화기나 탄산가스 소화기, ABC소화기 등을 사용하는 것이 좋다.

66 화재가 발생하면 호흡기 손상을 방지하기 위해 젖은 수건으로 입을 막고 화염이 있는 곳을 통과한다.

67 이산화탄소 소화기는 '탄산가스 소화기'라고도 하며, 공기 중 산소 농도를 낮추어 연소 반응을 억제해 주는 질식소화방식이다.

| 정답 | 62 ④　63 ①　64 ③　65 ④　66 ③　67 ④

PART 02

로더의 점검 및 장비구조

Chapter 01 　로더의 작업 전·중·후 점검
Chapter 02 　로더 일반
Chapter 03 　로더의 제원과 구조 및 종류
Chapter 04 　로더의 조종 및 기능

CHAPTER 01 로더의 작업 전·중·후 점검

01 작업 전 일상 점검 사항

1 외관 및 안전장치
① 장비 외관의 균열, 손상, 누유 여부 확인
② 전조등, 후미등, 경광등, 경적, 후방 카메라 및 경보기 정상 작동 여부
③ 안전벨트, 운전석 문, 창문 잠금 상태 확인

2 엔진 및 유압계통
① 엔진오일, 유압유, 냉각수, 연료량 점검 및 보충
② 에어클리너 필터 청결 상태 확인
③ 호스, 배관, 실린더 누유 여부 확인

3 제동 및 조향장치
① 주 브레이크, 주차 브레이크 작동 상태 점검
② 조향장치(핸들, 아티큘레이션 관절부) 이상 유무 확인

4 구동 계통 및 타이어
① 타이어 공기압, 마모 상태, 손상 여부 확인
② 휠 너트 풀림 여부 확인
③ 구동 계통(변속기, 드라이브 샤프트) 이상 소음 여부 확인

> 타이어 마모 한계를 초과하여 사용하면 발생하는 현상
> • 제동력이 저하되어 브레이크 페달을 밟아도 타이어가 미끄러져 제동거리가 길어짐
> • 우천에서 주행할 때 도로와 타이어 사이의 물이 배수가 잘되지 않아 타이어가 물에 떠 있는 것과 같은 수막현상이 발생
> • 도로를 주행할 때 도로의 작은 이물질에 의해서도 타이어 트레드에 상처가 발생하여 사고의 원인이 됨

5 작업 장치
① 버킷, 붐, 링크 부품 균열·변형 여부
② 핀, 볼트, 체결부 풀림 여부
③ 윤활 상태(그리스 주입 필요 여부) 확인

6 시운전 점검
① 시동 후 계기판 경고등 확인
② 엔진 공회전 상태 이상 여부
③ 버킷 상승·하강, 틸트 조작 정상 작동 여부 확인
④ 브레이크 및 조향 시험

02 작업 중 점검 사항

1 작업 중 누유 및 이상 유무 점검
① 로더의 작업장 경사지가 35° 이상인 장소에서 작업 시 엔진 오일 순환 불량으로 엔진 고장이 발생할 수 있으므로 35° 이하 경사지에서 작업하는 것이 안전
② 엔진의 크랭크 축의 전·후와 헤드 개스킷 부분, 각종 엔진 패킹 실 부분의 누유를 관찰
③ 엔진 무부하 상태로 중간 속도에서 약 5분 정도 회전하면서 이상 폭발 소음인 노킹이나 냉각수 온도 및 이상한 냄새 등 점검

 유압펌프 배관 및 호스와의 이음 부분의 누유, 제어밸브의 누유, 리프트 실린더 및 틸트 실린더의 누유를 확인한다. 유압유 양을 확인하여 부족하면 유압유를 보충한다.

2 주행 및 조향장치 점검
(1) 조향장치 점검
① 조향핸들을 조작하여 유격상태를 점검하고, 이상 진동이 느껴지는지 확인
② 조향핸들을 조작할 때 조향 비율 및 조작력에 큰 차이가 느껴진다면 점검 필요

(2) 조향핸들이 무거운 원인
① 타이어의 공기압이 부족할 때
② 조향기어의 백래시가 작을 때
③ 조향기어 박스의 오일 양이 부족할 때
④ 앞바퀴 정렬이 불량할 때
⑤ 타이어의 마멸이 과대할 때

(3) 조향핸들 조작상태 점검

조향핸들을 왼쪽 및 오른쪽으로 끝까지 돌렸을 때 양쪽 바퀴의 돌아가는 각도가 같으면 정상

3 엔진 점검
① 엔진이 공회전할 때 이상한 소음이 발생하는지 점검
② 흡입 및 배기 밸브 간극, 밸브 기구 불량으로 이상한 소음이 발생하는지 점검
③ 엔진 내·외부 각종 베어링의 불량으로 이상한 소음이 발생하는지 점검
④ 발전기 및 물 펌프 구동 벨트의 불량으로 이상한 소음이 발생하는지 점검
⑤ 배기 계통 불량으로 이상한 소음이 발생하는지 점검

03 계기판 점검

1 엔진 오일 압력 경고등 점검
엔진 오일 압력 경고등은 엔진이 작동하는 도중 유압이 규정 값 이하로 내려가면 경고등이 점등되며, 경고등이 점등되면 엔진 시동을 끄고 윤활장치를 점검할 것

2 냉각수 온도계 점검
① 냉각수 온도게이지를 점검하여 냉각수 정상 순환 여부 확인
② 냉각수 온도게이지는 저온에서 고온으로 점진적으로 증가하며 작동

3 연료계 점검
연료계를 확인하여 연료가 부족하면 보충

4 방향지시등 및 전조등 점검
방향지시등 및 전조등을 확인하여 전구가 점등되지 않을 시 전구 교환

04 엔진 시동 상태 점검

1 축전지 점검
① 축전지 단자의 파손 상태를 점검하며 축전지 단자를 보호하기 위하여 고무커버 씌우기
② 축전지 배선의 결선 상태 점검
③ 축전지 충전 상태를 점검창으로 확인하고, 방전 시 축전지 충전
④ MF 축전지 상태는 점검창의 색으로 확인 가능

초록색	충전된 상태
검정색	방전된 상태(충전 필요)
흰색	축전지 점검(축전지 교환)

2 축전지 충전 시 주의사항
① 충전장소에 환기장치 설치
② 축전지가 방전될 시 즉시 충전
③ 충전 중 전해액의 온도는 45℃ 이상 상승시키지 않기
④ 충전 중인 축전지 근처에 불꽃을 가져가지 않기
⑤ 축전지를 과다 충전하지 않기

3 예열장치 점검
예열플러그 단선 원인
① 엔진이 과열되었을 때
② 엔진 가동 중에 예열시킬 때
③ 예열플러그에 규정 이상의 과대 전류가 흐를 경우
④ 예열시간이 너무 길 때
⑤ 예열플러그를 설치할 때 조임이 불량일 경우

4 시동장치 점검
기동전동기가 회전하지 않는 원인
① 시동스위치 접촉 및 배선 불량일 때
② 계자코일이 손상되었을 때
③ 브러시가 정류자에 밀착이 안 될 때
④ 전기자 코일이 단선되었을 때

05 작업 후 점검 사항

1 작업 후 조치 사항
① 운행 종료 후 다음 작업을 위해 연료 보충
② 동절기에는 연료탱크와 대기의 온도 차로 결로 현상이 발생할 수 있으므로 연료를 가득 채워 놓는 것이 좋음
③ 반드시 엔진을 정지한 상태에서 연료 보충

연료탱크의 결로 현상 방지를 위한 작업
» 매일 작업 후 연료 탱크에 연료를 가득 채운다.
» 매일 작업 후 연료 라인의 물 빼기 작업을 한다.

CHAPTER 02 로더 일반

01 로더의 정의

건설기계관리 법상 정의	무한궤도 또는 타이어식으로 적재장치를 가진 자체중량 2톤 이상인 것. 다만, 차체굴절식 조향장치가 있는 자체중량 4톤 미만인 것은 제외
일반적인 정의	굴착기처럼 땅을 파거나 흙을 긁어모으는 역할을 하지만, 주로 덤프트럭에 토사나 골재 등을 싣는 작업을 하는 건설기계

02 로더의 개요

1 기준부하상태 등

① 기준부하상태: 로더의 버킷에 한국산업표준에 따른 비중의 토사를 산적한 상태에서 버킷을 가장 안쪽으로 기울이고 버킷의 밑면을 로더의 최저지상고까지 올린 상태
② 기준무부하상태: 하중이 가해지지 않은 버킷을 가장 안쪽으로 기울이고 버킷의 밑면을 로더의 최저지상고까지 올린 상태

2 전경각 및 후경각

① 전경각: 버킷을 가장 높이 올린 상태에서 버킷만을 가장 아래쪽으로 기울였을 때 버킷의 가장 넓은 바닥면이 수평면과 이루는 각도
② 후경각: 버킷의 가장 넓은 바닥면이 지면에 닿게 한 후 버킷만을 가장 안쪽으로 기울였을 때 버킷의 가장 넓은 바닥면이 지면과 이루는 각도

③ 로더의 전경각은 45° 이상, 후경각은 35° 이상이어야 함

 출입문이 전방에 설치된 로더의 전경각은 35° 이상, 후경각은 25° 이상이어야 하고, 버킷에 적재물 배출장치(이젝터)를 설치한 경우 전경각 기준은 적용하지 않음

3 안정도

① 타이어식 로더는 다음에 해당하는 지면에서 중심선이 지면의 기울어진 방향과 평행할 경우 앞이나 뒤로 넘어지지 않을 것
  • 로더의 기준부하상태인 경우 기울기가 100분의 15인 지면
  • 로더의 기준무부하상태인 경우 기울기가 100분의 30인 지면
② 타이어식 로더는 다음에 해당하는 지면에서 중심선이 지면의 기울어진 방향과 직각으로 교차할 경우 옆으로 넘어지지 않을 것
  • 로더의 기준부하상태에서 버킷만을 최고로 올린 상태인 경우 기울기가 100분의 20인 지면
  • 로더의 기준무부하상태인 경우 기울기가 100분의 60인 지면

4 제동능력

타이어식 로더는 다음에 해당하는 평탄하고 견고한 건조지면에서 정지상태를 유지할 수 있어야 함
  • 로더의 기준부하상태인 경우 기울기가 100분의 15인 지면
  • 로더의 기준무부하상태인 경우 기울기가 100분의 20인 지면

5 버킷

① 버킷은 토사 등을 굴착 또는 적재하기 위한 용기를 말하며, 버킷에 담을 수 있는 용적은 평적 및 산적으로 구분하고, 버킷의 용적 표시는 산적으로 함
② 버킷의 승강, 정지 및 반전(反轉) 작용은 정확하게 이루어져야 함
③ 버킷과 연결된 붐 및 암 등은 균열, 만곡 및 절단된 곳이 없어야 함

6 고정장치 및 유압배관

① 고정장치: 로더를 주차하거나 운반할 때 로더 본체의 굴절부가 굴절되지 않도록 고정하는 장치

A	건설장비의 경우 모든 부가적인 장치들을 최대한 낮게 위치 시킴
B	이동 가능한 장비의 경우 주차브레이크를 반드시 작동시키고 차륜에 받침대를 사용
C	특수차량의 접히는 부분들은 꼼꼼하게 묶어 운행 중 움직이지 않게 함

② 유압배관: 로더의 유압배관은 작동 압력의 최소 4배를 견딜 수 있어야 함

7 조종실

① 출입문이 전방에 설치된 로더는 조종사가 조종실에 들어가거나 나갈 때 작업장치가 움직이지 않도록 안전장치를 설치할 것
② 출입문이 전방에 설치된 로더의 출입문 크기는 높이 875mm, 폭 550mm 이상일 것
③ 출입문이 전방에 설치된 로더는 출입문을 대신할 출입구가 있는 구조이어야 하며, 크기는 380mm × 550mm 이상일 것
④ 로더가 완전히 굴절된 조향 상태에서 로더 본체 사이에 조종실 통로가 있는 경우 통로는 150mm 이상의 간격이 있을 것

CHAPTER 03 로더의 제원과 구조 및 종류

01 로더의 제원(휠 로더)

[휠 로더 제원 표시 방법]

표시	제원 의미
A	양쪽 타이어의 중심에서 중심까지의 거리
B	양쪽 타이어의 외측 넓이
C	전후 축 간의 거리
D	지면에서 버킷 힌지까지의 거리
E	지면에서 하부까지 최저 높이
F	전체 높이
G	전체 폭
H	덤핑 높이
I	최대 높이에서 뻗을 수 있는 거리
J	전체 높이, 버킷을 올렸을 때
K	전체 길이

02 로더의 각 부의 명칭

03 로더의 주행장치별 분류

[휠 로더]   [크롤러 로더]

[스키드 스티어 로더]   [백호 로더]

1 휠 로더(Wheel loader)

① 앞쪽에 큰 버킷(bucket)이 달려 있어 흙, 모래, 자갈, 석탄, 폐기물 등을 퍼 올려 다른 곳으로 옮기거나 덤프트럭에 적재하는 장비
② 버킷 혹은 포크를 2~3m 정도 들어 올리거나 내리기 가능
③ 암(Arm)에 부착된 실린더 링크에 의해 버킷 또는 포크를 전방으로 보낼 수 있음

④ 전륜 구동, 후륜 조향 방식
⑤ 허리꺾기 조향 방식은 회전할 때 허리 부분이 꺾이도록 되어 있어 장비 크기에 비하여 회전 반경이 작음
⑥ 자동차보다 저속 주행(최고 속도 15~30km/h 정도 이하)
⑦ 차체의 뒷부분에 카운터 웨이트(Counter weight)가 있음

2 크롤러 로더(Crawler loader)
① 단단한 지반에서의 작업은 어렵지만 암석 등 불균일한 노면과 터널과 같이 협소한 장소에서 작업하는 데 적당함
② 장거리 이동이나 기동성이 떨어지는 단점이 있으며 도로에는 반드시 트레일러(Trailer) 등 운반체에 실려 이동해야 함
③ 근래에는 기동성이 떨어지며 작업 효율성 저하로 건설 현장에서 사용이 극히 제한됨

[무한궤도 로더와 휠 로더의 장단점 비교]

구분	크롤러(무한궤도) 로더	휠 로더
장점	• 안정성 및 등반 능력 험지나 경사면에서도 안정적인 작업이 가능하며, 뛰어난 등반 능력 • 강력한 힘 굴착 작업 등 무거운 하중을 처리하는 데 유리 • 다양한 지형 적응력 험지, 진흙, 모래 등 다양한 지형에서 작업 가능	• 기동성 및 이동성 빠른 속도로 이동하며 넓은 작업 공간에서 효율적으로 작업 가능 • 적은 지면 손상 바퀴가 지면과 접촉하는 면적이 넓어 지면 손상을 최소화 • 조작 편의성 크롤러 로더보다 조작이 간단하여 초보자도 쉽게 조작 가능 • 다양한 부착 장비 활용 굴착, 적재, 제설 등 다양한 작업에 부착 장비 활용 가능
단점	• 기동성 및 이동성 부족 휠 로더보다 이동 속도가 느리고, 장거리 이동에 불리 • 지면 손상 트랙이 지면과 접촉하는 면적이 좁아 지면 손상이 발생할 가능성이 있음 • 조작 복잡성 휠 로더보다 조작이 복잡하여 숙련된 작업자가 필요	• 안정성 부족 험지나 경사면에서 불안정할 수 있음 • 등반 능력 부족 험지 등반 능력은 크롤러 로더보다 낮음 • 가격 크롤러 로더보다 비싼 가격

3 스키드 스티어 로더(Skid steer loader)
① 일반 차량과 달리 스키드 스티어 로더는 방향을 전환할 때 타이어의 방향이 틀어지지 않고 그대로 직선상에 있음
② 방향 전환을 하고자 할 때 한쪽 바퀴는 전진하고 다른 쪽 바퀴는 후진하므로, 제자리에서 360° 회전 가능
③ 작고 협소한 공간에서도 360° 회전이 가능하기 때문에 긴요하게 사용됨
④ 다양한 작업장치의 부착으로 적재 및 제설 작업뿐만 아니라 굴착, 운반, 작은 콘크리트나 암반 파쇄, 도로 청소 등 광범위한 작업 가능

4 백호 로더(Backhoe loader)
① 처음에는 농업용 기계로 사용되었으나 근래에는 건설 현장에서 매우 다양하게 사용됨
② 전면에는 로더 버킷을 장착하고 작업대상물을 상차하는 작업을 하며 후면에는 굴착기 버킷을 장착하여 소규모의 굴착 작업 가능
③ 작은 도랑을 만드는 데 편리하게 사용하며, 작업장치를 교환하여 다른 작업의 수행 가능

04 로더의 적하 방식별 분류

프런트 엔드형 (front end type)	• 전방에 부착된 버킷이나 기타 장비를 사용하여 자재를 들어올리고 운반하는 장비 • '프런트 로더' 또는 '프런트 엔드 로더'라고 불리고 때로는 '휠 로더'라고도 불림
사이드 덤프형 (Side dump type)	측면으로 덤프가 가능하여 협소한 공간에서의 작업 효율성을 높임
오버 헤드형 (Overhead type)	앞부분에서 굴착을 하여 장비 위를 넘어 후면에 덤프할 수 있는 장비로 터널공사 등에 유리함
스윙형 (Swing type)	• 프런트 엔드형과 오버 헤드형이 조합된 것으로 앞, 뒤, 양방향에 덤프 가능 • 측면으로 덤프가 가능하여 좁은 공간에서 작업 효율성이 높음

[프런트 엔드형]

[사이드 덤프형]

[오버 헤드형]

[스윙형]

05 로더의 버킷 용도별 분류

① 일반 작업 버킷
굴착되어 쌓여 있는 작업대상물을 상차하는 데 사용

② 암석 작업 버킷
골재 현장에서 발파된 암석이나 비중이 높은 작업대상물을 상차하는 데 사용

③ 다목적 버킷
다목적 버킷은 평탄 작업이나 이동 작업 등 여러 가지 작업 수행

④ 사이드 덤프 버킷
터널이나 도로 작업과 같은 협소한 장소에서 작업 수행

⑤ 석탄 및 톱밥 작업 버킷
눈이나 가축 사료와 같은 비교적 가벼운 비중($1.2t/m^3$ 이하)의 작업대상물을 상차하는 데 사용

⑥ 원목 작업 버킷
주로 원목을 운반하는 작업 수행

⑦ 포크
캐리지와 포크를 장착하여 지게차처럼 사용할 수 있는 작업장치

⑧ 스켈리턴 버킷
강가에서 골재 채취 등에 적합하여 작은 골재, 물 등이 빠져나갈 수 있는 구조로 굴착된 골재와 암석 중 큰 것만 골라내는 작업에 용이

⑨ 래크 블레이드 버킷
나무 뿌리 뽑기, 제석, 제초 등 지반이 매우 딱딱한 땅의 굴착 등에 적합

CHAPTER 04 로더의 조종 및 기능

01 로더의 작업장치

1 붐(Boom)

① 버킷을 앞·뒤·위·아래로 움직일 수 있도록 지탱하고 들어올리는 암(arm) 구조물
② 버킷을 원하는 높이로 들어 올리는 역할을 하거나, 자재를 싣고 덤프 트럭 등에 적재할 수 있도록 하는 장치
③ 작업 위치에 맞게 버킷의 자세를 조절하는 기능이 있으며 보통 2개의 붐 실린더로 작동됨

2 버킷(Bucket)

① 흙, 모래, 자갈 등을 직접 퍼 담는 '삽' 역할을 하는 부분
② 작업의 목적에 따라 알맞은 버킷으로 교체하여 다음과 같은 작업 수행
 • 자재를 퍼내기(digging)
 • 자재를 적재/운반(loading, carrying)
 • 자재를 원하는 곳에 붓기(dumping)

3 붐과 버킷의 자주 사용되는 용어

킥아웃 (kick-out)	붐(boom) 상승, 버킷 덤프, 버킷 틸트 복귀 같은 동작을 반복 수행 시 조종사가 매번 레버를 조정할 필요 없이, 미리 위치를 지정해 두면 그 위치에 도달했을 때 유압이 자동으로 중립으로 돌아가며 동작을 멈추는 기능
버킷 투스 (bucket tooth)	• 휠 로더(Loader)의 버킷 투스(bucket tooth)는 버킷 앞단에 붙어 있는 날카로운 이빨 모양의 부품 • 버킷이 자재를 더 쉽게 파고들 수 있도록 도와주는 소모성 부품 • 절삭 성능 향상, 버킷 본체 보호, 작업 종류별 최적화와 버킷 날(edge) 자체가 직접 마모되지 않고, 교체 가능한 투스가 먼저 닳도록 설계되어 버킷의 수명 연장
덤핑 클리어런스 (dumping clearance)	• 휠 로더에서 덤핑 클리어런스(dumping clearance)는 버킷을 최대한 상승시켜 자재를 쏟아낼 때, 버킷 하단과 지면 사이의 수직 거리를 의미 • 덤핑 클리어런스가 적재 대상의 벽 높이보다 높아야 작업 효율이 높음
덤핑 리치 (dumping reach)	• 덤프 시 버킷 끝단이 장비 전방에서 앞으로 나와 있는 거리 • 얼마나 멀리까지 붓는 가를 의미함 • 클리어런스와 함께 트럭 적재 가능 여부를 판단하는 중요한 지표

> **킥아웃의 종류**
> • 붐 킥아웃(Boom Kick-out): 붐이 미리 설정된 높이에 도달하면 자동으로 멈추는 기능을 의미하며, 덤프트럭에 적재할 때 일정한 높이를 반복 유지할 수 있다.
> • 버킷 킥아웃(Bucket Kick-out / Return-to-dig): 버킷이 땅을 파는 기본 각도로 자동 복귀하는 기능을 의미하며 흙을 다 덤프한 뒤, 다시 퍼 올리기 좋은 각도로 돌아간다(작업 효율의 증가).
>
> **킥아웃의 장점**
> • 조종사 피로 감소(레버를 계속 조정할 필요 없음)
> • 작업 속도 향상(반복 작업 자동화)
> • 일정한 작업 품질 확보(버킷 각도와 붐 높이가 일정)
> • 유압 시스템 및 기계 부하 감소

4 유압계통

① 유압계통 오일 순환 경로는 로더의 붐(boom), 버킷(bucket), 조향장치(steering) 등을 움직이는 핵심 메커니즘
② 실제 순환 경로: 작동유(유압유) 탱크 → 필터 → 유압 펌프 → 작업 컨트롤 밸브 → 액추에이터(작업실린더) → 작업 컨트롤 밸브 → 탱크

> **유압계통 오일의 단순 순환경로**
> 유압펌프 → 밸브 → 실린더/모터 → 탱크

5 유압계통의 기능

① 버킷 실린더: 이중 작용 유압실린더로 전진·후진 스트로크 모두 유압으로 구동되며 로더의 버킷을 앞으로 덤프하고, 뒤로 젖혀 복귀시키며 각도를 유지하는 역할
② 붐 실린더: 보통 2개(좌·우 한 쌍) 장착 실린더이며, 버킷 높이를 결정하는 핵심 유압장치로, 붐을 들어 올리고 내리며 자재 적재와 운반을 가능하게 하는 역할
③ 조향 실린더: 휠 로더는 자동차처럼 앞바퀴가 꺾이는 방식이 아니라, 차체 중앙을 절첩(articulation)시켜 꺾이는 방식(관절식 조향, Articulated Steering)을 사용한다. 이때 중심부를 꺾어주는 핵심 부품을 조향 실린더(Steering Cylinder)라고 함
④ 작동유 탱크: 단순 저장 용기가 아니라, 작동유의 '저장 + 냉각 + 공기 분리 + 이물질 침전' 기능을 수행
⑤ 유압 펌프: 엔진 동력을 유압 에너지로 변환하여, 조향, 붐, 버킷 등 모든 유압장치가 작동할 수 있도록 오일을 공급
⑥ 배관: '펌프 ↔ 밸브 ↔ 실린더 ↔ 탱크'를 연결하는 통로로, 유압 에너지를 효율적으로 전달하고 장비의 움직임을 가능하게 하는 관로

[로더 실린더 비교]

구분	붐 실린더	버킷 실린더	조향 실린더
위치	차체 붐 연결부	붐 버킷 링크 연결	차체 중앙 (관절부)
수량	보통 2개 (좌, 우)	보통 2개 (좌, 우)	보통 2개 (좌, 우)
주요 동작	붐 상승·하강	버킷 덤프·틸트·복귀	차체 절첩 (좌·우 조향)
역할	버킷의 높이 제어	버킷의 각도 제어	로더의 진행 방향 제어
특징	대구경, 강력한 리프팅 파워	반복 동작 빈도 높음 (Return-to-dig 기능)	조향 우선 회로 적용, 안정적인 조향력

	덤핑 클리어런스 (Dumping Clearance)	덤프 각도, 복귀 속도	회전 반경, 조향각
성능			
대표 기능	높이 조절	각도 조절	방향 조절

02 조종 레버 조작과 작업장치 작동

1 조종 레버
① 휠 로더는 조종 레버(Control Lever, Joystick)를 통해 작업장치(붐, 버킷 등)를 제어
② 레버 조작 → 파일럿 밸브 → 메인 밸브 개폐 → 유압실린더 작동 → 붐/버킷 작동

2 로더 조종 레버(작업 레버)의 종류
① 싱글 레버(Single Lever Joystick): 하나의 조이스틱으로 붐과 버킷 모두 제어하며 현대 로더에서 가장 많이 사용
② 듀얼 레버(Two Lever Control): 붐용 레버와 버킷용 레버가 분리되어 있으며, 구형 장비나 일부 중장비에서 사용
③ 전자식 조이스틱(Pilot/EH Joystick): 전기·파일럿 압력으로 메인 밸브를 제어하며 조작이 가볍고 정밀, 자동화 기능과 연계가 용이

3 조종 레버와 작업장치 기능
① 레버 뒤로 당김 → 붐 상승(Boom Up)
② 레버 앞으로 밀기 → 붐 하강(Boom Down)
③ 플로트(Float) 위치(일부 레버에 존재): 조종 레버를 끝까지 밀면 붐이 유압 구속 없이 자유롭게 떠 있게 되며 도저 작업, 제설 작업 시 사용

4 조종(조이스틱, 원 레버) 레버와 작업장치 작동 방법

[조종레버 사용법]

[로더 조종 레버 + 킥아웃 기능]

레버 조작 방향	붐 (Boom) 동작	버킷 (Bucket) 동작	킥아웃 기능	비고
뒤로 당김	붐 상승 (Lift Up)	-	붐 킥아웃: 미리 설정한 높이에서 자동 정지	덤프 트럭 적재 시 반복 편리
앞으로 밀기	붐 하강 (Lower)	-	-	-
앞으로 끝까지 밀기	붐 플로트 (Float)	-	-	지면을 따라 자동 하강 (도저·제설)
왼쪽	-	버킷 덤프 (Dump)	-	자재 쏟기
오른쪽	-	버킷 틸트 (tilt)	버킷 킥아웃: 작업 각도로 자동 복귀	자재 채취 준비 각도 유지

03 주행장치 조종 및 기능

1 동력전달 순서

① 휠 일체형: 엔진 → 토크컨버터 → 변속기 → 하이포이드 피니언 차동기어 → 액슬축 → 유성피니언 기어 → 바퀴

② 휠 관절식: 엔진 → 토크컨버터 → 제1축 → 변속기 → 제2축 → 액슬 → 바퀴 → 제3축 → 액슬 → 바퀴

③ 크롤러형 마찰 클러치식(수동변속기): 엔진 → 플라이휠 클러치 → 변속기 → 피니언 및 베벨기어 → 조향 클러치 및 브레이크 → 최종 감속기어 → 스프로킷 → 트랙

④ 크롤러형 토크 컨버터식: 엔진 → 토크컨버터 → 변속기 → 피니언 및 베벨기어 → 조향 클러치 및 브레이크 → 최종 감속기어 → 스프로킷 → 트랙

2 조향장치

구분	특징	장점	단점
관절식 조향 (Articulated Steering)	차체 중앙 부분이 관절처럼 움직여 좁은 공간에서 유연하게 회전 가능	좁은 공간에서의 기동성이 우수	상대적으로 복잡한 구조
전륜 조향 (Front-Wheel Steering)	앞바퀴만 조향하는 방식	구조가 간단하고 유지보수가 용이	관절식에 비해 좁은 공간에서의 기동성이 떨어짐
후륜 조향 (Rear Wheel Steering)	드물게 사용됨 (구형·특수 모델에서 제한적으로 존재)	-	전륜 하중이 크고 회전 반경이 넓어 실용성이 떨어짐
4륜 조향 (4-Wheel Steering)	앞바퀴와 뒷바퀴 모두 조향이 가능	좁은 공간에서 더욱 뛰어난 기동성을 제공	복잡한 구조와 비싼 가격
스키드 로더 (Skid Steer Loader)	좌우 바퀴의 회전 속도를 다르게 하여 조향하며 제자리 회전 가능	좁은 공간에서 매우 뛰어난 기동성	타이어 마모가 심하고, 관절식 로더에 비해 작은 작업 반경
콤팩트 트랙 로더 (Compact Track Loader)	스키드 로더와 유사하지만, 고무 트랙을 장착한 장비로 궤도 형태를 지님	연약 지반에서의 우수한 작업성	궤도 파손 시 비싼 수리 비용

크롤러 로더의 조향(Steering Clutch + Brake 방식)
- 궤도식 로더의 경우 휠이 아닌 트랙(Track)을 조절하여 조향
- 스티어링 클러치: 한 쪽 트랙의 동력을 끊음
- 스티어링 브레이크: 멈춘 트랙에 제동 → 급선회 → 제자리 회전(Pivot Turn) 가능

3 클러치 컷오프 밸브

① 정의: 클러치 컷오프 밸브는 운전자의 조작(주로 브레이크 페달)을 받아 변속기 유압(클러치 압력)을 차단·해제함으로써 주행 동력을 끊고 엔진 출력을 작업 유압계통(붐·버킷 동작)에 집중시키는 제어 밸브
② 위치: 보통 변속기 제어 유압 라인에 설치
③ 장점: 불필요한 전진 방지하여 충돌 및 안전사고 감소

[Clutch cut-off switch 표시등]

04 로더의 주행

1 휠 로더의 안전 운전 준수 사항

① 반드시 안전모·안전벨트 착용
② 탑승자는 운전자 1인(동승 금지)
③ 시야 확보를 위해 후방경보기·후방 카메라 활용
④ 과속 금지(특히 곡선로, 비탈길, 작업장 내 이동 시 서행)
⑤ 급정지·급선회 금지 → 전복 위험
⑥ 버킷은 주행 시 지면에서 40~50cm 높이로 유지 (무게중심 안정)
⑦ 경사로 주행 시 상향 주행은 전진, 하향 주행은 후진 원칙 준수
⑧ 적재 시 편적 금지(좌우 불균형 → 전복 위험)
⑨ 인원 근처에서는 반드시 저속, 경적, 아이컨택 후 진행

2 휠로더의 주행 및 이동 간 안전 준수 사항

(1) 주행 전 준비
① 출발 전 주변 작업자 및 장애물 확인
② 버킷은 반드시 지면에서 약 40~50cm 높이로 유지 → 시야 확보 및 무게중심 안정
③ 안전벨트 착용 및 도어, 창문, 장비 이상 여부 점검

(2) 일반 주행 시
① 저속 주행 원칙 (특히 작업장 내부)
② 급가속·급제동·급선회 금지 → 전복 위험
③ 작업장 이동 시 경적 또는 비상등 사용으로 보행자에게 알림
④ 좁은 구간 주행 시 유도자 신호 확인 후 이동
⑤ 돌출·경계석·연약지반 통과 시 속도 줄이고 천천히 이동

(3) 경사로 이동 시
① 상승 시: 전진 주행
② 하강 시: 후진 주행(버킷이 위쪽을 향하도록)
③ 경사로에서 방향 전환 금지
④ 주행 중 버킷은 낮게 유지 → 무게중심 안정
⑤ 제동은 급하게 하지 않고, 저단기어와 엔진브레이크 활용

(4) 적재물 운반 중
① 규정 적재 용량 준수(과적 금지)
② 버킷 안의 화물이 떨어지지 않도록 적재 상태 확인
③ 주행 중 버킷을 너무 높게 올리지 말 것
④ 좌우 편적 금지(불균형 → 전복 위험)

(5) 도로 이동 시
① 관련 규정에 따라 번호판, 등록, 보험, 속도제한 장치 갖출 것
② 교통법규 준수, 특히 횡단보도, 교차로 서행 및 일시정지
③ 야간이나 시야 불량 시 전조등, 경광등 사용
④ 필요시 호송차량 및 유도자 배치

PART 02 단원문제: 로더의 점검 및 장비구조

★ 개수는 빈출도와 중요도를 의미합니다.

작업 전·중·후 점검

★★★

01 다음 중 기관에서 팬벨트 장력 점검 방법으로 옳은 것은?

① 발전기의 고정 볼트를 느슨하게 하여 점검한다.
② 엔진의 가동이 정지된 상태에서 벨트의 중심을 엄지손가락으로 눌러서 점검한다.
③ 엔진을 가동한 후 텐셔너를 이용하여 점검한다.
④ 벨트길이 측정게이지로 측정 점검한다.

★★★

02 건설기계의 운전 전 점검사항을 나타낸 것으로 적절하지 않은 것은?

① 라디에이터의 냉각수량 확인 및 부족 시 보충
② 엔진 오일량 확인 및 부족 시 보충
③ 팬벨트 상태 확인 및 장력 부족 시 조정
④ 배출가스의 상태 확인 및 조정

★★

03 동절기 축전지 관리요령으로 옳지 않은 것은?

① 충전이 불량하면 전해액이 결빙될 수 있으므로 완전히 충전시킨다.
② 엔진시동을 쉽게 하기 위하여 축전지를 보온시킨다.
③ 전해액 수준이 낮으면 운전 후 즉시 증류수를 보충한다.
④ 전해액 수준이 낮으면 운전시작 전 아침에 증류수를 보충한다.

★

04 작업 장치를 갖춘 건설기계의 작업 전 점검사항으로 옳지 않은 것은?

① 제동장치 및 조종 장치 기능의 이상 유무
② 하역장치 및 유압장치 기능의 이상 유무
③ 유압장치의 과열 이상 유무
④ 전조등, 후미등, 방향지시등 및 경보장치의 이상 유무

★★

05 로더 작업 중 운전자가 확인해야 할 것으로 가장 거리가 먼 것은?

① 온도계
② 충전경고등
③ 유압경고등
④ 실린더 압력계

정답해설

01 팬벨트 장력은 기관이 정지된 상태에서 물 펌프와 발전기 사이의 벨트 중심을 엄지손가락으로 눌러서 점검한다.

02 배출가스의 상태 확인 및 조정은 운전 전이 아니라 시동을 걸고 운전상태에서 점검이 가능하다.

03 전해액 수준이 낮으면 운전 전에 증류수를 보충하여야 한다.

04 유압장치의 과열 이상 유무는 작업이 진행되는 과정 중에 살펴볼 수 있다.

05 작업 중 운전자가 확인해야 하는 계기는 충전경고등, 유압경고등, 온도계 등이다.

| 정답 | 01 ② 02 ④ 03 ③ 04 ③ 05 ④

06 건설기계에서 기관을 시동한 후 정상운전 가능상태를 확인하기 위해 운전자가 가장 먼저 점검해야 하는 것은?

① 주행속도계　② 엔진오일의 양
③ 냉각수 온도계　④ 오일압력계

07 건설기계 작업 시 계기판에서 오일경고등이 점등되었을 때 우선 조치사항으로 적절한 것은?

① 엔진을 분해한다.
② 즉시 엔진시동을 끄고 오일계통을 점검한다.
③ 엔진오일을 교환하고 운전한다.
④ 냉각수를 보충하고 운전한다.

08 그림과 같은 경고등의 의미는?

① 엔진오일 압력 경고등
② 와셔액 부족 경고등
③ 브레이크액 누유 경고등
④ 냉각수 온도 경고등

09 엔진 시동 전에 해야 할 가장 중요한 일반적인 점검사항은?

① 실린더의 오염도
② 충전장치
③ 유압계의 지침
④ 엔진오일과 냉각수의 양

10 기관을 시동하여 공전 상태에서 점검하는 사항으로 옳지 않은 것은?

① 배기가스 색 점검
② 냉각수 누수 점검
③ 팬벨트 장력 점검
④ 이상소음 발생유무 점검

11 기관의 오일 레벨게이지에 관한 설명으로 옳지 않은 것은?

① 윤활유를 육안검사 시에도 활용한다.
② 윤활유 레벨을 점검할 때 사용한다.
③ 기관의 오일 팬에 있는 오일을 점검하는 것이다.
④ 반드시 기관 작동 중에 점검해야 한다.

정답해설

06 시동 후 정상운전 가능 상태 확인 중 가장 먼저 점검해야 하는 것은 오일 압력계이며, 오일압력 경고등 점등 시 엔진 시동을 멈추고 오일을 보충하여야 한다.

07 계기판의 오일경고등이 점등되면 즉시 엔진의 시동을 끄고 오일계통을 점검한다.

08 제시된 그림은 엔진오일 압력 경고등이며, 엔진오일 부족 시 점등된다.

09 시동 전 냉각수와 엔진오일의 양 점검은 일일점검사항이다.

10 팬벨트 점검은 기관 정지 상태에서 점검해야 안전하다.

11 겐진오일 레벨게이지 점검은 엔진을 정지시킨 상태에서 점검한다.

| 정답 | 06 ④　07 ②　08 ①　09 ④　10 ③　11 ④

★★

12 예열플러그의 고장이 발생하는 경우로 거리가 먼 것은?

① 정격이 아닌 예열플러그를 사용했을 때
② 발전기의 발전전압이 낮을 때
③ 엔진이 과열되었을 때
④ 예열시간이 길었을 때

★★★

13 축전지가 낮은 충전율로 충전되는 이유로 옳지 않은 것은?

① 발전기의 고장
② 축전지의 노후
③ 전해액 비중의 과다
④ 레귤레이터의 고장

★★★

14 건설기계 기관에 있는 팬벨트의 장력이 약할 때 생기는 현상으로 옳은 것은?

① 물펌프 베어링의 조기 마모
② 엔진 과냉
③ 발전기 출력 저하
④ 엔진 부조

★★★

15 급속충전을 할 때 주의사항으로 틀린 것은?

① 통풍이 잘되는 곳에서 충전한다.
② 충전 중인 축전지에 충격을 가하지 않는다.
③ 충전 시간은 가급적 짧아야 한다.
④ 축전지가 차량에 설치된 상태로 충전한다.

★

16 기관에서 팬벨트 및 발전기 벨트의 장력이 너무 강할 경우 발생할 수 있는 현상으로 옳은 것은?

① 기관이 과열된다.
② 충전 부족 현상이 생긴다.
③ 기관의 밸브 장치가 손상될 수 있다.
④ 발전기 베어링이 조기 손상될 수 있다.

★★★

17 엔진 오일량 점검에서 오일게이지에 상한선(Full)과 하한선(Low)표시가 되어있을 때 점검 상태 확인으로 옳은 것은?

① Low와 Full 표시 사이에서 Full 근처에 있어야 오일양이 적당하다.
② Low와 Full 표시 사이에서 Low에 가까이 있으면 좋다.
③ Low 표시에 있어야 한다.
④ Full 표시 이상이 되어야 한다

정답해설

12 예열플러그의 단선 원인
- 기관이 과열된 상태에서 빈번한 예열
- 예열시간이 너무 길 때
- 예열플러그를 규정 토크로 조이지 않았을 때
- 정격이 아닌 예열플러그를 사용했을 때
- 규정 이상의 과대 전류가 흐를 때 등

13 축전지가 충전되지 않는 원인
- 축전지 극판이 손상되었거나 노후된 때
- 전장부품에서 전기사용량이 많을 때
- 축전지 접지케이블의 접속이 이완되었을 때
- 발전기가 고장 나거나 팬벨트가 파손되었을 때
- 레귤레이터(전압조정기)가 고장 났을 때
- 전지 본선(B⁺) 연결부분의 접속이 이완되었을 때

14 보통 팬벨트는 엔진의 회전력을 물펌프, 발전기 등에 전달하므로 물펌프 회전이 약해져서 발전기 출력이 저하된다.

15 급속충전을 할 때에는 축전지의 접지케이블을 분리한 후 충전해야 발전기의 다이오드 및 ECU 파손을 방지할 수 있다.

16 팬벨트의 장력이 너무 강하면 발전기 베어링이 손상되기 쉽다.

17 엔진오일은 기관 정지 후 레벨게이지를 뽑았을 때 Low와 Full 표시 사이에서 Full 근처에 있어야 오일양이 적당하다.

| 정답 | 12 ② 13 ③ 14 ③ 15 ④ 16 ④ 17 ①

18 ★★ 납산 축전지를 충전할 때 화기를 가까이 하면 폭발의 위험성이 있는 이유는?

① 배터리 (−) 극에서 수소가스의 발생
② 산소가스의 발생
③ 배터리 전해액의 인화성 물질
④ 산소가스가 인화성 가스이기 때문

19 ★ 예열플러그 점검 시 예열플러그가 심하게 오염되었다면 그 원인은?

① 불완전 연소 또는 노킹
② 냉각수 부족
③ 예열플러그의 용량 과다
④ 기관의 과열

20 ★★★ 브레이크가 잘 작동되지 않을 때의 원인으로 가장 거리가 먼 것은?

① 브레이크 드럼의 간극이 클 때
② 휠 실린더 오일이 누출되었을 때
③ 브레이크 페달 자유간극이 작을 때
④ 라이닝에 오일이 묻었을 때

21 ★★ 유압식 조향장치의 조향핸들 조작이 무거운 원인으로 옳지 않은 것은?

① 오일이 부족하다.
② 오일에 공기가 들어갔다.
③ 유압호스에 누유가 발생했다.
④ 오일펌프의 회전이 빠르다.

22 ★★★ 휠 로더 타이어의 공기압 장치는 약 얼마인가?

① $0.5 kgf/cm^2$ ② $3.5 kgf/cm^2$
③ $6.5 kgf/cm^2$ ④ $10.5 kgf/cm^2$

23 ★★★ 유압작동유의 정상작동 온도 범위로 가장 옳은 것은?

① 40℃ 이하 ② 45℃~55℃
③ 80℃ 이상 ④ 25℃ 이하

24 ★★★ 유압작동유의 열화현상이 발생할 수 있는 온도 범위로 옳은 것은?

① 40℃ 이하 ② 45℃~55℃
③ 80℃~100℃ ④ 25℃ 이하

정답해설

18 충전 시 배터리 (−) 극판에서 수소가스가 발생하여 폭발의 위험을 갖고 있다.

19 예열플러그가 심하게 오염되는 경우는 불완전 연소 또는 노킹이 발생하였기 때문이다.

20 브레이크 페달의 자유간극이 작으면 급제동의 원인이 된다.

21 조향핸들의 조작이 무거운 원인
- 타이어의 공기압력이 너무 낮을 때
- 유압장치 내에 공기가 유입되었을 때
- 오일이 부족하거나 유압이 낮을 때
- 오일펌프의 회전속도가 느릴 때
- 오일펌프의 벨트가 파손되었을 때
- 오일호스가 파손되었을 때

22 일반적으로 로더의 타이어 공기압은 $3.5 kgf/cm^2$이다.

23 유압작동유의 정상 작동 온도 범위는 45℃~55℃가 가장 알맞은 온도이다.

24 유압작동유의 열화현상 발생 범위는 80℃~100℃이다.

|정답| 18 ① 19 ① 20 ③ 21 ④ 22 ② 23 ② 24 ③

25 ★★ 건설기계 운전자가 연료탱크의 배출 콕을 열었다가 잠그는 작업을 하고 있다면, 무엇을 배출하기 위한 예방정비 작업인가?

① 유압오일 ② 수분과 오물
③ 엔진오일 ④ 공기

26 ★★ 건설기계 운전 작업 후 탱크에 연료를 가득 채워주는 이유와 가장 관련이 적은 것은?

① 연료의 압력을 높이기 위해서
② 연료의 기포 방지를 위해서
③ 다음 작업을 준비하기 위해서
④ 연료탱크에 수분이 생기는 것을 방지하기 위해서

27 ★★ 연료 취급에 관한 설명으로 가장 거리가 먼 것은?

① 연료를 취급할 때에는 화기에 주의한다.
② 연료 주입 시 물이나 먼지 등의 불순물이 혼합되지 않도록 주의한다.
③ 정기적으로 드레인콕을 열어 연료탱크 내의 수분을 제거한다.
④ 연료 주입은 운전 중에 하는 것이 효과적이다.

28 ★ 예방점검의 의의로 가장 거리가 먼 것은?

① 장비 작동 고장 예방
② 장비유지비 증가 효과
③ 장비 가동률 증가 효과
④ 장비 수명의 연장 효과

로더 일반

29 ★★★ 로더와 관련하여 〈보기〉의 내용이 의미하는 것은?

―[보기]―
버킷의 가장 넓은 바닥면을 지면에 닿게 한 후 버킷만을 가장 안쪽으로 기울였을 때 버킷의 가장 넓은 바닥면이 지면과 이루는 각도

① 전경각 ② 굴착각
③ 후경각 ④ 여유각

30 ★★★ 타이어식 로더의 전후안정도는 기준무부하상태인 경우 구배가 얼마인 지면에서 중심선이 지면의 기울어진 방향과 평행할 경우 앞이나 뒤로 넘어지지 아니하여야 하는가?

① 100분의 15인 지면 ② 100분의 20인 지면
③ 100분의 30인 지면 ④ 100분의 60인 지면

정답해설

25 연료탱크의 배출 콕(드레인 플러그)은 수분과 오물을 배출하기 위한 작업 요소이다.

26 작업 후 탱크에 연료를 가득 채워주는 이유
- 다음 작업을 준비하기 위해
- 연료의 기포 방지를 위해
- 연료탱크 내의 공기 중의 수분이 응축되어 물이 생기는 것을 방지하기 위해

27 연료 주입은 작업을 마친 후에 하는 것이 가장 효과적이다.

28 예방점검은 장비 작동 고장 예방, 장비 가동률 증가, 장비 수명 연장의 효과가 있다.

29 버킷의 가장 넓은 바닥면을 지면에 닿게 한 후 버킷만을 가장 안쪽으로 기울였을 때 버킷의 가장 넓은 바닥면이 지면과 이루는 각도를 후경각이라고 한다.

30 전후안정도
- 기준무부하상태인 경우: 100분의 15인 지면
- 기준부하상태인 경우: 100분의 30인 지면

|정답| 25 ② 26 ① 27 ④ 28 ② 29 ③ 30 ①

31 건설기계관리법상의 로더의 정의로 올바른 것은?

① 무한궤도(크롤러) 또는 타이어식으로 적재장치를 가진 자체중량 2톤 이상인 것을 말한다.
② 타이어식으로 적재장치를 가진 자체중량 2톤 이상인 것을 말한다.
③ 무한궤도(크롤러)식으로 적재장치를 가진 자체중량 2톤 이상인 것을 말한다.
④ 무한궤도(크롤러) 또는 타이어식으로 적재장치를 가진 자체중량 8톤 이상인 것을 말한다.

32 대형건설기계에 해당하는 로더의 운전중량 및 운전중량 상태에서 축하중 기준으로 옳은 것은?

① 운전중량 30톤 초과, 운전중량 상태에서 축하중이 10톤 초과
② 운전중량 40톤 초과, 운전중량 상태에서 축하중이 10톤 초과
③ 운전중량 40톤 초과, 운전중량 상태에서 축하중이 20톤 초과
④ 운전중량 30톤 초과, 운전중량 상태에서 축하중이 20톤 초과

33 휠 로더의 규격 표시로 알맞은 것은?

① 적재장치를 포함한 자체 중량
② 적재장치를 제외한 자체 중량
③ 버킷의 산적용량(m^3)
④ 트랙터 본체의 배기량

34 로더의 기준부하상태에 대한 설명으로 옳은 것은?

① 로더의 버킷에 한국산업표준에 따른 비중의 토사를 산적한 상태에서 버킷을 가장 안쪽으로 기울이고 버킷의 밑면을 로더의 최저지상고까지 올린 상태
② 로더의 버킷에 한국산업표준에 따른 비중의 토사를 산적한 상태에서 버킷을 가장 바깥쪽으로 기울이고 버킷의 밑면을 로더의 최고지상고까지 올린 상태
③ 하중이 가해지지 아니한 버킷을 가장 안쪽으로 기울이고 버킷의 밑면을 로더의 최저지상고까지 올린 상태
④ 하중이 가해지지 아니한 버킷을 가장 바깥쪽으로 기울이고 버킷의 밑면을 로더의 최고지상고까지 올린 상태

정답해설

31 로더란 무한궤도(크롤러) 또는 타이어식으로 적재장치를 가진 자체중량 2톤 이상인 것을 의미한다.(단, 차체굴절식 조향장치가 있는 자체중량 4톤 미만인 것은 제외한다.)

32 대형건설기계
- 길이가 16.7m를 초과하는 건설기계
- 너비가 2.5m를 초과하는 건설기계
- 높이가 4.0m를 초과하는 건설기계
- 최소회전반경이 12m를 초과하는 건설기계
- 총중량이 40톤을 초과하는 건설기계. 다만, 굴착기, 로더 및 지게차는 운전중량이 40톤을 초과하는 경우를 말한다.
- 총중량 상태에서 축하중이 10톤을 초과하는 건설기계(단, 굴착기, 로더 및 지게차는 운전중량 상태에서 축하중이 10톤을 초과하는 경우를 의미한다.)

33 버킷의 산적용량(m^3)으로 규격 표시

34 기준부하상태 및 기준무부하상태
- 기준부하상태: 로더의 버킷에 한국산업표준에 따른 비중의 토사를 산적한 상태에서 버킷을 가장 안쪽으로 기울이고 버킷의 밑면을 로더의 최저지상고까지 올린 상태
- 기준무부하상태: 하중이 가해지지 아니한 버킷을 가장 안쪽으로 기울이고 버킷의 밑면을 로더의 최저지상고까지 올린 상태

|정답| 31 ① 32 ② 33 ③ 34 ①

★
35 로더의 유압배관은 작동압력의 최소 몇 배를 견딜 수 있어야 하는가?

① 2배 ② 3배
③ 4배 ④ 5배

★★★
36 다음 로더의 조종실 등에 관한 설명으로 틀린 것은?

① 출입문이 전방에 설치된 로더의 출입문 크기는 높이 875mm, 폭 550mm 이상이어야 한다.
② 출입문이 전방에 설치된 로더는 출입문을 대신할 출입구가 있는 구조이어야 하며, 크기는 380mm × 550mm 이상이어야 한다.
③ 출입문이 전방에 설치된 로더는 조종사가 조종실에 들어가거나 나갈 때 작업장치가 움직이지 않도록 안전장치를 설치하여야 한다.
④ 로더가 완전히 굴절된 조향 상태에서 로더 본체 사이에 조종실 통로가 있는 경우 통로는 70mm 이상의 간격이 있어야 한다.

★★
37 출입문이 전방에 설치된 로더의 전경각과 후경각 기준으로 옳은 것은?

① 전경각 45° 이상, 후경각 35° 이상
② 전경각 35° 이상, 후경각 25° 이상
③ 전경각 45° 이상, 후경각 25° 이상
④ 별도의 기준을 적용하지 않는다.

★★★
38 다음 그림 중에서 로더의 전경각을 나타내는 것은?

① (가) ② (나) ③ (다) ④ (라)

로더의 제원과 구조 및 종류

★★
39 다음 중 유압 셔블의 특징이 아닌 것은?

① 구조가 간단하다.
② 프런트의 교환이 쉽다.
③ 운전 조작이 쉽다.
④ 회전 부분의 용량이 크다.

★★★
40 적하 방식에 따른 로더의 분류로 적합하지 않은 것은?

① 프런트 엔드형(front end type)
② 사이드 덤프형(side dump type)
③ 오버 헤드형(overhead type)
④ 언더 캐리지형(under carriage type)

정답해설

35 로더의 유압배관은 작동 압력의 최소 4배를 견딜 수 있어야 한다.

36 로더가 완전히 굴절된 조향 상태에서 로더 본체 사이에 조종실 통로가 있는 경우 통로는 150mm 이상의 간격이 있어야 한다.

37 로더의 전경각은 45° 이상, 후경각은 35° 이상이지만 출입문이 전방에 설치된 로더의 전경각은 35° 이상, 후경각은 25° 이상이어야 한다. 버킷에 적재물 배출 장치를 설치한 경우에는 전경각 기준은 적용하지 않는다.

38 (가): 전경각   (나): 최대 덤프 거리
(다): 후경각   (라): 최대 덤프 높이

39 유압 셔블은 회전 부분의 용량이 적다.

40 적하방식에 따른 분류
• 프런트 엔드형(front end type)
• 사이드 덤프형(side dump type)
• 오버 헤드형(overhead type)
• 스윙형(swing type)

|정답| 35 ③ 36 ④ 37 ② 38 ① 39 ④ 40 ④

41 적하 방식에 따른 로더의 분류 중 앞부분에서 굴착을 하여, 장비 위를 넘어 후면에 덤프할 수 있는 것은?

① 프런트 엔드형(front end type)
② 사이드 덤프형(side dump type)
③ 오버 헤드형(overhead type)
④ 스윙형(swing type)

42 로더의 버킷 용도별 분류 중 나무뿌리 뽑기, 제초, 제석 등 지반이 매우 굳은 땅의 굴착 등에 적합한 버킷은?

① 스켈리턴 버킷
② 사이드 덤프 버킷
③ 래크 블레이드 버킷
④ 암석용 버킷

43 로더의 버킷 용도별 분류 중 굴착된 골재와 암석 중 큰 것만 골라내는 작업에 적합한 버킷은?

① 스켈리턴 버킷
② 다목적 버킷
③ 암석용 버킷
④ 로그 버킷

44 다음 중 다목적 버킷(Multi purpose bucket)에 대한 설명으로 옳은 것은?

① 일반 토사, 자갈 등과 같이 굴착되어 쌓여있는 작업물의 적재에 적합하다.
② 버킷이 열리게 되어 있으며, 일반버킷이나 도저와 같은 송토 작업, 집게 작업 등을 동시에 수행할 수 있다.
③ 주로 원목이나 파이프 등의 길고 둥근 물체를 집어서 고정시킨 후 운반한다.
④ 골재 현장에서 발파된 암석이나 비중이 높은 돌, 자갈 등의 상차에 사용된다.

45 작동장치가 별도로 필요치 않은 버킷 종류를 짧은 시간에 간단히 교체할 수 있도록 한 것은?

① 핀과 부싱
② 와이어
③ 피팅
④ 퀵 커플러

46 로더의 강력한 견인력을 이용하여 수행할 수 있는 작업에 해당하지 않는 것은?

① 지면 포장하기
② 트럭과 호퍼에 퍼 싣기
③ 배수로 등의 홈 파내기
④ 부피가 큰 재료를 끌어모으기

정답해설

41 오버 헤드형은 앞부분에서 굴착을 하여, 장비 위를 넘어 후면에 덤프할 수 있는 것으로, 좁은 공간에서 굴착이 필요한 터널 공사 등에 효과적인 장비이다.

42 나무뿌리 뽑기, 제초, 제석 등 지반이 매우 굳은 땅 등의 굴착에 적합한 버킷은 래크 블레이드 버킷이다.

43 작은 골재, 물 등이 빠져나가는 구조이며 굴착된 골재와 암석 중 큰 것만 골라내는 작업에 적합한 구조의 버킷은 스켈리턴 버킷(Skeleton bucket)이다.

44 ① 일반작업 버킷(General purpose bucket)
② 다목적 버킷(Multi purpose bucket)
③ 원목작업 버킷(Log fork bucket)
④ 암석작업 버킷(Rock bucket)

45 건설 장비나 산업용 장비에서 작업 도구나 부착물을 빠르고 쉽게 교체할 수 있도록 해주는 장치인 퀵 커플러는 작동장치가 없는 버킷 종류를 짧은 시간에 간단히 교체 장착할 수 있도록 하는 장치이다.

46 로더는 지면보다 조금 높은 곳의 토사 상차 및 적재 작업, 배수로나 도랑 등의 홈 파내기, 부피가 큰 재료를 끌어모으는 작업에 적합하다.

| 정답 | 41 ③ 42 ③ 43 ① 44 ② 45 ④ 46 ①

47 다음 중 휠 로더 사용과 관련하여 옳지 않은 내용은?

① 휠 로더는 습지나 연약지 작업에는 곤란하다.
② 트레일러를 끄는 등의 견인장비로 사용해서는 안 된다.
③ 물건을 들어 올리는 인양작업에도 효과적으로 사용된다.
④ 백호 로더는 전면에 로더 버킷, 후면에 굴착기 버킷을 장착한 형태이다.

48 타이어식 로더와 비교한 무한궤도식(크롤러) 로더의 단점으로 볼 수 없는 것은?

① 기동성이 떨어져 작업속도가 느리다.
② 연약지반에서의 작업이 어렵다.
③ 급조향 시 트랙이 벗겨질 우려가 있다.
④ 도로 이동 시 트레일러 등의 운반장치가 필요하다.

49 전면에는 로더 버킷, 후면에는 굴착기 버킷을 장착하여 상차와 소규모의 굴착작업이 가능한 로더는?

① 크롤러 로더
② 휠 형 로더
③ 스키드 스티어 로더
④ 백호 로더

50 타이어식 로더가 무한궤도식 로더에 비해 좋은 점은?

① 견인력
② 습지에서의 작업성
③ 기동성
④ 주행장치의 내구성

51 로더의 작업 중 가장 효과적인 작업은?

① 토사 적재 작업
② 굴토 작업
③ 제설 작업
④ 파이프 매설 작업

52 무한궤도식(크롤러) 로더로 할 수 있는 작업에 해당하지 않는 것은?

① 제설 작업
② 골재의 처리 작업
③ 수직 굴토 작업
④ 자갈 등의 상차 작업

정답해설

47 휠 로더는 안전을 위해 인양작업을 금지하고 있기 때문에 물건을 들어 올리거나 사람을 운송하는 수단으로 사용하지 않아야 한다.

48 무한궤도식(크롤러) 로더의 단점
- 기동성이 떨어져 작업속도가 느리다.
- 도로 이동 시 트레일러 등의 운반장치가 필요하다.
- 급조향 시 트랙이 벗겨질 우려가 있다.

49 백호 로더는 전면에는 로더(적재기) 기능을, 후면에는 백호(굴착기) 기능을 갖춘 다목적 건설장비이다. 따라서 한 대의 장비로 토사 적재와 굴착 작업을 모두 수행할 수 있으며, 백호 로더는 소규모 건설 현장이나 도로 공사 등에서 유용하게 사용된다.

50 타이어식 로더의 장점
- 무한궤도식에 비해 방향전환이 좋다.
- 포장된 노면을 손상시키지 않는다.
- 기동성이 양호하여(약 20~40km/h) 작업 속도가 빠르다.

51 로더는 트랙터 본체 전면에 적재 장치인 셔블(shovel)용 버킷을 부착한 장비를 말하며 프런트 로더가 대표적이다. 가장 일반적인 작업은 쌓여있는 토사를 퍼서 덤프트럭에 옮겨 싣는 작업이다.

52 로더는 굴착기처럼 토사를 굴착하는 용도나 도저처럼 토사를 밀고가는 용도로도 쓰지 않는다.

|정답| 47 ③ 48 ② 49 ④ 50 ③ 51 ① 52 ③

53 크롤러 로더(crawler loader)의 특징에 대한 설명으로 틀린 것은?

① 무한궤도식 트랙을 장착하여 암석 등 불균일한 노면에서의 작업이 가능하다.
② 처음 개발 당시에는 트랙터에 로더를 부착하여 사용하였다.
③ 근래에는 작업 효율성 저하로 건설현장에서 사용이 극히 제한되는 추세이다.
④ 장거리 이동이나 기동성에서 휠 로더에 비해 우수하다.

54 휠 로더와 비교한 크롤러 로더의 장점으로 알맞은 것은?

① 견인력이 좋다.
② 기동성이 좋다.
③ 작업속도가 빠르다.
④ 방향전환이 편리하다.

55 휠 로더와 크롤러 로더의 단점을 보완한 것으로 타이어에 트랙을 감아 기동성을 향상시킨 형태의 로더는?

① 쿠션 로더
② 스키드 스티어 로더
③ 트랙 로더
④ 트레일러 로더

56 휠형 로더의 구동 및 조향 방식으로 옳은 것은?

① 전륜 조향, 후륜 구동 방식
② 전륜 구동, 후륜 조향 방식
③ 전륜 구동 및 조향 방식
④ 후륜 구동 및 조향 방식

57 로더 장비로 작업할 수 있는 가장 적합한 것은?

① 백호 작업
② 스노플로우 작업
③ 훅 작업
④ 트럭과 호퍼에 토사 적재 작업

58 스키드 스티어 로더(Skid steer loader)에 대한 설명으로 틀린 것은?

① 방향을 전환할 때 핸들을 돌리면 타이어의 방향이 틀어지지 않고 그대로 직선상에 있다.
② 방향을 전환할 때에는 두 쪽 바퀴가 모두 전진 또는 후진하는 방식이다.
③ 작고 좁은 공간에서 작업이 필요할 경우 효과적이다.
④ 다양한 작업장치 부착으로 적재 및 제설작업, 굴착, 운반, 작은 콘크리트나 일반 파쇄, 도로 청소 등에서 사용된다.

정답해설

53 크롤러 로더는 장거리 이동이나 기동성이 떨어지는 단점이 있으며 도로 이동 시에는 반드시 트레일러 등의 운반장치가 필요하다는 단점이 있다.

54 크롤러 로더는 굴착력과 견인력이 좋고 연약 지반에서의 작업이 가능한 것이 장점이며, 기동성이 떨어지고 작업속도가 느린 것이 단점이다.

55 쿠션 로더(Cushion loader): 건설기계, 특히 로더나 굴착기 등의 단점을 보완한 것으로 타이어에 트랙을 감아 승차감과 기동성을 향상시킨 형태의 로더이다.

56 휠형 로더는 최고속도가 시속 15~30km 이하의 저속이며, 전륜 구동, 후륜 조향 방식으로 작동된다.

57 ① 굴착기, ② 그레이더, ③ 기중기, ④ 로더

58 스키드 스티어 로더(Skid steer loader)는 방향 전환 시 한쪽 바퀴는 전진하고 반대쪽 바퀴는 후진하여 제자리에서 360° 회전이 가능하다.

| 정답 | 53 ④ 54 ① 55 ① 56 ② 57 ④ 58 ②

59 로더를 활용하여 작업할 수 있는 것과 가장 거리가 먼 것은? ★★★

① 송토 작업
② 지면 고르기 작업
③ 벌개 작업
④ 트럭에 모래 상차 작업

60 로더에서 부동 위치가 설치되어 있는 것은? ★

① 고압 컨트롤 밸브
② 버킷 컨트롤 밸브
③ 붐 컨트롤 밸브
④ 고압 실린더

61 로더의 자동 유압 붐의 킥아웃(kick-out) 장치에 대한 설명으로 옳은 것은? ★★★

① 붐이 일정한 높이에 이르면 자동적으로 멈추어 작업 능률과 안전성을 기하는 장치이다.
② 버킷 링크를 조정하여 덤프 실린더가 수평이 되게 하는 장치이다.
③ 가끔 침전물이나 물을 뽑아내고 이물질을 걸러내는 장치이다.
④ 로더의 고속 작동 시 자동적으로 버킷의 수평을 조절하는 장치이다.

62 로더에 관한 설명으로 옳지 않은 것은? ★★

① 붐 리프트 레버는 상승, 하강의 2가지 위치가 있다.
② 버킷 틸트 레버는 전경, 후경, 유지의 3가지 위치가 있다.
③ 버킷 틸트 레버에는 버킷을 지면에 내려놓았을 때 굴착각도가 적당히 되도록 미리 설정해 주는 포지션(position) 장치가 있다.
④ 붐이 원하는 위치까지 상승하면 자동으로 상승의 위치에서 유지 위치로 돌아가게 하는 킥아웃 장치가 있다.

63 로더의 작업장치와 관련된 설명으로 옳지 않은 것은? ★★★

① 붐(boom)은 리프트 레버(lift lever)로 조작한다.
② 버킷(bucket)은 틸트 레버(tilt lever)로 조작한다.
③ 버킷 투스(bucket tooth)는 반영구적인 사용이 가능하다.
④ 덤핑 클리어런스가 커지면 버킷을 들어올리는 높이가 높아진다.

정답해설

59 벌개 작업이란 덤불과 수목 등을 도저로 제거하는 작업을 의미한다.

60 붐은 리프트 레버로 작동되며, 붐 실린더에는 상승, 하강, 유지, 부동의 위치가 있다. 붐 킥아웃은 운전자가 설정한 위치에서 자동으로 붐이 멈추도록 하여, 작업자가 매번 붐의 위치를 수동으로 조절할 필요 없이 반복적인 작업을 빠르고 정확하게 수행할 수 있도록 하여, 작업 시 효율성을 높여주는 기능이다.

61 킥아웃(Kick out) 장치는 붐이 원하는 위치까지 상승이 되면 자동으로 상승의 위치에서 유지 위치로 돌아가게 하는 장치로 작업 능률과 안정성을 기하는 장치이다.

62 붐 리프트 레버(lift lever)는 상승, 유지, 하강, 부동의 4가지 위치로 작동된다.

63 버킷 투스(bucket tooth)는 소모품이기 때문에 교환해서 사용해야 한다.

|정답| 59 ③ 60 ③ 61 ① 62 ① 63 ③

64 로더에서 "덤핑 클리어런스(dumping clearance)"가 의미하는 것은?

① 로더 뒤에서부터 버킷 끝까지의 길이를 말한다.
② 버킷을 상승시켰을 때 버킷 투스 하단과 지면과의 거리를 말한다.
③ 버킷을 상승시켰을 때 버킷 투스 상단과 지면과의 거리를 말한다.
④ 로더 앞에서부터 버킷 끝까지의 길이를 말한다.

65 타이어식 로더에서 트럭에 적재작업을 할 때 덤핑 클리어런스는 어때야 하는가?

① 덤핑 클리어런스가 불필요하다.
② 트럭 적재함보다 낮아야 한다.
③ 트럭 적재함보다 높아야 한다.
④ 트럭 적재함의 높이와 상관없다.

66 로더의 "덤핑 리치"가 긴 경우에 대한 설명으로 옳은 것은?

① 적재 높이가 높아져 덤프 작업에 유리하다.
② 적재 높이가 낮아져 덤프 작업에 불리하다.
③ 적재 높이가 낮아져 덤프 작업에 유리하다.
④ 적재 높이가 높아져 덤프 작업에 불리하다.

67 로더의 작업장치 유압계통에 관한 설명이다. 틀린 것은?

① 붐 실린더는 붐의 상승, 하강 작용을 담당한다.
② 버킷 실린더는 버킷의 오므림과 덤프 작용을 한다.
③ 유압 펌프는 유압을 발생시켜 실린더와 모터를 움직여 준다.
④ 작업장치 작동을 위한 실린더는 주로 단동식이 사용된다.

정답해설

64 로더의 덤핑 클리어런스(Dumping Clearance)는 로더가 덤프 트럭 등에 짐을 싣기 위해 붐을 들어 올렸을 때, 버킷 투스 하단과 지면 사이의 수직 거리를 의미한다. 이는 로더가 덤프트럭에 짐을 싣기 위한 충분한 높이를 확보하고 있는지 확인하는 중요한 제원이다.

65 덤핑 클리어런스란 붐을 들어올렸을 때, 버킷 투스 하단과 지면 사이의 수직 거리를 의미하므로, 트럭 적재함보다 높아야 적재작업을 할 때 버킷이 적재함에 닿지 않고 안전하게 작업을 할 수 있다.

66 로더의 덤핑 리치(dumping reach)는 로더 장비가 버킷을 최대로 높이 올린 상태에서 버킷을 앞으로 기울였을 때, 버킷의 앞부분 끝단에서 장비 전면까지의 수평 거리를 말하며 덤핑 리치가 길어지면 적재 높이가 높아져 덤프 작업에 유리하게 된다.

67 작업장치에 사용되는 실린더는 오므림과 덤프 기능을 할 수 있는 복동식 실린더가 주로 사용된다.

| 정답 | 64 ② 65 ③ 66 ① 67 ④

68 ★ 로더의 유압 라인 중 가장 많은 유량과 높은 압력을 사용하는 부분은?

① 붐 유압 라인
② 버킷 유압 라인
③ 암 유압 라인
④ 파워스티어링 유압 라인

69 ★★ 휠 로더의 작업장치 작동에 대한 설명으로 옳지 않은 것은?

① 버킷 동작 및 붐 동작으로 유압유를 예열할 수 있다.
② 조종 레버는 붐 및 버킷을 조작한다.
③ 조종 레버를 손에서 놓으면 자동으로 중립으로 되돌아간다.
④ 붐 플로트 작동은 조종 레버를 붐 상승 위치에서 한 번 더 앞으로 움직인다.

70 ★★★ 로더에서 버킷 레벨러의 기능은?

① 유압실린더의 로드 행정을 제한한다.
② 유압실린더의 유압을 일정하게 유지시킨다.
③ 컨트롤 밸브의 마모를 방지한다.
④ 거버너의 역할을 도와준다.

71 ★★★ 휠 로더 붐 제어 레버의 작동 위치가 아닌 것은?

① 붐 상승   ② 붐 하강
③ 붐 틸트   ④ 붐 부동

72 ★★★ 휠 로더의 붐과 버킷 레버를 동시에 당기면 어떻게 되는가?

① 붐만 상승한다.
② 버킷만 오므려진다.
③ 붐은 상승하고, 버킷은 오므려진다.
④ 붐은 하강하고, 버킷은 펴진다.

로더의 조종 및 기능

73 ★ 타이어식 로더에서 기관 시동 후 동력 전달 과정에 대한 설명으로 틀린 것은?

① 바퀴는 구동 차축에 설치되며 허브에 링기어가 고정된다.
② 토크 변환기는 변속기 앞부분에서 동력을 받고 변속기와 함께 알맞은 회전비와 토크 비율을 조정한다.
③ 종감속기어는 최종 감속을 하고 구동력을 증대한다.
④ 차동장치의 차동제한장치는 없고 유성기어장치에 의해 차동제한을 한다.

정답해설

68 붐, 버킷, 암, 파워스티어링 유압 라인 중 가장 큰 힘이 들어가는 곳이 붐의 상승, 하강, 유지 등이기 때문에 붐의 실린더에 유입되는 유량이 가장 많고 높은 압력이 필요하다.

69 로더 붐 플로트 작동은 로더의 붐이 지면의 형태에 따라 자유롭게 움직이도록 하는 기능이다. 붐 플로트 작동은 조종 레버를 붐 하강 위치에서 한 번 더 앞으로 움직여서 작동시킨다.

70 버킷 레벨러는 로더가 움직이면서 버킷 유압실린더의 로드 행정을 제한하여 버킷이 항상 수평을 유지하도록 제어하는 기능을 말한다. 이를 통해 작업자는 버킷의 각도를 조절하는 데 신경 쓰지 않고 작업에 집중할 수 있고, 결과적으로 작업 속도와 정확도를 향상시킬 수 있다.

71 붐 리프트는 상승, 유지, 하강, 부동의 4가지 위치가 있다.

72 스틱 레버의 작동 원리
- 붐 레버: 운전자 쪽으로 당기면 붐이 상승하고, 밀면 하강한다.
- 버킷 레버: 운전자 쪽으로 당기면 버킷은 오므려지고, 밀면 버킷이 펴져서 덤핑이 이루어진다.

73 중장비는 험로 주행이 잦기 때문에 차동제한장치(LSD) 장착이 필수적이다. 특히 굴착기, 로더, 덤프트럭 등은 일반 도로뿐만 아니라 비포장도로, 건설 현장 등 다양한 환경에서 작업하므로 LSD의 기능이 중요하여 모터 그레이더를 제외한 대부분의 중장비에 설치되어 있다.

|정답| 68 ① 69 ④ 70 ① 71 ③ 72 ③ 73 ④

74 차체 굴절식(허리꺾기식) 로더의 조향장치에 필요한 부품이 아닌 것은?

① 유압실린더 ② 웜기어
③ 조향 펌프 ④ 컴프레서

75 휠 허브에 있는 유성기어 장치에서 유성기어가 핀과 융착되었을 때 일어나는 현상은?

① 바퀴의 회전속도가 빨라진다.
② 바퀴의 회전속도가 늦어진다.
③ 바퀴가 돌지 않는다.
④ 아무 관계가 없다.

76 휠 로더의 휠 허브에 있는 유성기어 장치의 동력전달 순서로 옳은 것은?

① 선 기어 → 유성기어 → 유성기어 캐리어 → 바퀴
② 유성기어 캐리어 → 유성기어 → 선 기어 → 바퀴
③ 링 기어 → 유성기어 → 선 기어 → 바퀴
④ 선 기어 → 링 기어 → 유성기어 캐리어 → 바퀴

77 로더 장비에서 자동 변속기가 동력전달을 하지 못한다면 그 원인으로 가장 적합한 것은?

① 연속하여 덤프트럭에 토사 상차작업을 하였다.
② 다판 클러치가 마모되었다.
③ 오일의 압력이 과대하다.
④ 오일이 규정량 이상이다.

78 차체 굴절식 로더의 구동 방식은?

① 앞바퀴 구동식
② 뒷바퀴 구동식
③ 앞·뒷바퀴 구동식
④ 중간 액슬 구동식

79 다음 중 로더 조향장치의 설명으로 틀린 것은?

① 허리꺾기 조향이 사용된다.
② 유압식에 의하여 작동된다.
③ 전륜 조향식이 사용된다.
④ 후륜 조향식이 사용된다.

정답해설

74 차체 굴절식(허리꺾기식)은 앞·뒤 차체 사이에 유압실린더가 좌우에 1개씩 설치되어 있으며, 조향 핸들 조작 시 유압실린더가 신축 작용을 하면서 앞·뒤 차체 사이가 꺾여 조향하는 방식을 말한다.

75 휠 허브에 있는 유성기어는 차축에서 전달 받은 동력을 감속하여 타이어로 전달하는 역할을 한다. 따라서 유성기어가 핀과 융착이 된다면 바퀴가 돌지 않는다.

76 유성기어형 종감속 장치의 동력 전달 경로는 '선 기어 → 유성기어 → 유성기어 캐리어 → 바퀴'이다.

77 자동변속기의 다판 클러치(Multi-plate clutch)는 여러 장의 클러치 판이 겹쳐져 있는 구조로, 유압의 힘으로 클러치 판들을 밀거나 떼어내어 동력 전달을 제어하는 장치이다. 주로 자동변속기 내에서 기어 변속 시 동력 전달을 부드럽게 이어주거나 차단하는 역할을 하므로 클러치가 마모되었다면 동력을 전달하지 못하는 원인이 된다.

78 차체 굴절식 로더의 동력 전달 방식은 엔진에서 발생한 동력이 유압펌프를 통해 유압 에너지로 변환된 후, 유압 모터, 변속기, 차동 기어 장치, 종감속 기어, 바퀴 순으로 전달되며, 앞·뒷바퀴 모두 구동하는 방식을 선택하고 있다.

79 크롤러형은 조향 클러치 방식(좌우 궤도의 회전 속도를 다르게 하여 차량의 방향을 전환), 타이어형은 허리꺾기식, 뒷바퀴(후륜) 조향식을 사용하며 유압식(동력 조향식)으로 작동된다.

| 정답 | 74 ④ 75 ③ 76 ① 77 ② 78 ③ 79 ③ |

80 로더의 클러치 컷오프 밸브의 설명 중 관계가 없는 것은?

① 변속기의 클러치 작동을 자동적으로 행한다.
② 경사지 작업에서는 업(up) 위치에 놓고 작업한다.
③ 브레이크를 밟으면 변속기 클러치가 차단된다.
④ 기관의 동력을 로딩이나 적재에 사용하기 위해서 작동된다.

81 로더에서 허리꺾기 조향식의 설명으로 가장 거리가 먼 것은?

① 최근 많이 사용된다.
② 좁은 장소에서의 작업에 유리하다.
③ 유압실린더를 사용하여 굴절하는 형식이다.
④ 후륜 조향식에 비해 선회반경이 크다.

82 로더의 조향핸들이 무겁다. 다음 중 틀린 것은?

① 조향 오일 펌프가 불량하다.
② 조향 오일의 점도 차이가 난다.
③ 조향 유압조절밸브가 불량하다.
④ 조향 오일이 부족하다.

83 차체 굴절식 로더의 조향장치에 필요한 부품이 아닌 것은?

① 언로더 밸브
② 유압펌프
③ 제어밸브
④ 유압실린더

84 로더의 동력 조향장치가 고장났을 때 수동으로 조작을 쉽게 하기 위한 것은?

① 밸브 스풀
② 안전 체크 밸브
③ 흐름 제어 밸브
④ 압력 조절 밸브

85 로더 주행 중 동력 조향핸들의 조작이 무거운 이유가 아닌 것은?

① 유압이 낮다.
② 호스나 부품 속에 공기가 침입했다.
③ 오일펌프의 회전이 빠르다.
④ 오일이 부족하다.

정답해설

80 클러치 컷오프는 굴착기, 로더 등에서 작업 중 운전자가 클러치 컷오프 스위치를 조작하여 붐, 암, 버킷 등의 작동을 멈추거나, 트랜스미션의 동력 전달을 차단하여 안전성을 확보하는 기능을 하는 것을 말한다. 경사지 작업 시에는 이 밸브를 상향(up)으로 선택하여 로더가 굴러 내려가는 것을 방지하여야 한다.

81 허리꺾기식(차체굴절식)은 회전반경이 작아 좁은 장소에서의 작업이 용이하다.

82 조향핸들이 무거운 이유
조향 오일 펌프/유압조절밸브 등이 불량하거나 기어 박스 내의 조향 오일 부족, 조향 기어의 백래시가 작은 경우 또는 유압이 낮거나 유압 호스에 공기가 침입했을 경우 등이 있다.

83 조향장치는 유압펌프, 유압실린더, 제어밸브로 구성되며, 언로더 밸브는 공기압축기의 무부하 밸브를 말한다.

84 조향장치의 유압이 발생하지 못할 경우 안전 체크 밸브를 이용하여 수동으로 조작할 수 있다.

85 동력 조향핸들이 무거운 이유
- 호스나 부품 속에 공기가 들어있는 경우
- 오일 부족
- 낮은 유압
- 오일펌프 V벨트가 미끄러지는 경우

| 정답 | 80 ① 81 ④ 82 ② 83 ① 84 ② 85 ③

86 브레이크 페달(pedal)을 밟았을 때 변속 클러치가 떨어져 엔진의 동력이 차축까지 전달되지 않게 하는 장치는?

① 클러치 컷오프 밸브
② 킥아웃 장치
③ 포지션 장치
④ 덤핑 클리어런스

87 클러치 컷오프 밸브의 기능에 대한 설명으로 틀린 것은?

① 변속기가 변속 범위에 있을 때 브레이크가 작동되면 일시적으로 변속 클러치가 풀리도록 한다.
② 평지 작업에서는 레버를 하향(down)시켜 변속 클러치를 풀리도록 하여 제동을 쉽도록 한다.
③ 경사지 작업에서는 레버를 상향(up)시켜 변속 클러치를 계속 물리게 하여 로더의 미끄러짐을 방지한다.
④ 클러치 컷오프 밸브의 위치를 변환하고자 할 때는 브레이크를 작동한 상태에서 조작하여야 한다.

정답해설

86 클러치 컷오프(clutch cut-off) 밸브는 브레이크 페달을 밟았을 때 변속 클러치가 떨어져 엔진의 동력이 차축까지 전달되지 않도록 하는 장치이다. 경사지 작업 시에는 밸브를 상향(up)으로 선택하여 로더가 미끄러지는 것을 방지해야 한다.

87 클러치 컷 오프 밸브를 조작하여 변환할 때는 브레이크를 풀고 조작하여야 한다.

|정답| 86 ① 87 ④

PART 03

로더의 작업 방법

Chapter 01 로더 작업의 기초
Chapter 02 로더의 작업 방법

CHAPTER 01 로더 작업의 기초

01 작업장 조건에 따른 유의사항

1 경사지 작업
작업 전 작업 지형의 경사도를 정확히 확인하고, 로더 제조사에서 권장하는 최대 경사 작업 각도(보통 15° 이하)를 초과하지 않도록 한다.

> 일반적인 로더의 주행 가능 경사도
> » 오르막 경사도: 25°
> » 내리막 경사도: 30°~35°
> » 옆(측면) 경사도: 10°~16°

2 주행 방향 유지
가능한 한 직선 방향으로 오르내리고(사선 주행은 전복 위험 증가), 하강 시에는 기어를 낮게 유지하여 엔진 브레이크를 사용하면서 내려온다.

3 속도 조절
경사로에서는 항상 저속으로 이동하고, 급가속, 급정지, 급회전을 삼가야 한다.

4 하중 이동 시 주의
경사지에서 버킷을 낮게 유지하여 무게 중심을 낮춰서 (20cm~30cm) 전복 위험을 줄이고, 적재 시에는 하중이 앞뒤로 쏠리지 않도록 균형 있게 싣는다.

5 제동 및 주차
경사면이 아닌 반드시 평지에 주차하고, 부득이한 경우에는 주차 브레이크를 작동시킨다.

6 노면 상태 확인
젖은 지면, 얼음, 자갈, 미끄러운 노면 등을 살펴서 안전 운전하고, 필요한 경우 체인 장착 또는 모래, 흙 등으로 미끄럼 방지 처리를 한다.

7 시야 확보
시야가 확보되지 않으면 신호수 배치 또는 보조자의 도움을 받는다.

8 안전 보호 장비 착용
작업자는 반드시 안전모, 안전화, 반사 조끼 등을 착용해야 한다.

9 장비 점검
브레이크, 타이어, 유압 계통 등 장비 상태를 사전에 점검하고, 결함 발견 시 즉시 수리한 후 작업을 진행한다.

10 안전운전실의 종류
① Rops cabin(전복 시 안전 운전실): 운전실 구조를 스틸강 구조물로 제작하여 장비가 전복되어도 운전원을 보호하는 시설
② Fops cabin(낙석으로부터 보호 운전실): 작업장 위에서 낙하물이 떨어져도 운전원을 보호하는 구조로 제작된 시설

[로프스 캐빈(ROPS cabin)]   [폽스 캐빈(FOPS cabin)]

③ 스틸 캐빈(Steel cabin): 일반 스틸 철판으로 제작하여 운전실을 밀폐하고 겨울과 여름에 히터와 에어컨을 장착하여 계기 장치와 운전원을 보호하는 시설
④ 원두막 운전실(Canopy): 동남아시아와 같은 열대 기후에 주로 사용하며 히터나 에어컨이 부착되지 않아 외부 먼지나 비바람으로부터 운전실 내부가 보호되지 않으며 가격이 저렴한 시설

[스틸 캐빈(steel cabin)]

[원두막 운전실(Canopy)]

02 동절기 운전

1 예열 철저히 하기
① 시동 전 엔진 예열은 필수(최소 5~10분 이상)
② 유압오일과 엔진오일이 충분히 순환되도록 기다려야 부하 없이 작동 가능
③ 예열 불충분 시, 유압계통 오작동이나 엔진 마모의 위험 증가

2 연료 및 오일 관리
① 겨울철에는 동절기용 경유 사용 권장(동결 방지)
② 오일류(엔진오일, 유압오일, 기어오일)는 저온용 규격으로 교체
③ 냉각수는 부동액 비율 확인(권장: 부동액 50% 이상)

3 빙판길·눈길 운전 주의
① 급가속, 급제동, 급회전 금지 → 미끄러지거나 전복 위험
② 버킷을 낮게 유지하여 무게 중심 하단 유지
③ 필요시 타이어 체인 장착

4 배터리 점검
① 추운 날씨에는 배터리 성능이 저하됨
② 시동이 어렵거나 약해질 경우, 충전 또는 교체 필요
③ 배터리 단자에 '부식(백색 가루)'가 있는지 점검 후 청소

5 브레이크 및 제동장치 점검
① 눈 또는 결빙된 노면에서는 브레이크 제동력 저하
② 제동장치가 완전하게 작동하는지 사전 점검 필요

6 타이어 및 궤도 점검
① 공기압 정상 여부, 마모 상태 확인
② 스노우체인 준비 또는 장착 고려

7 시야 확보
① 서리나 눈으로 인한 전방 시야 확보 필수
② 전조등, 경광등, 와이퍼 작동 여부 점검

8 작업 후 관리
① 작업 후에는 장비에 묻은 눈, 얼음, 염화칼슘 등을 제거
② 주차 시 버킷은 바닥에 완전히 내려놓기

9 정비 기록 유지
동절기 전·후로 정비 점검 기록을 유지하면 문제 발생 시 신속한 조치 가능

03 습지 작업 시 운전 주의사항

1 지반 상태 사전 확인
① 작업 전 반드시 '지반 강도(침하 여부)'를 확인
② 질퍽하거나 물기가 많은 지역은 침하 또는 전복 가능성이 높음
③ 필요시 철판, 매트, 깔판 등으로 작업장 보강

2 침하 위험 지역 진입 금지
① 육안으로는 평탄해 보여도, 속이 빈 뻘 또는 모래층일 수 있음
② 작업 전에 시험 삽입 또는 시험 주행을 통해 안전 확인

3 무게 중심 유지
① 버킷은 항상 낮은 위치로 하고 운전하여 무게 중심을 아래로 유지
② 무리한 적재 또는 상차로 인해 중심이 높아지면 전복 위험

4 염분에 의한 부식 주의
① 바닷가 근처에서는 염분에 의한 부식이 빠르게 진행됨
② 작업 후 반드시 장비 전체 세척(특히 하부, 유압계통, 냉각기)

5 타이어 및 트랙 주의
① 넓은 타이어, 저압 타이어, 궤도형 트랙 로더 사용 시 안정성 증가
② 일반 로더는 가라앉거나 미끄러질 위험이 크므로 피복의 보강 필요

6 엔진 과열 및 흡기 주의
① 흙탕물, 모래 등이 냉각팬, 흡기구로 유입되지 않도록 주의
② 흡기구는 가급적 높게 위치하도록 조정

7 작업 후 장비 점검 및 정비
① 하부, 유압 호스, 휠, 브레이크 계통, 베어링 등 오염 여부 점검
② 특히 모래, 염분, 바닷물 잔류 여부를 철저히 확인 후 세척하고 그리스 보충

8 출입 경로 확보
① 작업 중 로더가 빠질 경우를 대비해 탈출 경로 확보
② 필요시 견인 장비 대기 또는 인양 포인트 확보

9 보조 인력 확보
시야가 좁고, 지형이 유동적이므로 신호수나 보조 작업자 배치

로더의 작업 방법

01 적재 작업의 종류

1 I형(전진·후진법)

① 전진과 후진을 직선으로 반복하며 작업하는 방식으로, 도로 정비, 골재 운반, 흙막이 등 좁고 길게 늘어진 작업장에서 주로 사용됨
② I자 형태로 앞·뒤(전진·후진) 직선 경로를 왕복하면서 작업하는 방식이며, 전진 시 적재 또는 정지 작업, 후진 시 원위치로 돌아오며 하역 또는 대기하는 방식
③ 주로 좁은 작업장, 선형 구간(도로 등)에서 사용되는 방식

[I형(전진·후진법)]

2 V형(45° 상차법)

① 로더가 적재 지점과 덤프트럭 사이를 약 45° 각도로 반복 주행하면서 작업하는 방식
② 로더는 V자 경로를 따라 전진하여 적재 → 회전하여 상차 → 다시 후진 또는 전진하여 적재 지점 복귀를 반복하여 작업
③ 90° 이상 회전 시 불필요한 회전과 시간 낭비로 이어지며, 45°는 회전 반경과 이동 거리의 최적 타협점으로, 빠르고 연속적인 상차가 가능
④ 덤프트럭을 흙더미 기준 약 45~60° 각도에 주차하고 로더는 전진하여 흙을 퍼낸 후 후진하면서 45° 방향으로 선회하여 트럭 옆면에 접근해 상차한다. 상차 후에는 다시 45° 방향으로 선회하여 흙더미 방향으로 전진 복귀

[V형(45° 상차법)]

3 L형(90° 회전법)

① 로더가 직선으로 전진하여 흙을 적재하고, 90° 방향으로 회전하여 트럭이 대기하고 있는 위치로 이동해 상차하는 방식
② L자 형태의 경로를 따라 움직인다고 하여 'L형 상차 방식'이라 부름
③ 작업 공간이 넓고, 직선보다 회전이 필요한 구조에서 주로 사용됨

4 T형

① 로더가 적재 지점에서 전진하여 흙을 퍼낸 뒤, 후진하여 중심선에 위치한 트럭에 정면으로 상차하는 방식
② 작업장 배치가 적재 지점 – 로더 – 트럭이 T자 형태로 구성되는 상황에서 사용됨
③ 협소한 장소에서 이용되며 I형과 V형에 비해 비교적 작업 효율이 떨어짐

[L형]   [T형]

02 운반 및 평탄 작업

1 재료 운반 작업
① 무거운 하중 상태에서는 반드시 저속 주행을 유지하며 운반거리는 약 50~150m 이내가 적당함
② 버킷을 지면에서 약 40~50cm 높이 정도로 하여 무게 중심을 하단으로 유지
③ 급가속, 급제동, 급회전은 자재 쏟음 및 장비 전복 위험이 있으니 주의
④ 진흙, 모래, 눈, 경사 구간 등에서는 미끄러울 수 있으니 주의
⑤ 전방 시야 및 주변 인원, 장애물을 수시로 확인

2 메우기 작업
① 메우기 작업 전 작업 부위의 지반 상태를 반드시 점검하고 너무 습하거나 연약한 지반은 별도 보강 후 작업
② 작업 대상에 맞는 재료를 사용하고 재료 내 이물질을 제거(과도하게 수분이 함유된 재료는 피한다.)
③ 과적 및 불균형 적재 금지
④ 안전한 작업 속도를 유지하며 급가속, 급정지, 급회전을 피할 것
⑤ 작업 공간 내 안전거리를 확보하고, 작업 중 주변 인원 접근 금지 및 신호체계를 확립하며, 충분한 회전 공간을 확보
⑥ 재료 투입 시 버킷을 과도하게 높이 들지 않아야 하며, 흙을 고를 때는 천천히 밀면서 균등하게 폄
⑦ 메우기 작업 후 흘러내린 흙, 자갈 등 제거하고 다짐 상태를 점검

3 되메우기와 뒤채우기의 차이점

구분	되메우기 (Back filling)	뒤채우기 (Filling behind)
작업 위치	굴착된 공간 내부	건설물 뒤쪽 공간
대상	기초, 배관 등 굴착부	옹벽, 가시설 등 구조물 뒤
목적	굴착부 복구 및 보호	구조물 안정성 확보
다짐 중요도	매우 중요	중요하지만 재료에 따라 다름
부가 작업	다짐 (두께를 30cm 이내), 배수 등	다짐 (완료 시 한 층의 두께 20cm 이내), 배수시설 설치 가능

4 평탄 작업(그레이딩 작업)
① 로더의 버킷을 이용해 고르게 정리하는 작업
② 버킷으로 재료를 밀며 '전진 → 후진(고르기 작업은 후진 시에 작업) → 좌우 이동'을 반복 수행
③ 빠르게 작업하면 평탄도가 떨어지므로 반드시 저속으로 작업
④ 버킷을 지면 가까이 낮게 유지하며 지면을 긁듯이 작업

03 굴착 작업

1 퇴적 토사의 작업
① 퇴적 토사 작업이란 비, 홍수, 침식, 공사 중에 쌓인 토사(흙, 모래, 자갈 등)를 로더의 버킷을 이용해 제거하거나 이동시키고, 필요한 경우 평탄화하는 작업
② 버킷을 지면과 평행하게 하고 장비를 전진시키면서 퇴적 토사에 넣을 것
③ 버킷이 토사에 충분히 파고들면 장비를 전진시키면서 조종 레버를 상승 위치로 하고, 조종 레버를 버킷 롤백(Roll back) 위치로 하여 버킷에 가득 싣기
④ 토사로 파고들기가 어려울 때는 조종 레버를 전후로 움직여 버킷의 투스 부분을 상하로 움직일 것

⑤ 앞바퀴가 들어 올려진 상태에서의 작업은 구동력을 저하할 뿐만 아니라 뒷바퀴에 무리가 따르므로 절대 하지 않을 것

2 수평지의 굴착 작업

① 버킷의 투스 부분을 앞으로 약간 숙임
② 조종 레버로 굴착 깊이를 조정하면서 전진
③ 장비를 전진시키면서 버킷 조종 레버를 이용하여 버킷을 조금 들어 올리면서 토사를 퍼내어 굴착

04 선택장치 작업 등

1 선택장치가 유압식일 경우

① 선택장치의 작동 유압(kg/cm^2)과 로더의 유압이 맞는지 확인
② 선택장치의 사용 유량(L/min)이 로더의 토출 유량과 맞는지 확인
③ 선택장치와 부착할 로더의 핀, 부싱의 크기가 같은지 확인
④ 선택장치의 유압 작동 조작은 어떤 레버를 사용하여 작동할 것인지 확인
⑤ 장착할 수 있는 공구와 정비사를 준비
⑥ 선택장치 장착 시 로더의 유압 호스나 파이프를 분리하기 때문에 먼지가 없는 깨끗한 장소에서 작업
⑦ 선택장치의 작동 압력이 로더의 압력보다 낮을 때 감압 밸브를 설치하여 선택장치를 보호
⑧ 선택장치의 작동 유량이 로더의 유량보다 크면 선택장치의 성능은 저하됨

2 선택장치가 기계식일 경우

① 로더 앞부분에 로드 바를 설치하여 대형 롤을 운반하는 작업에 일부 사용
② 매뉴얼의 장착 지시에 따라 핀과 핀 홀의 일치 여부를 확인
③ 선택장치의 무게를 파악하고 로더의 임계 하중(Tipping load)과 사전 비교
④ 작동 장치가 없는 버킷 종류의 기계식 연결은 퀵 커플러(Quick coupler)로 간단히 교체 장착이 가능

3 기타 작업 시 주의사항

① 압토작업 시에는 버킷의 밑면을 지면과 평행하게 되도록 하여 작업하고, 버킷을 덤프 위치로 하고 압토작업을 하지 않을 것
② 퇴적 토사 작업 시 앞바퀴가 들린 상태에서 작업하게 되면 구동력을 저하하고 뒷바퀴에 무리를 주게 되므로 하지 않을 것
③ 굴착 작업 시 버킷의 한 쪽에만 굴착력이 걸리는 것을 방지하여야 하며, 버킷을 지면에 너무 강하게 누르면 견인력이 손실되므로 하지 않을 것

PART 03 단원문제 — 로더의 작업 방법

★ 개수는 빈출도와 중요도를 의미합니다.

로더 작업의 기초

01 ★★★ 페이로더 앞바퀴를 가장 쉽게 갈아 끼우는 방법은?
① 잭으로 고이고 침목을 받친다.
② 버킷으로 누른 다음 침목을 받친다.
③ 버킷을 들고 잭으로 고인다.
④ 지렛대로 올리고 침목을 받친다.

02 ★ 휠 로더 운전을 위해 기관을 시동하고자 할 때 조치사항으로 옳지 않은 것은?
① 붐과 버킷 레버가 중립에 있는지 확인한다.
② 변속 레버가 중립에 있는지 확인한다.
③ 유압계의 압력을 정상으로 한다.
④ 예열장치를 먼저 작동시킨 후 기관의 시동을 건다.

03 ★★★ 로더를 시동시키기 위해 시동 키를 꽂고 ON 위치로 했을 때 계기판의 점등 상태로 옳은 것은?
① 버저가 약 3초간 울리고 모든 램프가 점등된다.
② 버저는 울리지 않고 모든 램프가 점등된다.
③ 배터리 충전 경고등만 점등된다.
④ 예열경고등만 점등된다.

04 ★★★ 무한궤도식 로더의 주행 방법 중 틀린 것은?
① 가능하면 평탄한 길을 택하여 주행한다.
② 요철이 심한 곳은 신속히 통과한다.
③ 돌 등이 스프로킷에 부딪치거나 올라타지 않도록 한다.
④ 연약한 땅은 피해서 간다.

05 ★★★ 크롤러 로더의 트랙이 잘 벗겨지는 이유로 거리가 먼 것은?
① 고속 주행 시 급방향 전환하는 경우
② 경사면을 측면으로 주행하는 경우
③ 트랙의 장력이 큰 경우
④ 트랙과 롤러 사이에 돌이 낀 상태로 조향하는 경우

정답해설

01 로더 앞바퀴를 가장 쉽게 갈아 끼우는 방법은 버킷으로 지면을 누른 다음 침목을 받치는 것이다.

02 엔진 시동 전 확인해야 할 사항
• 주차 브레이크 잠금 상태 확인
• 기어 선택 레버 중립(N) 확인
• 붐과 버킷 레버 중립 확인

03 로더의 시동 키를 꽂고 ON 하면 버저가 약 3초간 울리면서 계기판의 모든 램프가 점등된다. 점등되지 않거나 버저가 울리지 않는 경우에는 배선 단선이나 전구의 이상 유무를 점검하여야 한다.

04 요철이 심하거나 장애물을 통과할 때는 서행하여야 하며, 특히 장애물 통과 시 장비의 무게중심이 급변하여 전복되지 않도록 주의해서 이동하도록 해야 한다.

05 트랙이 잘 벗겨지는 경우
• 경사면을 측면으로 주행할 때
• 트랙의 장력이 현저히 작을 때
• 고속 주행 시 급선회하였을 때
• 트랙과 롤러 사이에 돌이 낀 상태로 조향할 때
• 프런트 아이들러와 스프로킷의 중심이 어긋날 때
• 리코일 스프링의 장력이 약할 때
• 측면을 경사시켜 작업할 때

| 정답 | 01 ② 02 ③ 03 ① 04 ② 05 ③

06 ★ 로더의 주행 및 이동 간 안전에 관한 사항으로 틀린 것은?

① 주행 시에는 버킷을 최대한 올린 상태로 주행하도록 한다.
② 경사지에서 내려올 때는 반드시 기어를 넣고 주행해야 한다.
③ 눈이 덮인 비탈길에서는 브레이크에 의한 급정지를 피하고 버킷을 접지시켜 멈추도록 한다.
④ 원거리 이동은 반드시 트레일러에 상차하여 수송한다.

07 ★★ 로더를 운전하려고 시동을 걸 때의 조치사항으로 잘못된 것은?

① 연료 및 각종 오일을 점검한다.
② 붐과 버킷 레버를 중립에 둔다.
③ 변속기 레버를 중립에 놓는다.
④ 유압계의 압력을 정상으로 조정한다.

08 ★★ 낙석의 위험이 있는 장소에서 사용할 수 있는 운전실로 가장 적합한 것은?

① 폽스 캐빈(FOPS cabin)
② 로프스 캐빈(ROPS cabin)
③ 스틸 캐빈(Steel cabin)
④ 캐노피(Canopy)

09 ★★★ 타이어식 로더의 운전 시 주의해야 할 사항 중 틀린 것은?

① 새로 구축한 구축물 주변 부분은 연약 지반이므로 주의한다.
② 경사지를 내려갈 때는 클러치를 분리하거나 변속 레버를 중립에 놓는다.
③ 토양의 조건과 엔진의 회전수를 고려하여 운전한다.
④ 버킷의 움직임과 흙의 부하에 따라 대처하여 작업한다.

10 ★★★ 일반적인 로더의 엔진 허용 운전경사각은 몇 도(°)인가?

① 15°   ② 30°
③ 45°   ④ 60°

정답해설

06 로더의 주행 시 안전을 위해 버킷을 지면으로부터 40~50cm 정도 위로 올려야 하며, 버킷에 물건을 적재해서는 안 된다.

07 유압계의 압력은 시동 후 운전 중에 조정된다.

08
- 폽스 캐빈(FOPS cabin): 낙석의 위험이 있는 장소에서 낙석의 충격을 흡수하고 운전자의 생명을 보호하는 운전실
- 로프스 캐빈(ROPS cabin): 로더 작업 중 전복사고 발생 시 충격 에너지를 흡수하여 운전자를 보호하는 운전실
- 스틸 캐빈: 일반 스틸 철판으로 제작하여 운전실을 밀폐하고 히터와 에어컨을 장착하여 계기장치와 운전자를 보호하는 운전실
- 원두막 운전실(Canopy): 열대 기후에서 주로 사용하며 히터나 에어컨이 부착되지 않아 외부 먼지나 비바람으로부터 운전실 내부가 보호되지 않는 운전실

09 경사지에서 내려올 때는 반드시 기어를 넣고 주행해야 과속을 방지하며(중립상태로 운전 금지), 버킷은 지면에서 20~30cm 정도 거리로 하여 긴급 시 브레이크로 사용한다.

10 로더의 엔진 허용 운전경사각은 30°이며 그 이상의 각도에서 운전하면 엔진 과열이 발생하여 윤활부의 조기 마모를 초래할 수 있다.

| 정답 | 06 ① 07 ④ 08 ① 09 ② 10 ②

11 눈이 덮인 비탈길 운행 시 로더의 미끄러짐이 있을 때 가장 효과적인 조치는? ★★★

① 급정지한다.
② 기어를 중립으로 둔다.
③ 버킷을 접지시켜 멈춘다.
④ 버킷을 올린다.

12 일반적인 로더로 주행이 가능한 오르막 경사도는? ★★

① 15°　　② 25°
③ 45°　　④ 60°

13 바닷가, 강가 등과 같은 지역에서 로더 작업 시 주의사항으로 옳지 않은 것은? ★★

① 작업 시 액슬 하우징이 잠기더라도 작업에 무리가 없다.
② 각부의 플러그, 코크, 볼트 등의 잠금 상태를 점검하여 염분이 들어가지 않도록 한다.
③ 작업 후 반드시 세차하여 염분을 제거한다.
④ 수중에서 장시간 사용하는 베어링부에는 충분한 급유를 한다.

14 휠 로더의 작업 시 안전수칙으로 옳지 않은 것은? ★★★

① 장비에는 운전자 이외는 승차시키지 않는다.
② 장비를 사용하지 않을 때는 버킷을 지면에 내려 놓는다.
③ 장비에 오르고 내릴 때는 부착된 사다리를 이용하고 반드시 3점을 지지한다.
④ 빈 버킷을 항상 높이 들고 이동한다.

로더의 작업 방법

15 로더의 토사 깎기 작업 방법으로 잘못된 것은? ★★★

① 특수 상황 외에는 항상 로더가 평행이 되도록 한다.
② 로더의 무게가 버킷과 함께 작동되도록 한다.
③ 깎이는 길이 조정은 붐을 약간 상승시키거나 버킷을 복귀시켜야 한다.
④ 버킷의 각도는 35~45°로 깎기 시작하는 것이 좋다.

16 로더의 작업 중 그레이딩 작업이란? ★★★

① 굴착 작업　　② 깎아내기 작업
③ 지면 고르기 작업　　④ 적재 작업

정답해설

11 눈 덮인 비탈길에서 급정지는 위험하고, 버킷을 접지시켜 멈추는 방법이 안전하다.

12 일반적인 로더로 주행이 가능한 오르막 경사도
- 오르막 경사도: 25°
- 내리막 경사도: 30~35°
- 옆(측면) 경사도: 10~16°

13 액슬 하우징의 바닥보다 더 높이 물이 차면 고장의 원인이 되므로 잠기지 않도록 주의해서 운전해야 한다.

14 도로 이동 시 버킷을 지면에서 40~50cm 들어 올린 상태에서 이동해야 안전하다.

15 토사 깎기 작업 시에는 버킷을 수평이나 약 5° 정도 기울여 작업하는 것이 안전하다.

16 로더의 그레이딩 작업이란 건설 현장에서 로더를 사용하여 지면을 고르고 평탄하게 만드는 작업을 의미한다. 주로 흙이나 자갈 등 느슨한 재료를 고르게 펴거나, 경사면을 다듬어 원하는 높이와 각도로 만드는 작업을 포함한다.

| 정답 | 11 ③　12 ②　13 ①　14 ④　15 ④　16 ③

17 로더를 이용한 메우기 작업과 관련하여 메우기 재료의 일반적인 조건으로 옳지 않은 것은?

① 압축성이 적을 것
② 팽창성이 좋을 것
③ 배수성이 좋을 것
④ 동결 저항력이 좋을 것

18 휠 로더의 일반적인 작업과 거리가 먼 것은?

① 굴착작업(digging work)
② 인양작업(salvage work)
③ 적재작업(loading work)
④ 정리작업(arrangement work)

19 로더의 버킷에 토사를 적재 후 이동 시 지면과 가장 적당한 간격은?

① 장애물의 식별을 위해 지면으로부터 약 2m 정도 높이에 위치하고 이동한다.
② 작업 시 화물을 적재 후, 후진할 때는 다른 물체와 접촉을 방지하기 위해 약 3m 높이로 이동한다.
③ 작업시간을 고려하여 항시 트럭적재함 높이만큼 위치하고 이동한다.
④ 안전성을 고려하여 지면으로부터 약 40～50cm 위치하고 이동한다.

20 로더 버킷에 토사를 채울 때 버킷은 지면과 어떻게 놓고 시작하는 것이 좋은가?

① 45° 경사지게 한다.
② 평행하게 한다.
③ 상향으로 한다.
④ 하향으로 한다.

21 무한궤도식 로더로 진흙탕이나 수중작업을 할 때 관련된 사항으로 틀린 것은?

① 작업 전에 기어실과 클러치실 등의 드레인 플러그의 조임 상태를 확인한다.
② 습지용 슈를 사용했으면 주행장치의 베어링에 주유하지 않는다.
③ 작업 후에는 세차를 하고 각 베어링에 주유를 해야 한다.
④ 작업 후 기어실과 클러치실의 드레인 플러그를 열어 물의 침입을 확인한다.

22 로더 작업에서 트럭이나 쌓여있는 흙 쪽으로 이동할 때는 버킷을 지면에서 약 몇 m 정도 위로 하는 것이 좋은가?

① 0.1m ② 1.5m
③ 1m   ④ 0.5m

정답해설

17 빈 웅덩이 등의 메우기 재료는 팽창성이 없어야 변형이 적다.
18 휠 로더는 인양작업 금지 장비이므로 물건을 들어 올리거나 사람을 운송하는 작업을 할 수 없다.
19 버킷에 토사를 적재 후 이동 시 지면으로부터 약 40~50cm 위치하고 이동해야 안전하다.
20 버킷에 토사를 채울 때는 버킷을 지면과 평행하게 하며, 토사를 깎기 시작할 때는 버킷을 약 5° 정도 기울여 깎는 것이 안전하다.
21 무한궤도식 트랙의 습지용 슈의 단면은 삼각형으로 형성되어 접지 면적이 넓고 접지 압력이 작게 설계된 것으로, 사용되는 슈의 종류에 따라 주행장치의 베어링 주유 여부가 결정되는 것은 아니다.
22 운반 시 버킷이 지면에서 약 40~50cm 위치하도록 중심을 낮게 유지하는 것이 안전하다.

|정답| 17 ② 18 ② 19 ④ 20 ② 21 ② 22 ④

23 로더의 작업 방법으로 맞는 것은?

① 굴착 작업 시 버킷을 올려세우고 작업을 하며 적재 시 전경각 35°를 유지해야 한다.
② 굴착 작업 시 버킷을 수평 또는 약 5° 정도 앞으로 기울이는 것이 좋다.
③ 작업 시 변속기의 단수를 높이면 작업 효율이 좋아진다.
④ 단단한 땅을 굴착 시에는 그라인더로 버킷을 날카롭게 만든 후 작업을 하며 굴착 시에는 후경각 45°를 유지해야 한다.

24 로더로 제방이나 쌓여있는 흙더미에서 작업할 때 버킷의 날을 지면과 어떻게 유지하는 것이 가장 좋은가?

① 20° 정도 전경시킨 각
② 30° 정도 전경시킨 각
③ 버킷과 지면이 수평으로 나란하게
④ 90° 직각을 이룬 전경과 후경을 교차로

25 로더로 적재, 운반, 투입을 연속적으로 하는 작업을 무엇이라 하는가?

① 굴착 작업
② 그레이딩 작업
③ 스트리핑 작업
④ 운반 작업

26 로더 작업과 관련된 설명으로 틀린 것은?

① 압토 작업은 버킷을 덤프 위치로 한 뒤 작업한다.
② 퇴적 토사의 작업 시 앞바퀴가 들린 상태로 작업하지 않는다.
③ 굴착 작업 시 한쪽에만 굴착력이 걸리는 것을 방지한다.
④ 굴착 작업 시는 버킷을 수평 또는 약 5° 기울여 토사를 깎기 시작한다.

27 기계식 스키드 로더로 덤프 작업을 할 때 올바른 버킷 조종법은?

① 페달의 뒷부분을 누른다.
② 페달의 앞부분을 누른다.
③ 레버를 앞으로 민다.
④ 레버를 뒤로 당긴다.

28 로더로 지면 고르기 작업 시 한 번의 고르기를 마친 후 장비를 몇 도(°) 회전시켜서 반복하는 것이 좋은가?

① 25°
② 45°
③ 90°
④ 180°

정답해설

23 로더로 토사를 깎으며 출발할 시에는 버킷을 약 5° 기울인다.

24 제방이나 쌓여있는 흙더미에서 로더로 작업할 때는 버킷의 날을 지면과 수평으로 나란하게 유지하는 것이 가장 안전하다.

25 • 굴착 작업: 버킷으로 지반을 파는 작업
• 그레이딩 작업: 지면의 평탄 작업
• 스트리핑 작업: 로더를 사용하여 어떤 물건을 제거하거나 벗겨내는 작업
• 운반 작업: 장비로 적재, 운반, 투입을 연속적으로 하는 작업

26 지면 누르기 작업인 압토 작업을 할 경우에는 버킷의 밑면이 지면과 평행하게 되도록 하여 작업해야 하며, 버킷을 덤프 위치로 하고 압토 작업을 하지 않는다.

27 기계식 스키드 로더 작업
• 붐(왼발) 페달의 뒷부분을 누르면 붐 상승, 앞부분을 누르면 붐 하강이 이루어진다.
• 버킷(오른발) 페달의 뒷부분을 누르면 오므려짐(콜백), 앞부분을 누르면 펴짐(덤프) 작업이 이루어진다.

28 그레이딩 작업(지면 고르기)을 할 때는 동쪽과 서쪽, 남쪽과 북쪽 순으로 진행 후 로더를 45° 회전시켜 작업한다.

| 정답 | 23 ② 24 ③ 25 ④ 26 ① 27 ② 28 ②

29 로더의 상차 작업 방식 중 90° 회전법에 대한 설명으로 틀린 것은?

① 덤프트럭은 정지된 상태에서 로더만 선회하는 방식이다.
② 로더가 90° 선회를 4회 하여 싣는 방식이다.
③ 협소한 장소에서 작업 시 이용된다.
④ I형이나 V형에 비해 작업 효율이 좋다.

30 로더로 상차 작업 대상물에 진입하는 방법 중 없는 것은?

① 좌우 옆으로 진입방법(N형)
② 직진·후진법(I형)
③ 90° 회전법(T형)
④ V형 상차법(V형)

31 로더를 이용한 그레이딩(지면 고르기) 작업에 대한 설명으로 틀린 것은?

① 지면 고르기 작업 전에 파여진 부분을 메운다.
② 지면 고르기 작업을 한번 마친 후 로더를 45° 회전시켜서 반복한다.
③ 지면은 북쪽과 남쪽, 동쪽과 서쪽 방향의 순서로 고른다.
④ 지면 고르기 작업은 장비를 전진시키면서 수행하도록 한다.

32 로더의 상차 작업 방식 중 로더가 버킷에 작업물을 담아 후퇴하고 곧바로 로더와 작업 대상물 사이에 덤프트럭이 들어오는 방식은?

① V형 상차 방법
② T형 상차 방법
③ L형 상차 방법
④ I형 상차 방법

정답해설

29 T형(90° 회전법)은 작업 공간이 좁은 장소에서 작업 시 이용되며, I형과 V형에 비해 비교적 작업 효율은 낮다.

30 로더의 상차 적재 작업의 종류
I형(직·후진법), V형(45° 상차법), T형, L형(90° 회전법)

31 지면 고르기 작업(그레이딩 작업)은 반드시 장비를 후진시키면서 작업을 하는 것이 안전하다.

32 직진·후진법(I형)
로더가 버킷에 작업물을 담아 후퇴하고 곧바로 로더와 작업 대상물 사이에 덤프트럭이 들어오는 방식으로 연약지반에서 대형 로더가 작업할 때 주로 이용된다.

| 정답 | 29 ④ 30 ① 31 ④ 32 ④

로 더 운 전 기 능 사 　 필 기

PART 04

건설기계관리법 및 도로교통법

Chapter 01 　도로교통법
Chapter 02 　건설기계관리법
Chapter 03 　응급대처

CHAPTER 01 도로교통법

01 도로교통법의 목적과 용어

도로에서 일어나는 교통상의 모든 위험과 장해를 방지하고 제거하여 안전하고 원활한 교통을 확보함을 목적으로 한다.

용어	정의
도로	도로교통법상 도로 • 「유료도로법」에 따른 유료 도로 • 「도로법」에 따른 도로 • 「농어촌도로 정비법」에 따른 도로 • 차마의 통행을 위한 도로
고속도로	자동차의 고속운행에만 사용하기 위하여 지정된 도로
자동차 전용도로	자동차만 다닐 수 있도록 설치된 도로
긴급자동차	소방차, 구급차, 혈액공급차량 그밖에 대통령령으로 정하는 자동차(긴급자동차는 긴급 용무 중일 때만 우선권과 특례의 적용을 받는다.)
정차	운전자가 5분을 초과하지 아니하고 차를 정지시키는 것으로서 주차 외의 정지상태
안전지대	도로를 횡단하는 보행자나 통행하는 차마의 안전을 위하여 안전표지나 이와 비슷한 인공구조물로 표시한 도로의 부분
어린이	13세 미만인 사람
안전표지	교통안전에 필요한 주의·규제·지시 등을 표시하는 표지판이나 도로의 바닥에 표시하는 기호·문자 또는 선 등
서행	운전자가 차 또는 노면전차를 즉시 정지시킬 수 있는 정도의 느린 속도로 진행하는 것

02 차마의 통행

1 차마의 도로주행

① 차도와 보도가 구분된 도로에서는 차도로 통행하여야 하며, 다만 도로 외의 장소로 출입할 때에는 보도를 횡단하여 통행할 수 있다.
② 보도를 횡단하기 직전에 일시 정지하여 좌측이나 우측을 살핀 후, 보행자의 통행을 방해하지 않도록 횡단하여야 한다.
③ 차마의 운전자는 도로(보도와 차도가 구분된 도로에서는 차도를 말한다)의 중앙(중앙선이 설치되어 있는 경우에는 그 중앙선을 말한다) 우측 부분을 통행하여야 한다.

2 차로에 따른 통행차의 기준

도로		차로구분	통행할 수 있는 차종
고속도로 외 도로		왼쪽 차로	승용자동차 및 경형·소형·중형 승합자동차
		오른쪽 차로	건설기계·화물·특수·대형승합·이륜자동차 및 원동기장치자전거
고속도로	편도 2차로	1차로	• 앞지르기를 하려는 모든 자동차 • 도로상황이 시속 80km 미만으로 통행할 수밖에 없는 경우에는 통행 가능
		2차로	모든 자동차(건설 기계 포함)
	편도 3차로 이상	1차로	• 앞지르기를 하려는 승용·경형·소형·중형 승합자동차 • 도로상황이 시속 80km 미만으로 통행할 수밖에 없는 경우에는 통행 가능
		왼쪽 차로	승용자동차 및 경형·소형·중형 승합자동차
		오른쪽 차로	건설기계 및 화물, 대형 승합, 특수자동차

3 차마가 도로의 중앙이나 좌측 부분을 통행할 수 있는 경우

① 도로가 일방통행인 경우
② 도로의 파손, 도로공사나 그 밖의 장애 등으로 도로의 우측 부분을 통행할 수 없는 경우
③ 도로 우측 부분의 폭이 6미터가 되지 아니하는 도로에서 다른 차를 앞지르려는 경우(다만, 다음 각 목의 어느 하나에 해당하는 경우에는 그러하지 아니하다.)
 • 도로의 좌측 부분을 확인할 수 없는 경우
 • 반대 방향의 교통을 방해할 우려가 있는 경우

• 안전표지 등으로 앞지르기를 금지하거나 제한하고 있는 경우
④ 도로 우측 부분의 폭이 차마의 통행에 충분하지 아니한 경우
⑤ 가파른 비탈길의 구부러진 곳에서 교통의 위험을 방지하기 위하여 시·도경찰청장이 필요하다고 인정하여 구간 및 통행방법을 지정하고 있는 경우에 그 지정에 따라 통행하는 경우

> **통행 우선순위**
> ① 긴급자동차
> ② 긴급자동차 이외 차량
> ③ 원동기장치자전거
> ④ 자동차 및 원동기장치자전거 이외 차마

03 신호등화와 통행 방법

1 녹색등화 시 차마의 통행 방법
① 차마는 직진 또는 우회전 할 수 있다.
② 차마는 좌회전을 할 수 없으나, 비보호 좌회전 표지나 표시가 있는 곳에서는 좌회전을 할 수 있다.

2 황색등화 시 차마의 통행 방법
① 차마는 우회전 할 수 있고, 우회전할 때에는 보행자의 횡단을 방해하지 않아야 한다.
② 이미 교차로에 진입하였다면 신속하게 통과해야 한다.

3 적색등화 시 차마의 통행 방법
① 차마는 정지선, 횡단보도 및 교차로의 직전에 정지해야 한다.
② 직진하는 측면 교통을 방해하지 않으면 우회전할 수 있다.

4 신호등의 신호 순서
① 사색등화 신호 순서

> 녹색 → 황색 → 적색 및 녹색화살표 → 적색 및 황색 → 적색

② 삼색등화 신호 순서

> 녹색(적색 및 녹색화살표) → 황색 → 적색

③ 이색등화 신호 순서

> 녹색 → 녹색 점멸 → 적색

04 정차 또는 주차 방법

① 도로에서 정차를 하고자 하는 때에는 차도의 우측 가장자리에 정차하여야 한다. 다만 차도와 보도의 구별이 없는 도로에 있어서는 도로의 우측 가장자리로부터 중앙으로 50cm 이상의 거리를 둔다.
② 정차 또는 주차를 하고자 하는 때에는 교통에 방해가 되지 않도록 하여야 한다.

05 철길 건널목 통과 방법

1 통과 방법
① 건널목 앞에서는 일시 정지하여 안전을 확인한 후 통과해야 한다.
② 신호등이 표시하는 신호에 따르는 경우에는 정지하지 않고 통과할 수 있다.
③ 차단기가 내려져 있거나 내려지려고 할 때 또는 건널목의 경보기가 울리고 있는 동안에는 그 건널목으로 들어가지 않도록 한다.

2 철길 건널목에서 차량 고장 시 조치사항
① 즉시 승객을 대피시키고 비상 신호기를 이용하거나 그 밖의 방법으로 철도 공무원 또는 경찰 공무원에게 알리기
② 차량을 건널목 이외의 장소로 이동시키기

06 이상 기후 시 운행 속도

도로의 상태	감속운행속도
• 비가 내려 노면에 습기가 있는 때 • 눈이 20mm 미만 쌓인 때	최고속도의 20/100
• 폭우·폭설·안개 등으로 가시거리가 100m 이내인 때 • 노면이 얼어붙는 때 • 눈이 20mm 이상 쌓인 때	최고속도의 50/100

07 도로 주행 시 보행자 보호 및 양보 운전

1 도로 주행 시 보행자의 보호
① 보행자가 횡단보도를 통행할 때는 그 횡단보도 앞에서 일시 정지해야 한다.
② 교차로에서 좌회전 또는 우회전을 하고자 할 때는 도로를 횡단하는 보행자 통행을 방해하지 않는다.
③ 교차로 또는 그 부근의 도로를 횡단하는 보행자 통행을 방해하지 않는다.
④ 안전지대에 보행자가 있는 경우와 차로가 설치되지 않은 좁은 도로에서 보행자 옆을 지나는 경우에는 안전한 거리를 두고 서행해야 한다.
⑤ 보행자가 횡단보도가 설치되어 있지 않은 도로를 횡단할 때는 안전거리를 두고 일시 정지하여 보행자가 안전하게 횡단할 수 있도록 해야 한다.

2 교통정리가 없는 교차로 양보 운전
① 교차로 먼저 진입자동차 우선 진입
② 도로 폭이 넓은 차량 우선 진입
③ 직진 및 우회전 차량 우선 진입
④ 같은 순위일 경우, 우측도로 차량 우선 진입

08 서행 또는 일시 정지

1 서행해야 하는 장소
① 교통정리가 행하여지지 않은 교차로
② 도로가 구부러진 부근, 비탈길의 고갯마루 부근, 가파른 비탈길의 내리막길
③ 지방경찰청장이 안전표지에 의하여 지정한 곳

2 일시 정지 장소
① 교통정리가 진행되지 않는 교차로
② 지방 경찰청장이 안전표지에 의거하여 지정한 곳

09 앞지르기 금지

1 앞지르기가 금지되는 경우
① 앞차의 좌측에 다른 차가 앞차와 나란히 가고 있는 경우
② 앞차가 다른 차를 앞지르고 있거나 앞지르고자 하는 경우
③ 앞지르지 못하는 다른 차
 • 도로교통법에 따른 명령에 따라 정지하거나 서행하고 있는 차
 • 경찰공무원의 지시에 따라 정지하거나 서행하고 있는 차
 • 위험을 방지하기 위하여 정지하거나 서행하고 있는 차

2 앞지르기 금지 장소
① 교차로, 터널, 다리 위
② 급경사의 내리막
③ 경사로 정상 부근

3 도로 주행에서 앞지르기
① 앞지르기 할 때에는 안전한 속도와 방법으로 해야 한다.
② 앞지르기 할 때에는 교통상황에 따라 경음기를 울릴 수도 있다.
③ 앞지르기 당하는 차는 속도를 높여 경쟁하거나 가로막는 등의 방해 행동을 하지 않는다.

10 교차로 통행 방법

1 우회전을 하려는 경우
미리 도로의 우측 가장자리를 서행하며 우회전해야 한다. 이 경우 우회전하는 차의 운전자는 신호에 따라 정지하거나 진행하는 보행자 또는 자전거 등에 주의해야 한다.

2 좌회전을 하려는 경우
미리 도로의 중앙선을 따라 서행하며 교차로의 중심 안쪽을 이용하여 좌회전해야 한다. 다만, 시·도경찰청장이 교차로의 상황에 따라 특히 필요하다고 인정하여 지정한 곳에서는 교차로의 중심 바깥쪽을 통과할 수 있다.

3 신호기로 교통정리를 하고 있는 경우
진행 경로 앞쪽에 있는 차 또는 노면전차의 상황에 따라서 교차로에 정지하여 다른 차 또는 노면전차의 통행을 방해할 우려가 있는 경우에는 그 교차로에 들어가지 않는다.

4 교통정리를 하고 있지 않은 경우

다른 차의 진행을 방해하지 않도록 일시정지 하거나 양보하여야 한다.

5 비보호 좌회전 교차로에서 통행하는 경우

녹색 신호 시 반대 방향의 교통에 방해되지 않게 좌회전을 할 수 있다.

11 안전운전

① 물이 고인 곳을 운행하는 때에는 고인 물을 튀게 하여 다른 사람에게 피해를 주는 일이 없도록 할 것
② 도로에서 자동차 등을 세워둔 채로 시비·다툼 등의 행위를 함으로써 다른 차마의 통행을 방해하지 말 것
③ 차량을 떠나는 때에는 원동기의 발동을 끄고 제동장치를 철저하게 하는 등 차의 정지 상태를 안전하게 유지하고 다른 사람이 함부로 운전하지 못하도록 필요한 조치를 할 것
④ 운전자는 정당한 사유 없이 다른 사람에게 피해를 주는 소음을 발생시키지 아니할 것
⑤ 운전 중에는 휴대용 전화를 사용하지 아니할 것
⑥ 적재함에 사람을 태우고 운행하지 아니할 것
⑦ 안전띠를 착용할 것

12 교통안전표지

1 교통안전표지 종류

표지	설명
표지주의	도로상태가 위험하거나 도로 또는 그 부근에 위험물이 있는 경우에 필요한 안전조치를 할 수 있도록 이를 도로사용자에게 알리는 표지
규제표지	도로교통의 안전을 위하여 각종 제한·금지 등의 규제를 하는 경우에 이를 도로사용자에게 알리는 표지
지시표지	도로의 통행방법·통행구분 등 도로교통의 안전을 위하여 필요한 지시를 하는 경우에 도로사용자가 이를 따르도록 알리는 표지
보조표지	주의표지·규제표지 또는 지시표지의 주 기능을 보충하여 도로사용자에게 알리는 표지
노면표지	• 도로교통의 안전을 위하여 각종 주의·규제·지시 등의 내용을 노면에 기호·문자 또는 선으로 도로 사용자에게 알리는 표지 • 노면표시 중 점선은 허용, 실선은 제한, 복선은 의미의 강조

2 교통안전표지의 예

표지	설명
진입금지	진입 금지 표지
(회전형)	회전형 교차로 표지
(좌/우회전)	좌/우회전 표지
50	최고속도 제한표지
(굽은도로)	좌우로 이중 굽은 도로
5.5t	차 중량 제한 표지
30	최저 시속 30km 속도 제한표지

13 야간 운행

1 야간 운행 시 차의 등화

① 자동차: 자동차안전기준에 따른 전조등, 차폭등, 미등, 번호등과 실내조명등
② 원동기장치자전거: 전조등, 미등
③ 견인되는 차: 미등, 차폭등 및 번호등
④ 노면전차: 전조등, 차폭등, 미등 및 실내조명등

⑤ 안개 등 장애로 100m 이내의 장애물을 확인할 수 없는 경우: 야간에 준하는 등화
⑥ 위의 규정 외의 모든 차: 시·도 경찰청장이 정하여 고시하는 등화

2 야간 도로 주정차 시 차의 등화

① 자동차: 미등 및 차폭등
② 이륜자동차 및 원동기장치자전거: 미등(후부 반사기를 포함)
③ 노면전차: 미등 및 차폭등

14 도로명 주소

도로명주소(道路名住所)는 대한민국에서 1995년부터 시범사업, 2009년 전면개정, 2014년 전면 시행한 주소 표기 방법 중 하나이다. 도로 명을 주소 표기에 사용하기 때문에 '도로 명 주소'가 정식 명칭이다. 행정안전부에서 관장하며 2014년 1월 1일부터는 토지대장을 제외한 모든 곳에 도로명 주소만을 쓸 수 있다. 도로명 주소의 빠른 정착의 대안으로 교통공단 및 한국산업인력관리공단에서 주관하는 국가공인 시험에 도로명 주소에 관한 시험이 출제되고 있으며, 출제의 난이도는 매우 기초적인 쉬운 문제가 한 문제 정도 출제되거나 출제가 되지 않는 경우도 있다.

1 도로명 주소 소개

'도로명 주소'란 부여된 도로 명, 기초번호, 건물번호, 상세주소에 의하여 건물의 주소를 표기하는 방식으로, 도로에는 도로 명을 부여하고, 건물에는 도로에 따라 규칙적으로 건물번호를 부여하여 도로명과 건물번호 및 상세주소(동·층·호)로 표기하는 주소 제도를 말한다.

» 도로명 주소는 도로명 + 건물번호로 이루어져 있다.
» 도로명은 도로구간마다 부여한 이름으로 명사 + 도로별 기준(대로/로/길)로 구성되어 있다.

2 도로명 주소부여 원리 4원칙

1원칙	도로명은 도로 폭에 따라 ① 대로(8차로 이상) ② 로(2~7차로) ③ 길(그밖의 도로)로 구분
2원칙	도로시작점에서 20m 간격으로 왼쪽은 홀수, 오른쪽은 짝수를 부여하여 거리 예측이 가능하다.
3원칙	도로시점에서 건물까지의 거리는 건물번호×10m
4원칙	건물번호 부여 • 좌측: 홀수 • 우측: 짝수

3 상세주소

상세주소는 도로명주소의 건물번호 뒤에 표시되는 동·층·호 등의 정보를 말한다.

시/도 + 시/군/구 + 읍/면 + 도로명 + 건물번호 + 상세주소(동/층/호) + (참고항목: 법정동, 공동주택)

4 도로표지판 의미

5 도로명 주소 표기 방법

공동주택(아파트)	서울특별시 서초구 반포대로58, 105동301호 (서초동, 서초아트자이)
주택, 상가	서울특별서 서초구 반포대로23길 6(서초동)

6 도로명판 종류

한 방향용	양방향용
강남대로 1→699 Gangnam-daero	92 안양로 96 Anang-ro
① 강남대로: 큰길 ② 1→: 도로시작 현위치 ③ 1→699: 강남로 6.69km 　(699×10m)	① 안양로: 앞교차로 ② 좌 92: 92번 이하 건물 ③ 우 96: 96번 이상 건물

한쪽 방향용	진행방향
1←65 반포대로23길 Banpo-daero 23-gil	안양로 250 Anang-ro 90
① 반포대로23길 ② 1←65: 현 위치가 종점65 　에서 1번으로 진행	① 로: 2차로 ② 90: 현위치90 ③ 90→250: 남은 거리 　1.6Km((250-90)×10)

7 건물번호판의 종류

8 도로명 주소 부여 원리

1 도로구간 설정
　서→동, 남→북
　직진성, 연속성

2 기초번호 부여
　20m 간격
　좌→홀수
　우→짝수

3 도로명 부여
　대로, 로, 길
　길=숫자방식

4 건물번호 부여
　주된 출입구

CHAPTER 02 건설기계관리법

01 건설기계관리법의 목적 및 용어

건설기계의 등록·검사·형식승인 및 건설기계사업과 건설기계 조종사 면허 등에 관한 사항을 정하여 건설기계를 효율적으로 관리하고 건설기계의 안전도를 확보하여 건설공사의 기계화를 촉진함을 목적으로 한다.

1 건설기계 정의
① 건설공사에 사용할 수 있는 기계로서 대통령령이 정하는 것을 말한다.
② 건설기계와 관련된 사업에는 대여업, 정비업, 매매업 그리고 폐기업 등이 있다.
③ 건설기계 사업을 영위하고자 하는 자는 시·도지사에게 등록하여야 한다.

2 건설기계 용어

용어	정의
건설기계대여업	건설기계 대여를 업으로 하는 것
건설기계정비업	건설기계를 분해·조립, 수리하고 그 부분품을 가공, 제작, 교체하는 등 건설기계를 원활하게 사용하기 위한 모든 행위를 업으로 하는 것
건설기계매매업	중고건설기계의 매매 또는 그 매매의 알선과 그에 따른 등록사항에 관한 변경신고의 대행을 업으로 하는 것
건설기계 해체 재활용업	폐기 요청된 건설기계의 인수(引受), 재사용 가능한 부품의 회수, 폐기 및 그 등록말소 신청의 대행을 업으로 하는 것
건설기계 형식	건설기계의 구조, 규격 및 성능 등에 관하여 일정하게 정하는 것

02 건설기계의 신규 등록

1 건설기계를 등록할 때 필요한 서류
① 건설기계의 출처를 증명하는 서류(건설기계제작증, 수입면장, 매수증서)
② 건설기계의 소유자임을 증명하는 서류
③ 건설기계 제원표
④ 자동차손해배상보장법에 따른 보험 또는 공제의 가입을 증명하는 서류

2 건설기계 등록신청
건설기계를 취득한 날부터 2월(60일) 이내에 소유자의 주소지 또는 건설기계 사용본거지를 관할하는 시·도지사에게 하여야 한다(상속의 경우 상속 개시일로부터 3개월, 전시, 사변 기타 이에 준하는 국가 비상사태에 있어서는 5일 이내).

3 등록사항 변경신고
① 기계 등록사항에 변경이 있을 때(전시, 사변 또는 이에 준하는 비상사태 및 상속 시의 경우는 제외)에는 등록사항의 변경신고를 변경이 있는 날부터 30일 이내로 해야 한다.
② 변경신고 시 제출 서류
 • 건설기계 등록 변경사항변경신고서
 • 건설기계등록증
 • 변경내용을 증명하는 서류
 • 건설기계 검사증

03 건설기계 등록말소 사유

시·도지사는 등록된 건설기계를 소유자의 신청을 직권으로 등록말소할 수 있다

1 등록말소 사유
① 거짓이나 그 밖의 부정한 방법으로 등록을 한 경우
② 건설기계가 천재지변 또는 이에 준하는 사고 등으로 사용할 수 없게 되거나 멸실된 경우
③ 건설기계의 차대(車臺)가 등록 시의 차대와 다른 경우
④ 건설기계안전기준에 적합하지 아니하게 된 경우
⑤ 최고(催告)를 받고 지정된 기한까지 정기검사를 받지 아니한 경우
⑥ 건설기계를 수출하는 경우
⑦ 건설기계를 도난당한 경우
⑧ 건설기계를 폐기한 경우
⑨ 건설기계 해체 재활용 업을 등록한 자에게 폐기를 요청한 경우
⑩ 구조적 제작 결함 등으로 건설기계를 제작자 또는 판매자에게 반품한 경우
⑪ 건설기계를 교육·연구 목적으로 사용하는 경우
⑫ 대통령령으로 정하는 내구연한을 초과한 건설기계. 다만, 정밀진단을 받아 연장된 경우는 그 연장기간을 초과한 건설기계

2 말소 신청 및 직권 말소 기간
① 건설기계 도난: 2개월 이내
② 그 밖의 경우: 30일 이내

04 등록번호표

1 등록번호표에 표시되는 사항
건설기계 등록번호표에는 용도·기종 및 등록번호 등을 표시하여야 한다.

2 등록번호표의 재질 및 표시 방법
① 재질: 알루미늄판
② 번호표 색상 표시 방법
- 비사업용(관용 또는 자가용): 흰색 바탕에 검은색 문자
- 대여사업용: 주황색 바탕에 검은색 문자
- 임시운행 번호표: 흰색 페인트 판에 검은색 문자
- 특별표지판: 검은색 바탕, 흰색 문자 및 테두리

건설기계 등록번호
» 관용: 0001~0999
» 자가용: 1000~5999
» 대여사업용: 6000~9999

3 기종별 기호표시

구분	색상	구분	색상
01	불도저	06	덤프트럭
02	굴착기	07	기중기
03	로더	08	모터 그레이더
04	지게차	09	롤러
05	스크레이퍼	10	노상 안정기

4 등록번호표의 반납
① 등록된 건설기계의 소유자는 반납사유가 발생한 경우 10일 이내에 시·도지사에게 반납해야 함
② 반납사유
- 건설기계의 등록이 말소된 경우
- 건설기계 등록 사항 중 대통령령으로 정하는 사항이 변경된 경우
- 등록번호표 또는 그 봉인이 떨어지거나 식별이 어려운 때 등록번호표의 부착 및 봉인을 신청한 경우

05 특별표지판 부착대상 건설기계

① 길이가 16.7m를 초과하는 경우
② 너비가 2.5m를 초과하는 경우
③ 최소회전반경이 12m를 초과하는 경우
④ 높이가 4.0m를 초과하는 경우
⑤ 총중량이 40톤을 초과하는 경우
⑥ 총중량에서 축하중이 10톤을 초과하는 경우

06 건설기계 임시운행 사유

① 등록신청을 하기 위하여 건설기계를 등록지로 운행하는 경우
② 신규 등록검사 및 확인검사를 받기 위하여 건설기계를 검사장소로 운행하는 경우
③ 수출을 하기 위하여 건설기계를 선적지로 운행하는 경우
④ 수출을 하기 위하여 등록말소 한 건설기계를 점검·정비의 목적으로 운행하는 경우
⑤ 신개발 건설기계를 시험·연구의 목적으로 운행하는 경우
⑥ 판매 또는 전시를 위하여 건설기계를 일시적으로 운행하는 경우
⑦ 임시운행기간은 15일 이내이며, 시험·연구목적인 경우는 3년 이내

07 건설기계 검사

우리나라에서 건설기계에 대한 정기검사를 실시하는 검사업무 대행기관은 대한건설기계 안전관리원이다.

1 건설기계 검사의 종류

신규등록 검사	건설기계를 신규로 등록할 때 실시하는 검사
정기검사	건설공사용 건설기계로서 국토교통부령으로 정하는 검사유효기간이 끝난 후에 계속하여 운행하려는 경우에 실시하는 검사와 대기환경보전법 및 소음·진동관리법에 따른 운행자의 정기 검사
구조변경 검사	건설기계의 주요구조를 변경 또는 개조한 때 실시하는 검사
수시검사	성능이 불량하거나 사고가 자주 발생하는 건설기계의 안전성 등을 점검하기 위하여 수시로 실시하는 검사와 건설기계 소유자의 신청을 받아 실시하는 검사

2 정기검사 신청기간 및 검사기간 산정

① 정기검사를 받고자하는 자는 검사유효기간 만료일 전후 각각 31일 이내에 신청
② 건설기계 정기검사 신청기간 내에 정기검사를 받은 경우, 다음 정기검사 유효기간의 산정은 종전 검사유효기간 만료일의 다음날부터 기산
③ 정기검사 유효기간을 1개월 경과한 후에 정기검사를 받은 경우, 다음 정기검사 유효기간 산정 기산일은 검사를 받은 날의 다음 날부터임

3 정기검사 대상 건설기계 및 유효기간

기종		연식	검사유효기간
굴착기	타이어식	-	1년
로더	타이어식	20년 이하	2년
		20년 초과	1년
지게차	1톤 이상	20년 이하	2년
		20년 초과	1년
덤프트럭	-	20년 이하	1년
		20년 초과	6개월
기중기	-	-	1년
도터그레이더	-	20년 이하	2년
		20년 초과	1년
콘크리트 믹서트럭	-	20년 이하	1년
		20년 초과	6개월
콘크리트펌프	트럭 적재식	20년 이하	1년
		20년 초과	6개월
아스팔트살포기	-		1년
천공기	-		1년

4 검사소에서 검사를 받아야 하는 건설기계

덤프트럭, 콘크리트믹서트럭, 콘크리트펌프(트럭적재식), 아스팔트살포기, 트럭지게차(국토교통부장관이 정하는 특수건설기계인 트럭지게차를 말함)

5 당해 건설기계가 위치한 장소에서 검사하는(출장검사) 경우
① 도서지역에 있는 경우
② 자체중량이 40t을 초과하거나 축하중이 10t을 초과하는 경우
③ 너비가 2.5m를 초과하는 경우
④ 최고속도가 시간당 35km 미만인 경우

6 정비명령
시·도지사는 검사에 불합격한 건설기계에 대해 31일 이내의 기간을 정하여 해당 건설기계의 소유자에게 검사를 완료한 날부터 10일 이내에 정비명령을 하여야 한다. 이때 검사대행자를 지정한 경우에는 검사대행자에게 그 사실을 통지하여야 한다.

7 정기검사의 일부 면제 및 연기
규정에 따라 정비업소에서 제동장치에 대해 정기 검사에 상당하는 분해정비를 받은 해당 건설기계의 소유자는 그 부분에 대하여 제동장치 정비 확인서를 건설기계정비사업자로부터 받아 시·도지사 또는 검사대행자에게 제출하여 정기검사를 면제를 받을 수 있다.

08 건설기계 사업

건설기계 사업을 하려는 자는 대통령령으로 정하는 바에 따라 사업의 종류별로 시장·군수 또는 구청장에게 등록하여야 한다.

▶ 건설기계 사업의 종류

건설기계대여업	건설기계 대여를 업으로 하는 것을 말한다.
건설기계정비업	건설기계를 분해, 조립, 수리하고 그 부품을 가공, 제작, 교체하는 등 건설기계를 원활하게 사용하기 위한 모든 행위를 업으로 하는 것을 말한다. ① 종합건설기계 정비업 ② 부분건설기계 정비업 ③ 전문건설기계 정비업
건설기계매매업	중고건설기계의 매매 또는 그 매매의 알선과 그에 따른 등록사항에 관한 변경신고의 대행을 업으로 하는 것을 말한다.
건설기계폐기업	국토교통부령으로 정하는 건설기계 장치를 그 성능을 유지할 수 없도록 해체하거나 압축, 파쇄, 절단 또는 용해를 업으로 하는 것

09 건설기계의 구조변경 및 사후관리

1 구조변경을 할 수 없는 경우
① 건설기계의 기종변경
② 육상작업용 건설기계의 규격을 증가시키기 위한 구조변경
③ 육상작업용 건설기계의 적재함 용량을 증가시키기 위한 구조변경

2 구조변경 절차
① 구조변경 작업의뢰
② 구조변경 완료 통보
③ 구조변경 검사 신청
④ 구조변경 내역, 기재 및 교부(등록증)
⑤ 구조변경 검사 결과 통보
⑥ 부적합 시 정비명령(6개월 이내)

3 건설기계 사후관리
① 건설기계를 판매한 날부터 12개월 동안 무상으로 건설기계의 정비 및 정비에 필요한 부품을 공급해야 함
② 12개월 이내에 건설기계의 주행거리가 20,000km(원동기 및 차동장치의 경우에는 40,000km)를 초과하거나 가동시간이 2,000시간을 초과한 때에는 12개월이 경과한 것으로 봄

10 건설기계 조종사 면허

1 건설기계 조종사 면허 개요
건설기계 조종사 면허를 받으려는 사람은 국가기술자격법에 따른 해당 분야의 기술자격을 취득하고 국·공립병원, 시·도지사가 지정하는 의료기관의 적성검사에 합격하여야 한다.

2 건설기계 조종사 면허의 결격 사유

① 18세 미만인 사람
② 건설기계 조종 상의 위험과 장해를 일으킬 수 있는 정신질환자 또는 뇌전증 환자
③ 앞을 보지 못하는 사람, 듣지 못하는 사람
④ 마약, 대마, 향정신성 의약품 또는 알코올 중독자

3 건설기계 조종사 면허의 종류

면허 종류	조종할 수 있는 건설기계
3톤 미만 굴착기	3톤 미만의 굴착기
로더	로더
3톤 미만 로더	3톤 미만 로더
5톤 미만 로더	5톤 미만 로더
불도저	불도저
5톤 미만 불도저	5톤 미만 불도저
지게차	지게차
3톤 미만 지게차	3톤 미만 지게차
기중기	기중기
쇄석기	쇄석기, 아스팔트믹싱플랜트 콘크리트뱃칭플랜트
공기 압축기	공기 압축기
천공기	천공기, 항타 및 항발기
5톤 미만의 천공기	5톤 미만 천공기(트럭적재식 제외)
준설선	준설선 및 자갈채취기
타워크레인	타워크레인
3톤 미만 타워크레인	3톤 미만 타워크레인
롤러	롤러, 모터그레이더, 스크레이퍼, 아스팔트피니셔, 콘크리트피니셔, 콘크리트살포기 및 골재살 포기

4 건설기계 조종사 면허를 반납하여야 하는 사유

① 건설기계 면허가 취소된 때
② 건설기계 면허의 효력이 정지된 때
③ 면허증의 재교부를 받은 후 잃어버린 면허증을 발견한 때

5 건설기계 면허 적성검사 기준

① 두 눈을 동시에 뜨고 잰 시력이 0.7 이상일 것(교정시력을 포함)
② 두 눈의 시력이 각각 0.3 이상일 것(교정시력을 포함)
③ 55데시벨(보청기를 사용하는 사람은 40데시벨)의 소리를 들을 수 있고, 언어 분별력이 80% 이상일 것
④ 시각은 150도 이상일 것
⑤ 마약, 알코올 중독의 사유에 해당되지 아니할 것
⑥ 건설기계조종사는 10년마다(65세 이상인 경우는 5년마다) 주소지를 관할하는 시장·군수 또는 구청장이 실시하는 정기적성검사를 받아야 함

11 조종사 면허의 취소·정지 사유

시장·군수 또는 구청장은 규정에 따라 건설기계조종사면허를 취소하거나 1년 이내의 기간을 정하여 건설기계조종사면허의 효력을 정지시킬 수 있다.

1 건설기계의 조종 중 고의 또는 과실로 중대한 사고를 일으킨 경우

위반행위	행정처분 기준
① 인명피해 ㉠ 고의로 인명피해(사망·중상·경상 등을 말한다)를 입힌 경우	면허취소
㉡ 그 밖의 인명피해를 입힌 경우 • 과실로 사망 1명마다 • 과실로 중상 1명마다 • 과실로 경상 1명마다	• 면허효력정지 45일 • 면허효력정지 15일 • 면허효력정지 5일
② 재산피해: 피해금액 50만 원마다	면허효력정지 1일 (90일을 넘지 못함)
③ 건설기계의 조종 중 고의 또는 과실로 「도시가스사업법」 제2조 제5호에 따른 가스공급시설을 손괴하거나 가스공급시설의 기능에 장애를 입혀 가스의 공급을 방해한 경우	면허효력정지 180일

2 술에 취한 상태에서 조종한 경우

위반행위	행정처분 기준
① 술에 취한 상태(혈중 알코올 농도 0.03% 이상 0.08% 미만을 말한다)에서 건설기계를 조종한 경우	면허효력정지 60일
② 술에 취한 상태에서 건설기계를 조종하다가 사고로 사람을 죽게 하거나 다치게 한 경우	면허취소
③ 술에 만취한 상태(혈중 알코올 농도 0.08% 이상을 말한다)에서 건설기계를 조종한 경우	면허취소
④ 2회 이상 술에 취한 상태에서 건설기계를 조종하여 면허효력정지를 받은 사실이 있는 사람이 다시 술에 취한 상태에서 건설기계를 조종한 경우	면허취소

3 기타

위반행위	행정처분 기준
거짓이나 그 밖의 부정한 방법으로 건설기계조종사 면허를 받은 경우	면허취소
건설기계조종사 면허의 효력정지, 면허취소 기간 중 건설기계를 조종한 경우	면허취소
정기적성검사를 받지 않고 1년이 지난 경우	면허취소
정기적성검사 또는 수시적성검사에서 불합격한 경우	면허취소

※ 참고: 「건설기계관리법 시행규칙」[별표 22]

4 면허증 반납

① 건설기계조종사면허를 받은 자가 다음의 사유에 해당하는 때에는 그 사유가 발생한 날부터 10일 이내에 주소지를 관할하는 시장·군수 또는 구청장에게 그 면허증을 반납해야 함
② 면허증의 반납 사유
   • 면허가 취소된 때
   • 면허의 효력이 정지된 때
   • 면허증을 재교부 받은 후 잃어버린 면허증을 발견한 때

12 건설기계관리법(제40조 벌칙)

1 2년 이하의 징역 또는 2천만원 이하의 벌금
① 등록되지 아니한 건설기계를 사용하거나 운행한 자
② 등록이 말소된 건설기계를 사용하거나 운행한 자
③ 시·도지사의 지정을 받지 아니하고 등록번호표를 제작하거나 등록번호를 새긴 자

2 1년 이하의 징역 또는 1천만원 이하의 벌금
① 거짓이나 그 밖의 부정한 방법으로 등록을 한 자
② 등록번호를 지워 없애거나 그 식별을 곤란하게 한 자
③ 구조변경검사 또는 수시검사를 받지 아니한 자
④ 정비명령을 이행하지 아니한 자
⑤ 사용·운행 중지 명령을 위반하여 사용·운행한 자
⑥ 폐기요청을 받은 건설기계를 폐기하지 아니하거나 등록번호표를 폐기하지 아니한 자
⑦ 건설기계조종사면허를 받지 아니하고 건설기계를 조종한 자
⑧ 사후관리에 관한 명령을 이행하지 아니한 자
⑨ 건설기계조종사면허가 취소되거나 건설기계조종사면허의 효력정지처분을 받은 후에도 건설기계를 계속하여 조종한 자
⑩ 건설기계를 도로나 타인의 토지에 버려둔 자

13 제44조 과태료

1 300만원 이하의 과태료 부과
① 등록번호표를 부착하지 아니하거나 봉인하지 아니한 건설기계를 운행한 자
② 정기검사를 받지 아니한 자
③ 건설기계임대차 등에 관한 계약서를 작성하지 아니한 자
④ 정기적성검사 또는 수시적성검사를 받지 아니한 자
⑤ 시설 또는 업무에 관한 보고를 하지 아니하거나 거짓으로 보고한 자
⑥ 소속 공무원의 검사·질문을 거부·방해·기피한 자

2 100만원 이하의 과태료 부과

① 등록번호표를 부착·봉인하지 아니하거나 등록번호를 새기지 아니한 자
② 등록번호표를 가리거나 훼손하여 알아보기 곤란하게 한 자 또는 그러한 건설기계를 운행한 자
③ 건설기계안전기준에 적합하지 아니한 건설기계를 사용하거나 운행한 자 또는 사용하게 하거나 운행하게 한 자
④ 검사유효기간이 끝난 날부터 31일이 지난 건설기계를 사용하게 하거나 운행하게 한 자 또는 사용하거나 운행한 자
⑤ 특별한 사정 없이 건설기계임대차 등에 관한 계약과 관련된 자료를 제출하지 아니한 자
⑥ 수출의 이행 여부를 신고하지 아니하거나 폐기 또는 등록을 하지 아니한 자
⑦ 등록번호의 새김명령을 위반한 자
⑧ 조사 또는 자료제출 요구를 거부·방해·기피한 자
⑨ 건설기계사업자의 의무를 위반한 자
⑩ 안전교육등을 받지 아니하고 건설기계를 조종한 자

3 50만원 이하의 과태료 부과

① 임시번호표를 붙이지 아니하고 운행한 자
② 등록의 말소를 신청하지 아니한 자
③ 변경신고를 하지 아니하거나 거짓으로 변경신고한 자
④ 등록번호표를 반납하지 아니한 자
⑤ 건설기계의 소유자 또는 점유자가 규정에 정하는 범위를 위반하여 건설기계를 정비한 경우
⑥ 건설기계를 주택가 주변의 도로·공터 등에 세워두어 교통 소통을 방해한 자

응급대처

01 고장 시 응급처치

1 제동 장치가 고장 났을 때
① 브레이크 오일에 공기가 혼입될 경우, 브레이크 오일 부족 및 오일 파이프 파열, 마스트 실린더 내의 체결 밸브 불량 등이 발생할 수 있다. 이러한 경우 조치 방법으로 공기 빼기를 실시
② 브레이크 라인이 마멸된 경우 정비공장에 의뢰하여 수리하거나 교환
③ 브레이크 파이프에서 오일이 누유될 경우 정비공장에 의뢰하여 수리하거나 교환
④ 마스트 실린더 및 휠 실린더 불량일 경우 정비공장에 의뢰하여 수리하거나 교환
⑤ 베이퍼록 현상 발생 시 엔진 브레이크 사용
⑥ 페이드 현상 발생 시 엔진 브레이크를 병용

2 타이어 펑크 및 주행 장치가 고장 났을 때
① 타이어 펑크가 났을 때에는 안전 주차하고 후면 안전거리에 고장표시판을 설치 후 정비사에게 지원을 요청
② 주행 장치(동력전달장치, 조향장치 등)가 고장 났을 때에는 안전 주차하고 후면 안전거리에 고장표시판을 설치 후 견인 조치

3 전·후진 장치 고장 시 응급조치
① 전·후진 주행 장치 고장 시에는 안전 주차하고 후면 안전거리에 고장표시판을 설치 후 견인 조치
② 변속기가 불량인 경우 정비공장에 의뢰하여 수리하거나 교환
③ 앞구동축이 불량인 경우 정비공장에 의뢰하여 수리하거나 교환
④ 액슬장치가 불량인 경우 정비공장에 의뢰하여 수리하거나 교환
⑤ 조향장치가 불량인 경우 정비공장에 의뢰하여 수리하거나 교환

02 교통사고 발생 시 대처

① 차로 사람을 사상(死傷)하거나 물건을 손괴한 경우에는 운전자나 그 밖의 승무원은 즉시 정차하여 사상자를 구호하는 등 필요한 조치를 해야 함
② 운전자는 경찰 공무원이 현장에 있을 때에는 그 경찰 공무원에게, 경찰 공무원이 현장에 없을 때에는 가장 가까운 국가경찰관서(지구대, 파출소 및 출장소 등)에 다음 각 호의 사항을 지체 없이 신고해야 하며, 다만, 운행 중인 차의 손괴가 있고, 도로의 위험 방지와 소통을 위하여 필요한 조치를 한 경우에는 그러하지 아니함
  • 사고가 일어난 곳
  • 손괴한 물건 및 손괴 정도
  • 사상자 수 및 부상 정도
  • 그 밖의 조치사항 등
③ 신고를 받은 경찰 공무원은 부상자의 구호와 그 밖의 교통위험 방지가 필요하면 경찰 공무원(자치 경찰 공무원은 제외)이 현장에 도착할 때까지 신고한 운전자 등에게 현장에서 대기할 것을 명할 수 있음
④ 경찰 공무원은 교통사고를 낸 운전자를 그 현장에서 부상자의 구호와 교통안전을 위하여 필요한 지시를 명할 수 있음
⑤ 긴급 자동차, 부상자를 운반 중인 차 및 우편물 자동차 등의 운전자는 긴급한 경우에는 동승자로 하여금 제1항에 따른 조치나 제2항에 따른 신고를 하도록 하고 운전을 계속할 수 있음
⑥ 경찰 공무원(자치 경찰 공무원은 제외)은 교통사고가 발생한 경우에는 대통령령으로 정하는 바에 따라 필요한 조사를 해야 함

03 교통사고 발생 시 2차 사고 예방

1 차량의 응급상황을 알리는 삼각대
① 도로 위에서 최우선으로 고려해야 할 사항은 운전자와 승객의 안전
② 한국도로공사 통계에 의하면 2차사고 치사율은 60%로 일반 교통사고의 치사율보다 6배나 높으며, 고장으로 정차한 차량의 추돌사고가 전체 2차 사고 발생률의 25%를 차지
③ 야간 사고 발생률은 73% 정도
④ 안전 삼각대는 2차 사고 예방을 위한 필수 물품이므로 반드시 구비해야 하며, 2005년 이후 생산된 모든 국산 차량에는 안전 삼각대가 기본 장비로 포함되어 있으므로 적재된 위치를 미리 파악해 두도록 하고, 구비되어 있지 않거나 파손된 경우에는 별도로 구입

2 소화기 및 비상용 망치, 손전등
① 차량 화재, 또는 내부에 갇히게 될 경우에 대비해 소화기와 비상용 망치를 반드시 준비
② 소화기의 경우, 휴대가 간편한 스프레이형 제품도 있으므로 안전을 위해 항상 실내에 구비하는 것이 좋음
③ 차량에 고장이 발생하였을 때 하부나 엔진 룸 깊숙한 곳을 살피기 위해서는 주간에도 손전등이 필요
④ 야간에는 응급 상황에 대처하는데도 도움이 되므로 준비하도록 할 것

3 사고 표시용 스프레이
① 교통사고 발생 시 현장 상황 보존은 매우 중요하며, 차량에 사고표시용 스프레이를 미리 준비해 두면 증거를 남길 수 있음
② 휴대폰이나 카메라 등을 이용해 사고 상황을 촬영해 두어도 도움이 됨

4 교통사고 대처
① 인명사고가 났을 때 긴급구호 요청방법을 파악
② 조치 순서대로 조지 후 긴급구조 요청

즉시 정차 → 사상자 구호 → 신고

PART 04 단원문제 건설기계관리법 및 도로교통법

★ 개수는 빈출도와 중요도를 의미합니다.

도로교통법

01 ★★★ 도로교통법상 도로에 해당되지 않는 것은?

① 해상 도로법에 의한 항로
② 차마의 통행을 위한 도로
③ 유료도로법에 의한 유료도로
④ 도로법에 의한 도로

02 ★★ 도로교통법의 제정목적을 바르게 나타낸 것은?

① 도로 운송사업의 발전과 운전자들의 권익 보호
② 도로상의 교통사고로 인한 신속한 피해 회복과 편익 증진
③ 건설기계의 제작, 등록, 판매, 관리 등의 안전 확보
④ 도로에서 일어나는 교통상의 모든 위험과 장애를 방지하고 제거하여 안전하고 원활한 교통을 확보

03 ★★★ 도로교통법상 정차의 정의에 해당하는 것은?

① 차가 10분을 초과하여 정지
② 운전자가 5분을 초과하지 않고 차를 정지시키는 것으로 주차 외의 정지 상태
③ 차가 화물을 싣기 위하여 계속 정지
④ 운전자가 식사하기 위하여 차고에 세워둔 것

04 ★★★ 도로교통법에서 안전지대의 정의에 관한 설명으로 옳은 것은?

① 버스정류장 표지가 있는 장소
② 자동차가 주차할 수 있도록 설치된 장소
③ 도로를 횡단하는 보행자나 통행하는 차마의 안전을 위하여 안전표지 등으로 표시된 도로의 부분
④ 사고가 잦은 장소에 보행자의 안전을 위하여 설치한 장소

05 ★★★ 도로교통법상 건설기계를 운전하여 도로를 주행할 때 서행에 대한 정의로 옳은 것은?

① 매시 60km 미만의 속도로 주행하는 것을 말한다.
② 운전자가 차를 즉시 정지시킬 수 있는 느린 속도로 진행하는 것을 말한다.
③ 정지거리 10m 이내에서 정지할 수 있는 경우를 말한다.
④ 매시 20km 이내로 주행하는 것을 말한다.

정답해설

01 도로교통법상의 도로
- 도로법에 따른 도로
- 유료도로법에 따른 유료도로
- 농어촌도로 정비 법에 따른 농어촌도로
- 그밖에 현실적으로 불특정 다수의 사람 또는 차마(車馬)가 통행할 수 있도록 공개된 장소로서 안전하고 원활한 교통을 확보할 필요가 있는 장소

02 도로교통법의 제정목적은 도로에서 일어나는 교통상의 모든 위험과 장애를 방지하고 제거하여 안전하고 원활한 교통 확보를 목적으로 한다.

03 정차란 운전자가 5분을 초과하지 아니하고 차를 정지시키는 것으로서 주차 외의 정지 상태이다.

04 안전지대라 함은 도로를 횡단하는 보행자나 통행하는 차마의 안전을 위하여 안전표지 등으로 표시된 도로의 부분이다.

05 서행이란 운전자가 위험을 느끼고 즉시 차를 정지할 수 있는 느린 속도로 진행하는 것을 말한다.

| 정답 | 01 ① 02 ④ 03 ② 04 ③ 05 ②

06 도로교통법상 앞 차와의 안전거리에 대한 설명으로 가장 적절한 것은?

① 일반적으로 5m 이상이다.
② 5~10m 정도이다.
③ 평균 30m 이상이다.
④ 앞 차가 갑자기 정지할 경우 충돌을 피할 수 있는 거리이다.

07 정지선이나 횡단보도 및 교차로 직전에서 정지하여야 할 신호로 옳은 것은?

① 녹색 및 황색등화
② 황색 등화의 점멸
③ 황색 및 적색 등화
④ 녹색 및 적색 등화

08 도로교통법령상 교통안전표지의 종류를 올바르게 나열한 것은?

① 교통안전표지는 주의, 규제, 지시, 안내, 교통표지로 되어있다.
② 교통안전표지는 주의, 규제, 지시, 보조, 노면표시로 되어있다.
③ 교통안전표지는 주의, 규제, 지시, 안내, 보조표지로 되어있다.
④ 교통안전표지는 주의, 규제, 안내, 보조, 통행표지로 되어있다.

09 그림과 같은 교통안전표지의 뜻은?

① 좌합류 도로표지
② 철길건널목표시
③ 회전형교차로표지
④ 좌로 계속 굽은 도로표지

10 그림의 교통안전표지의 뜻은?

① 우로 이중 굽은 도로
② 좌우로 이중 굽은 도로
③ 좌로 굽은 도로
④ 회전형 교차로

11 그림과 같은 교통안전표지의 뜻은?

① 좌합류 도로
② 좌로 굽은 도로
③ 우합류 도로
④ 철길건널목

12 그림의 교통안전표지의 뜻은?

① 좌, 우회전 표지
② 좌, 우회전 금지표지
③ 양측방향 일방 통행표지
④ 양측방향 통행 금지표지

정답해설

06 안전거리란 앞 차가 갑자기 정지할 경우 충돌을 피할 수 있는 거리이다.
07 정비선이나 횡단보도 및 교차로 직전에 정지해야 할 신호는 황색 및 적색 신호이다.
08 교통안전표지의 종류: 주의표지, 규제표지, 지시표지, 보조표지, 노면표시

| 정답 | 06 ④ 07 ③ 08 ② 09 ③ 10 ② 11 ③ 12 ①

13 다음 교통안전표지에 대한 설명으로 옳은 것은?

① 최고중량 제한표시
② 차간거리 최저 30m 제한표지
③ 최고시속 30킬로미터 속도제한 표시
④ 최저시속 30킬로미터 속도제한 표시

14 다음의 교통안전표지가 의미하는 것은?

① 진입 금지 표지
② 일단 정지 표지
③ 차 적재량 제한 표지
④ 차 폭 제한 표지

15 그림의 교통안전표지가 의미하는 것은?

① 차간거리 최저 50m
② 차간거리 최고 50m
③ 최저속도 제한표지
④ 최고속도 제한표지

16 편도 1차로인 도로에서 중앙선이 황색 실선인 경우의 앞지르기 방법으로 옳은 것은?

① 절대로 안 된다.
② 아무데서나 할 수 있다.
③ 앞차가 있을 때만 할 수 있다.
④ 반대 차로에 차량통행이 없을 때 할 수 있다.

17 도로교통법령상 보도와 차도가 구분된 도로에 중앙선이 설치되어 있는 경우 차마의 통행방법으로 옳은 것은?(단, 도로의 파손 등 특별한 사유는 없다.)

① 중앙선 좌측
② 중앙선 우측
③ 보도의 좌측
④ 보도

18 도로교통법령상 차마의 통행을 구분하기 위한 중앙선에 대한 설명으로 옳은 것은?

① 백색실선 또는 황색점선으로 되어있다.
② 백색실선 또는 백색점선으로 되어있다.
③ 황색실선 또는 황색점선으로 되어있다.
④ 황색실선 또는 백색점선으로 되어있다.

19 다음 중 통행의 우선순위가 옳게 나열된 것은?

① 긴급자동차 → 일반 자동차 → 원동기장치 자전거
② 긴급자동차 → 원동기장치 자전거 → 승용자동차
③ 건설기계 → 원동기장치 자전거 → 승합차동차
④ 승합자동차 → 원동기장치 자전거 → 긴급 자동차

20 도로주행의 일반적인 주의사항으로 옳지 않은 것은?

① 가시거리가 저하될 수 있으므로 터널 진입 전 헤드라이트를 켜고 주행한다.
② 고속주행 시 급 핸들조작, 급브레이크는 옆으로 미끄러지거나 전복될 수 있다.
③ 야간운전은 주간보다 주의력이 양호하며 속도감이 민감하여 과속 우려가 없다.
④ 비 오는 날 고속주행은 수막현상이 생겨 제동효과가 감소된다.

정답해설

17 도로교통법령상 보도와 차도가 구분된 도로에 중앙선이 설치되어 있는 경우 차마는 중앙선 우측으로 통행하여야 한다.
18 노면 표시의 중앙선은 황색의 실선 및 점선으로 되어있다.
19 통행의 우선순위
　　긴급자동차 → 일반 자동차 → 원동기장치 자전거

|정답| 13 ④　14 ①　15 ④　16 ①　17 ②　18 ③　19 ①　20 ③

21 편도 4차로의 일반도로에서 건설기계는 어느 차로로 통행해야 하는가? ★★★

① 1차로　　② 2차로
③ 4차로　　④ 1차로 또는 2차로

22 편도 4차로 일반도로에서 4차로가 버스전용차로일 때, 건설기계는 어느 차로로 통행하여야 하는가? ★★★

① 2차로　　② 3차로
③ 4차로　　④ 한가한 차로

23 운전자가 진행방향을 변경하려고 할 때 신호를 하여야 할 시기로 옳은 것은? (단, 고속도로 제외) ★★★

① 변경하려고 하는 지점의 3m 전에서
② 변경하려고 하는 지점의 10m 전에서
③ 변경하려고 하는 지점의 30m 전에서
④ 특별히 정하여져 있지 않고, 운전자 임의대로

24 도로교통법상 교통안전시설이나 교통정리요원의 신호가 서로 다른 경우에 우선시 되어야 하는 신호는? ★★★

① 신호등의 신호
② 안전표시의 지시
③ 경찰공무원의 수신호
④ 경비업체 관계자의 수신호

25 도로교통법상 모든 차의 운전자가 반드시 서행하여야 하는 장소에 해당하지 않는 것은? ★★★

① 도로가 구부러진 부분
② 비탈길 고갯마루 부근
③ 편도 2차로 이상의 다리 위
④ 가파른 비탈길의 내리막

26 신호등이 없는 철길건널목 통과방법 중 옳은 것은? ★★★

① 차단기가 올라가 있으면 그대로 통과해도 된다.
② 반드시 일지정지를 한 후 안전을 확인하고 통과한다.
③ 신호등이 진행신호일 경우에도 반드시 일시정지를 하여야 한다.
④ 일시정지를 하지 않아도 좌우를 살피면서 서행으로 통과하면 된다.

27 일시정지를 하지 않고도 철길건널목을 통과할 수 있는 경우는? ★★★

① 차단기가 내려져 있을 때
② 경보기가 울리지 않을 때
③ 앞차가 진행하고 있을 때
④ 신호등이 진행신호 표시일 때

정답해설

23 진행방향을 변경하려고 할 때 신호를 하여야 할 시기는 변경하려고 하는 지점의 30m 전이다.

24 가장 우선하는 신호는 경찰공무원의 수신호이다.

25 서행해야 하는 장소
- 교통정리를 하고 있지 아니하는 교차로
- 도로가 구부러진 부근
- 비탈길의 고갯마루 부근
- 가파른 비탈길의 내리막
- 지방경찰청장이 안전표지로 지정한 곳

26 신호등이 없는 철길건널목을 통과할 때에는 반드시 일지정지를 한 후 안전을 확인하고 통과한다.

27 일시정지를 하지 않고도 철길건널목을 통과할 수 있는 경우는 신호등이 진행신호 표시이거나 신호수가 진행신호를 하고 있을 때이다.

| 정답 | 21 ③　22 ②　23 ③　24 ③　25 ③　26 ②　27 ④

28 철길건널목 안에서 차가 고장이 나서 운행할 수 없게 된 경우 운전자의 조치사항과 가장 거리가 먼 것은?

① 철도공무 중인 직원이나 경찰공무원에게 즉시 알려 차를 이동하기 위한 필요한 조치를 한다.
② 차를 즉시 건널목 밖으로 이동시킨다.
③ 승객을 하차시켜 즉시 대피시킨다.
④ 현장을 그대로 보존하고 경찰관서로 가서 고장신고를 한다.

★★
29 도로교통법에서 안전운행을 위해 차속을 제한하고 있는데, 악천후 시 최고속도의 100분의 50으로 감속 운행하여야 할 경우가 아닌 것은?

① 노면이 얼어붙은 때
② 폭우, 폭설, 안개 등으로 가시거리가 100m 이내인 때
③ 비가 내려 노면이 젖어 있을 때
④ 눈이 20mm 이상 쌓인 때

★★★
30 승차 또는 적재의 방법과 제한에서 운행상의 안전기준을 넘어서 승차 및 적재가 가능한 경우는?

① 도착지를 관할하는 경찰서장의 허가를 받은 때
② 출발지를 관할하는 경찰서장의 허가를 받은 때
③ 관할 시·군수의 허가를 받은 때
④ 동·읍·면장의 허가를 받는 때

★★★
31 경찰청장이 최고속도를 따로 지정, 고시하지 않은 편도 2차로 이상 고속도로에서 건설기계 법정 최고속도는 매시 몇 km인가?

① 100km/h   ② 110km/h
③ 80km/h   ④ 60km/h

★★★
32 도로교통법상 4차로 이상 고속도로에서 건설기계의 최저속도는?

① 30km/h   ② 40km/h
③ 50km/h   ④ 60km/h

★★★
33 도로교통법에서는 교차로, 터널 안, 다리 위 등을 앞지르기 금지장소로 규정하고 있다. 그 외 앞지르기 금지장소를 〈보기〉에서 모두 고르면?

[보기]
A. 도로의 구부러진 곳
B. 비탈길의 고갯마루 부근
C. 가파른 비탈길의 내리막

① A   ② A, B
③ B, C   ④ A, B, C

정답해설

29 최고속도의 50%를 감속하여 운행하여야 하는 경우
• 노면이 얼어붙은 때
• 폭우·폭설·안개 등으로 가시거리가 100m 이내일 때
• 눈이 20mm 이상 쌓인 때

30 승차인원·적재중량에 관하여 안전기준을 넘어서 운행하고자 하는 경우 출발지를 관할하는 경찰서장의 허가를 받아야 한다.

31 고속도로에서의 건설기계 속도
• 모든 고속도로에서 건설기계의 최고속도는 80km/h, 최저속도는 50km/h이다.
• 지정·고시한 노선 또는 구간의 고속도로에서 건설기계의 최고속도는 90km/h 이내, 최저속도는 50km/h이다.

33 앞지르기 금지장소
• 교차로, 도로의 구부러진 곳
• 터널 내, 다리 위
• 경사로의 정상부근
• 급경사로의 내리막
• 앞지르기 금지표지 설치 장소

| 정답 | 28 ④ 29 ③ 30 ② 31 ③ 32 ③ 33 ④

34 가장 안전한 앞지르기 방법은?

① 좌, 우측으로 앞지르기 하면 된다.
② 앞차의 속도와 관계 없이 앞지르기를 한다.
③ 반드시 경음기를 울려야 한다.
④ 반대 방향의 교통, 전방의 교통 및 후방에 주의를 하고 앞차의 속도에 따라 안전하게 한다.

35 도로교통법상 주차금지의 장소로 옳지 않은 것은?

① 터널 안 및 다리 위
② 안전지대로부터 20미터 이내인 곳
③ 소방용 기계, 기구가 설치된 5미터 이내인 곳
④ 소방용 방화물통이 있는 5미터 이내의 곳

36 횡단보도로부터 몇 m 이내에 정차 및 주차를 해서는 안 되는가?

① 3m   ② 5m
③ 8m   ④ 10m

37 주차 및 정차금지 장소는 건널목 가장자리로부터 몇 m 이내인 곳인가?

① 5m   ② 10m
③ 20m   ④ 30m

38 도로교통법에 따라 소방용 기계기구가 설치된 곳, 소방용 방화물통, 소화전 또는 소화용 방화물통의 흡수구나 흡수관으로부터 (   ) 이내의 지점에 주차하여서는 아니 된다. 괄호 안에 들어갈 거리는?

① 10m   ② 7m
③ 5m   ④ 3m

39 도로에서 정차를 하고자 할 때의 방법으로 옳은 것은?

① 차체의 전단부가 도로 중앙을 향하도록 비스듬히 정차한다.
② 진행방향의 반대방향으로 정차한다.
③ 차도의 우측 가장자리에 정차한다.
④ 일방통행로에서 좌측 가장자리에 정차한다.

40 도로교통법상 주차, 정차가 금지되어 있지 않은 장소는?

① 교차로   ② 건널목
③ 횡단보도   ④ 경사로의 정상부근

41 도로교통법령에 따라 도로를 통행하는 자동차가 야간에 켜야 하는 등화의 구분 중 견인되는 차가 켜야 할 등화는?

① 전조등, 차폭등, 미등
② 미등, 차폭등, 번호등
③ 전조등, 미등, 번호등
④ 전조등, 미등

> **정답해설**
>
> **35** 안전지대로부터 10m 이내의 지점
>
> **36** 횡단보도로부터 10m 이내에 정차 및 주차를 해서는 안 된다.
>
> **37** 건널목 가장자리로부터 10m 이내 정차 및 주차를 해서는 안 된다.
>
> **38** 도로교통법에 따라 소방용 기계기구가 설치된 곳, 소방용 방화물통, 소화전 또는 소화용 방화물통의 흡수구나 흡수관으로부터 5m 이내의 지점에 주차하여서는 안 된다.
>
> **40** 경사로의 정상부근은 서행이나 일시정지를 해야 하는 장소이다.
>
> **41** 야간에 견인되는 자동차가 켜야 할 등화는 차폭등, 미등, 번호등이다.
>
> | 정답 | 34 ④ 35 ② 36 ④ 37 ② 38 ③ 39 ③ 40 ④ 41 ②

42 야간에 차가 서로 마주보고 진행하는 경우의 등화조작 방법 중 옳은 것은?

① 전조등, 번호등, 실내 조명등을 조작한다.
② 전조등을 켜고 보조등을 끈다.
③ 전조등 불빛을 하향으로 한다.
④ 전조등 불빛을 상향으로 한다.

43 밤에 도로에서 차를 운행하는 경우 등화로 옳지 않은 것은?

① 견인되는 차: 미등, 차폭등 및 번호등
② 원동기장치 자전거: 전조등 및 미등
③ 자동차: 자동차안전기준에서 정하는 전조등, 차폭등, 미등
④ 자동차등 외의 모든 차: 지방경찰청장이 정하여 고시하는 등화

44 다음 중 도로교통법에 의거, 야간에 자동차를 도로에서 정차 또는 주차하는 경우에 반드시 켜야 하는 등화는?

① 방향지시등
② 미등 및 차폭등
③ 전조등
④ 실내등

45 횡단보도에서의 보행자 보호의무 위반 시 받는 처분으로 옳은 것은?

① 면허취소
② 즉심회부
③ 통고처분
④ 형사입건

46 다음 중 도로교통법을 위반한 경우는?

① 밤에 교통이 빈번한 도로에서 전조등을 계속 하향했다.
② 낮에 어두운 터널 속을 통과할 때 전조등을 켰다.
③ 소방용 방화물통으로부터 10m 지점에 주차하였다.
④ 노면이 얼어붙은 곳에서 최고속도의 20/100을 줄인 속도로 운행하였다.

47 도로교통법상 운전이 금지되는 술에 취한 상태의 기준으로 옳은 것은?

① 혈중 알코올 농도 0.03% 이상일 때
② 혈중 알코올 농도 0.02% 이상일 때
③ 혈중 알코올 농도 0.1% 이상일 때
④ 혈중 알코올 농도 0.2% 이상일 때

정답해설

42 야간에 차가 서로 마주보고 진행하는 경우에는 전조등을 하향하거나, 밝기를 줄이거나 끄도록 한다.

43 자동차: 자동차안전기준에서 정하는 전조등, 차폭등, 미등, 번호등, 실내조명등(실내조명등은 승합자동차와 「여객자동차운수사업법」에 따른 여객자동차운송사업용 승용자동차만 해당한다.)

44 야간에 자동차를 도로에서 정차 또는 주차하는 경우에 반드시 미등 및 차폭등을 켜야 한다.

46 노면이 얼어붙은 곳에서는 최고속도의 50/100을 줄인 속도로 운행하여야 한다.

47 도로교통법령상 술에 취한 상태의 기준은 혈중 알코올 농도가 0.03% 이상인 경우이다.

| 정답 | 42 ③ 43 ③ 44 ② 45 ③ 46 ④ 47 ① |

48 도로교통법에 따르면 운전자는 자동차 등의 운전 중에는 휴대용 전화를 원칙적으로 사용할 수 없다. 예외적으로 휴대용 전화사용이 가능한 경우로 옳지 않은 것은?

① 자동차 등이 정지하고 있는 경우
② 저속 건설기계를 운전하는 경우
③ 긴급 자동차를 운전하는 경우
④ 각종 범죄 및 재해 신고 등 긴급한 필요가 있는 경우

도로명 주소

49 차량이 남쪽에서 북쪽으로 진행 중일 때, 그림에 대한 설명으로 틀린 것은?

① 차량을 우회전하는 경우 서울역 쪽 '통일로'로 진입할 수 있다.
② 차량을 좌회전하는 경우 불광역 쪽 '통일로'로 진입할 수 있다.
③ 차량을 좌회전하는 경우 불광역 쪽 '통일로'로 건물번호가 커진다.
④ 차량을 좌회전하는 경우 불광역 쪽 '통일로'의 건물번호가 작아진다.

50 차량이 남쪽에서 북쪽으로 진행 중일 때, 그림에 대한 설명으로 틀린 것은?

① 차량을 좌회전하면 '당진중앙1로' 시작점과 만날 수 있다.
② 차량을 우회전하는 '운학길' 또는 '백암로'로 진입할 수 있다.
③ 차량을 직진하면 '서부로' 방향으로 갈 수 있다.
④ 차량을 좌회전하면 '당진1동행정복지센터' 방향으로 갈 수 있다.

정답해설

48 운전 중 휴대전화 사용이 가능한 경우
 • 자동차 등이 정지해 있는 경우
 • 긴급자동차를 운전하는 경우
 • 각종 범죄 및 재해신고 등 긴급을 요하는 경우
 • 안전운전에 지장을 주지 않는 장치로 대통령령이 정하는 장치를 이용하는 경우

49 남쪽에서 북쪽으로 진행하고 있으면 좌측(불광역)이 서쪽이고, 우측(서울역)이 동쪽이 된다. 도로 구간의 시작점과 끝지점은 '서 → 동', '남 → 북'쪽 방향으로 건물번호 순서를 정하고 있기 때문에 불광역 쪽에서 서울역 쪽으로 가면서 건물번호가 커진다. 이에 차량을 좌회전 하는 경우 불광역 쪽 '통일로'의 건물번호가 점차적으로 작아지게 됨을 알 수 있다.

50 도로 구간의 시작점과 끝 지점은 '서 → 동', '남 → 북' 쪽 방향으로 설정되어 있기 때문에 차량을 좌회전하면 '단진중앙1로' 시작점이 아닌 끝점과 만나게 된다.

| 정답 | 48 ② 49 ③ 50 ①

51 차량이 남쪽에서 북쪽으로 진행 중일 때 그림에 대한 설명으로 옳지 않은 것은?

① 150m 전방에서 직진하면 '성결대' 방향으로 갈 수 있다.
② 150m 전방에서 좌회전하면 경수대로 도로 구간의 끝 지점과 만날 수 있다.
③ 150m 전방에서 우회전하면 경수대로 도로 구간의 시작점과 만날 수 있다.
④ 150m 전방에서 우회전하면 '의왕' 방향으로 갈 수 있다.

52 다음 기초번호판에 대한 설명으로 틀린 것은?

① 건물이 없는 도로에 설치되는 기초번호판이다.
② 도로의 시작점에서 끝 지점 방향으로 기초번호를 부여한다.
③ 표지판이 설치된 곳은 '병목안로'이다.
④ 도로명과 건물번호를 지시하는 기초번호판이다.

53 다음 도로명판에 대한 설명으로 옳지 않은 것은?

① '강남대로'는 도로명이다.
② '1 → '의 위치는 도로의 마지막 지점이다.
③ 강남대로는 6.99km이다.
④ 도로명판은 한쪽 진행 방향이다.

54 다음 중 관공서용 건물번호판에 해당하는 것은?

①   ②

③   ④

55 다음 도로명판에 대한 설명으로 옳지 않은 것은?

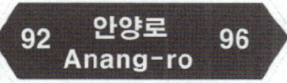

① 양 방향 교차로 앞이다.
② 왼쪽으로 92번 이하의 건물이 위치한다.
③ 오른쪽으로 96번 이상 건물이 위치한다.
④ 왼쪽으로 92번 이상의 건물이 위치한다.

정답해설

51 150m 전방에서 우회전하면 '서울' 방향으로 갈 수 있다.
52 기초번호판은 도로명과 기초번호를 부여한 건물이 없는 도로에 설치되는 도로명판이다.
53 '1 → '은 도로의 시작 지점을 의미한다.
54 ① 문화재 건물 표지 ② 관공서 건물 표지 ③ 주택 건물 표지 ④ 상가 건물번호판 표지
55 왼쪽으로 92번 이하의 건물이 위치한다.

| 정답 | 51 ④ 52 ④ 53 ② 54 ② 55 ④

56 다음 도로명판에 대한 설명으로 틀린 것은?

안양로 250
Anang-ro 90

① '90↑'는 안양로의 시작지점을 의미한다.
② 안양로의 전체 도로구간의 길이는 약 2.5km이다.
③ 명판이 설치된 위치는 안양로 시작점에서 약 900m 지점이다.
④ 안양로의 중간지점을 의미한다.

57 건설기계관리법의 입법목적에 해당되지 않는 것은?

① 건설기계의 효율적인 관리를 하기 위함
② 건설기계 안전도 확보를 위함
③ 건설기계의 규제 및 통제를 하기 위함
④ 건설공사의 기계화를 촉진하기 위함

58 건설기계의 범위에 속하지 않는 것은?

① 공기토출량이 매분 당 2.83m³ 이상의 이동식인 공기압축기
② 노상안정장치를 가진 자주식인 노상안정기
③ 정지장치를 가진 자주식인 모터그레이더
④ 전동식 솔리드타이어를 부착한 것 중 도로가 아닌 장소에서만 운행하는 지게차

59 건설기계관련법상 건설기계의 정의가 가장 옳은 것은?

① 건설공사에 사용할 수 있는 기계로서 대통령령이 정하는 것을 말한다.
② 건설현장에서 운행하는 장비로서 대통령령이 정하는 것을 말한다.
③ 건설공사에 사용할 수 있는 기계로서 국토교통부령이 정하는 것을 말한다.
④ 건설현장에서 운행하는 장비로서 국토교통부령이 정하는 것을 말한다.

60 건설기계를 조종할 때 적용받는 법령에 대한 설명으로 가장 적절한 것은?

① 건설기계관리법 및 자동차관리법의 전체적용을 받는다.
② 건설기계관리법에 대한 적용만 받는다.
③ 도로교통법에 대한 적용만 받는다.
④ 건설기계관리법 외에 도로상을 운행할 때는 도로교통법 중 일부를 적용받는다.

정답해설

56 '90↑'는 안양로 시작점에서 900m(90×10m) 부근에 도로명판이 있다는 의미이다.

57 건설기계관리법의 목적은 건설기계의 등록·검사·형식승인 및 건설기계사업과 건설기계조종사면허 등에 관한 사항을 정하여 건설기계를 효율적으로 관리하고 건설기계의 안전도를 확보하여 건설공사의 기계화를 촉진함을 목적으로 한다.

58 지게차의 건설기계 범위는 타이어식으로 들어 올림 장치를 가진 것이다. 다만, 전동식으로 솔리드타이어를 부착한 것 중 도로(「도로교통법」에 따른 도로)가 아닌 장소에서만 운행하는 것은 제외한다.

59 건설기계라 함은 건설공사에 사용할 수 있는 기계로서 대통령령으로 정한 것이다.

60 건설기계를 조종할 때에는 건설기계관리법 외에 도로상을 운행할 때에는 도로교통법 중 일부를 적용받는다.

|정답| 56 ① 57 ③ 58 ④ 59 ① 60 ④

61 건설기계 등록신청에 대한 설명으로 옳은 것은? (단, 전시, 사변 등 국가비상사태 하의 경우 제외)

① 시·군·구청장에게 취득한 날로부터 10일 이내 등록신청을 한다.
② 시·도지사에게 취득한 날로부터 15일 이내 등록신청을 한다.
③ 시·군·구청장에게 취득한 날로부터 1개월 이내 등록신청을 한다.
④ 시·도지사에게 취득한 날로부터 2개월 이내 등록신청을 한다.

62 건설기계 등록신청 시 첨부하지 않아도 되는 서류는?

① 호적등본
② 건설기계 소유자임을 증명하는 서류
③ 건설기계제작증
④ 건설기계제원표

63 건설기계 등록사항의 변경신고는 변경이 있는 날로부터 며칠 이내에 하여야 하는가? (단, 국가비상사태일 경우를 제외한다.)

① 20일 이내
② 30일 이내
③ 15일 이내
④ 10일 이내

64 건설기계 등록사항 변경이 있을 때, 소유자는 건설기계 등록사항 변경신고서를 누구에게 제출하여야 하는가?

① 관할검사소장
② 고용노동부장관
③ 행정안전부장관
④ 시·도지사

65 건설기계 등록사항의 변경 또는 등록이전 신고 대상이 아닌 것은?

① 소유자 변경
② 소유자의 주소지 변경
③ 건설기계 소재지 변동
④ 건설기계의 사용본거지 변경

정답해설

61 건설기계 등록신청은 취득한 날로부터 2개월 이내 소유자의 주소지 또는 건설기계 사용본거지를 관할하는 시·도지사에게 한다.

62 건설기계를 등록할 때 필요한 서류
- 건설기계제작증(국내에서 제작한 건설기계의 경우)
- 수입면장 기타 수입 사실을 증명하는 서류(수입한 건설기계의 경우)
- 매수증서(관청으로부터 매수한 건설기계의 경우)
- 건설기계의 소유자임을 증명하는 서류
- 건설기계제원표
- 자동차손해배상보장법에 따른 보험 또는 공제의 가입을 증명하는 서류

63 건설기계의 등록사항 중 변경이 있을 시, 30일 이내에 시·도지사에게 신고해야 한다.

64 건설기계의 소유자는 건설기계등록사항에 변경이 있는 때에는 그 변경이 있은 날부터 30일 이내에 등록을 한 시·도지사에게 제출하여야 한다.

65 등록사항의 변경 또는 등록이전신고 대상
- 소유자 변경
- 소유자의 주소지 변경
- 건설기계의 사용본거지 변경

| 정답 | 61 ④ 62 ① 63 ② 64 ④ 65 ③

66 건설기계등록의 말소 사유에 해당하지 않는 것은?

① 건설기계의 구조변경
② 건설기계의 폐기
③ 건설기계의 멸실
④ 건설기계의 차대가 등록 시의 차대와 다른 경우

67 건설기계의 등록원부는 등록을 말소한 후 얼마의 기한 동안 보존하여야 하는가?

① 10년 ② 5년
③ 15년 ④ 20년

68 건설기계의 소유자는 건설기계의 등록이 말소되거나 등록번호의 변경 및 등록번호의 식별이 어려운 경우 며칠 이내에 등록번호표의 봉인을 떼어낸 후 시·도지사에게 반납하여야 하는가?

① 3일   ② 5일
③ 10일 ④ 15일

69 건설기계 등록번호표 중 영업용에 해당하는 것은?

① 6000~9999   ③ 0001~0999
② 9001~9999   ④ 1000~5999

70 건설기계 기종별 기호 표시로 옳지 않은 것은?

① 03: 로더
② 06: 덤프트럭
③ 08: 모터그레이더
④ 09: 기중기

71 다음 중 영업용 지게차를 나타내는 등록번호표는?

① 서울 04-6091   ② 인천 01-9589
③ 세종 07-2536   ④ 부산 07-5895

72 건설기계등록번호표의 색칠 기준으로 옳지 않은 것은?

① 자가용: 흰색 판에 검은색 문자
② 영업용: 주황색 판에 검은색 문자
③ 관용: 흰색 판에 검은색 문자
④ 수입용: 적색 판에 흰색문자

정답해설

66 건설기계의 구조 변경 시 구조변경 검사를 받아야 하며, 이는 건설기계등록의 말소 사유에 해당하지 않는다.

67 건설기계 등록원부는 등록말소 후 10년간 보존하여야 한다.

68 건설기계 소유자는 건설기계의 등록말소, 번호변경 및 식별이 곤란한 경우 10일 이내에 시·도지사에게 등록번호표를 반납해야 한다.(건설기계관리법 제9조 등록번호표의 반납)

69
- 관용: 0001~0999
- 자가용: 1000~5999
- 대여사업용: 6000~9999

한글과 용도별 숫자를 조합하되, 오름차순으로 부여한다(관용 예시: "가0001~가0999" 부여 후 "나0001~나0999" 순으로 부여).

71
- 지게차 04
- 굴착기 02
- 기중기 07

72 건설기계 관리법 시행규칙 번호표의 색상
- 비사업용(관용 또는 자가용): 흰색 바탕에 검은색 문자
- 대여사업용: 주황색 바탕에 검은색 문자
- 임시운행 번호표: 흰색 페인트 판에 검은색 문자

|정답| 66 ① 67 ① 68 ③ 69 ① 70 ④ 71 ① 72 ④

73 특별표지판을 부착해야 하는 건설기계범위에 해당하지 않는 것은?

① 길이가 16m인 건설기계
② 총중량이 50t인 건설기계
③ 높이가 5m인 건설기계
④ 최소 회전반경이 13m인 건설기계

74 건설기계 등록번호표에 표시하지 않는 것은?

① 기종
② 등록관청
③ 용도
④ 연식

75 건설기계 소유자가 관련법에 의하여 등록번호표를 반납하고자 하는 때에는 누구에게 반납해야 하는가?

① 국토교통부장관
② 구청장
③ 동장
④ 시·도지사

76 신개발 시험, 연구목적 운행을 제외한 건설기계의 임시 운행기간은 며칠 이내인가?

① 5일   ② 10일
③ 15일 ④ 20일

77 임시운행 사유에 해당하지 않는 것은?

① 신개발 건설기계를 시험 운행하고자 할 때
② 수출을 하기 위해 건설기계를 선적지로 운행할 때
③ 등록신청 전에 건설기계 공사를 하기 위하여 임시로 사용하고자 할 때
④ 등록신청을 하기 위하여 건설기계를 등록지로 운행하고자 할 때

78 건설기계관리법령상 건설기계 검사의 종류가 아닌 것은?

① 구조변경검사
② 임시검사
③ 수시검사
④ 신규등록검사

정답해설

73 길이가 16.7m를 초과하는 경우는 특별표지판을 부착해야 하는 건설기계의 범위 해당한다.

74 건설기계 등록번호표에는 용도, 기종, 및 등록번호, 등록관청 등이 표시되어야 한다. 연식은 건설기계 등록증에 표시된다.

75 반납사유 발생일로부터 10일 이내에 시·도지사에게 반납한다.

76 임시운행기간은 15일이며, 신개발 시험·연구목적 운행은 3년이다.

77 임시운행 사유
- 판매 및 전시를 위한 일시적인 운행
- 신개발 건설기계의 시험목적 운행
- 수출을 위한 등록말소 한 건설기계를 정비, 점검하기 위한 운행
- 수출목적으로 선적지 운행
- 신규 등록검사 및 확인 검사를 위해 검사장소로 운행
- 등록신청을 위해 등록지로 운행

78 건설기계 검사의 종류: 신규등록검사, 정기검사, 구조변경검사, 수시검사

| 정답 | 73 ① 74 ④ 75 ④ 76 ③ 77 ③ 78 ② |

79 건설기계등록을 말소한 때에는 등록번호표를 며칠 이내에 시·도지사에게 반납하여야 하는가?

① 10일 ② 15일
③ 20일 ④ 30일

80 건설기계관리법령상 건설기계를 검사유효기간이 끝난 후에 계속 운행하고자 할 때 받아야 하는 검사에 해당하는 것은?

① 계속검사
② 신규등록검사
③ 수시검사
④ 정기검사

81 건설기계의 수시검사 대상이 아닌 것은?

① 소유자가 수시검사를 신청한 건설기계
② 사고가 자주 발생하는 건설기계
③ 성능이 불량한 건설기계
④ 구조를 변경한 건설기계

82 성능이 불량하거나 사고가 자주 발생하는 건설기계의 안전성 등을 점검하기 위하여 실시하는 검사와 건설기계 소유자의 신청을 받아 실시하는 검사는?

① 예비검사 ② 구조변경검사
③ 수시검사 ④ 정기검사

83 검사소 이외의 장소에서 출장검사를 받을 수 있는 건설기계에 해당하는 것은?

① 덤프트럭
② 콘크리트믹서트럭
③ 아스팔트살포기
④ 지게차

84 건설기계의 출장검사가 허용되는 경우가 아닌 것은?

① 도서지역에 있는 건설기계
② 너비가 2.0m를 초과하는 건설기계
③ 자체중량이 40t을 초과하거나 축중이 10t을 초과하는 건설기계
④ 최고속도가 시간당 35km 미만인 건설기계

> **정답해설**
>
> **79** 건설기계 등록번호표는 10일 이내에 시·도지사에게 반납하여야 한다.
>
> **80** 정기검사: 건설공사용 건설기계로서 3년의 범위에서 국토교통부령으로 정하는 검사유효기간이 끝난 후에 계속하여 운행하려는 경우에 실시하는 검사와 대기환경보전법 및 소음·진동관리법에 따른 운행차의 정기검사
>
> **81** 수시검사는 성능이 불량하거나, 사고가 자주 발생하거나, 건설기계 소유자의 요청으로 실시하는 검사이다.
>
> **82** 수시검사: 성능이 불량하거나 사고가 자주 발생하는 건설기계의 안전성 등을 점검하기 위하여 수시로 실시하는 검사와 건설기계 소유자의 신청을 받아 실시하는 검사
>
> **83** 건설기계검사소에서 검사를 받아야 하는 건설기계: 덤프트럭, 콘크리트믹서트럭, 트럭적재식 콘크리트펌프, 아스팔트살포기
>
> **84** 출장검사를 받을 수 있는 경우
> - 도서지역에 있는 경우
> - 자체중량이 40t 이상 또는 축중이 10t 이상인 경우
> - 너비가 2.5m 이상인 경우
> - 최고속도가 시간당 35km 미만인 경우
>
> | 정답 | 79 ① 80 ④ 81 ④ 82 ③ 83 ④ 84 ②

85 건설기계 정기검사를 연기하는 경우 그 연장기간은 몇 월 이내로 하여야 하는가?

① 1월 ② 2월
③ 3월 ④ 6월

86 정기검사에 불합격한 건설기계의 정비명령 기간으로 옳은 것은?

① 60일 이내 ② 10일 이내
③ 20일 이내 ④ 31일 이내

87 건설기계관리법상의 건설기계사업에 해당하지 않는 것은?

① 건설기계매매업 ② 건설기계폐기업
③ 건설기계정비업 ④ 건설기계제작업

88 건설기계 사업을 하고자 하는 자는 누구에게 신고하여야 하는가?

① 건설기계 폐기업자
② 전문건설기계정비업자
③ 시장·군수 또는 구청장
④ 건설교통부 장관

89 건설기계매매업의 등록을 하고자 하는 자의 구비서류로 맞는 것은?

① 건설기계매매업 등록필증
② 건설기계보험증서
③ 건설기계등록증
④ 5천만 원 이상의 하자보증금예치증서 또는 보증보험증서

90 건설기계관리법령상 〈보기〉의 설명에 해당하는 건설기계사업은?

[보기]
건설기계를 분해·조립 또는 수리하고 그 부분품을 가공, 제작, 교체하는 등 건설기계를 원활하게 사용하기 위한 모든 행위를 업으로 하는 것

① 건설기계정비업 ② 건설기계제작업
③ 건설기계매매업 ④ 건설기계폐기업

91 건설기계 정비업의 사업범위에서 유압장치를 정비할 수 없는 정비업은?

① 종합건설기계 정비업
② 부분건설기계 정비업
③ 유압정비업
④ 원동기정비업

정답해설

85 정기검사를 연기하는 경우 그 연장기간은 6월 이내로 한다.
86 검사에 불합격된 건설기계에 대해서 정비명령 기간은 31일 이내이다.
87 건설기계사업의 종류에는 매매업, 대여업, 폐기업, 정비업이 있다.
88 건설기계 관리법의 대부분의 권리자는 시장·군수·구청장 등에게 있다.
89 매매업의 등록을 하고자 하는 자의 구비서류
 • 사무실의 소유권 또는 사용권이 있음을 증명하는 서류
 • 주기장소재지를 관할하는 시장·군수·구청장이 발급한 주기장시설보유 확인서
 • 5천만 원 이상의 하자보증금예치증서 또는 보증보험증서
91 원동기정비업체는 기관의 해체, 정비, 수리 등을 할 수 있다.

|정답| 85 ④ 86 ④ 87 ④ 88 ③ 89 ④ 90 ① 91 ④

92 건설기계관리법상 건설기계의 구조를 변경할 수 있는 범위에 해당되는 것은?

① 육상작업용 건설기계의 규격을 증가시키기 위한 구조변경
② 육상작업용 건설기계의 적재함 용량을 증가시키기 위한 구조변경
③ 원동기의 형식변경
④ 건설기계의 기종변경

93 건설기계 구조 변경 검사신청은 변경한 날로부터 며칠 이내에 하여야 하는가?

① 30일
② 20일
③ 10일
④ 7일

94 건설기계조종사의 면허 적성검사 기준으로 옳지 않은 것은?

① 두 눈의 시력이 각각 0.3 이상
② 두 눈을 동시에 뜨고 측정한 시력이 0.7 이상
③ 시각은 150도 이상
④ 청력은 10데시벨의 소리를 들을 수 있을 것

95 건설기계관리법상 소형건설기계에 포함되지 않는 것은?

① 3톤 미만의 굴착기
② 5톤 미만의 불도저
③ 5톤 이상의 기중기
④ 공기압축기

96 3톤 미만 로더의 소형건설기계 조종 교육시간은?

① 이론 6시간, 실습 6시간
② 이론 4시간, 실습 8시간
③ 이론 12시간, 실습 12시간
④ 이론 10시간, 실습 14시간

97 도로교통법에 의한 제1종 대형자동차 면허로 조종할 수 없는 건설기계는?

① 콘크리트 펌프
② 노상안정기
③ 아스팔트 살포기
④ 타이어식 기중기

정답해설

92 건설기계의 구조변경을 할 수 없는 경우
- 건설기계의 기종변경
- 육상작업용 건설기계의 규격을 증가시키기 위한 구조변경
- 육상작업용 건설기계의 적재함 용량을 증가시키기 위한 구조변경

94 건설기계조종사의 면허 적성검사기준
- 두 눈을 동시에 뜨고 잰 시력이 0.7 이상이고 두 눈의 시력이 각각 0.3 이상일 것(교정시력을 포함)
- 55데시벨(보청기를 사용하는 사람은 40데시벨)의 소리를 들을 수 있을 것
- 언어분별력이 80퍼센트 이상일 것
- 시각은 150도 이상일 것

95 소형건설기계의 종류: 3톤 미만의 굴착기, 3톤 미만의 로더, 3톤 미만의 지게차, 5톤 미만의 로더, 5톤 미만의 불도저, 콘크리트펌프(이동식으로 한정) 5톤 미만의 천공기(트럭적재식은 제외), 공기압축기, 쇄석기 및 준설선, 3톤 미만의 타워크레인

96 3톤 미만 굴착기, 지게차, 로더의 교육시간은 이론 6시간, 조종실습 6시간이다.

97 제1종 대형 운전면허로 조종할 수 있는 건설기계: 덤프트럭, 아스팔트 살포기, 노상 안정기, 콘크리트 믹서트럭, 콘크리트 펌프, 트럭적재식 천공기

| 정답 | 92 ③ 93 ② 94 ④ 95 ③ 96 ① 97 ④

98 건설기계관리법상 건설기계조종사는 성명·주민등록번호 및 국적의 변경이 있는 경우, 그 사실이 발생한 날부터 며칠 이내에 기재사항변경신고서를 제출하여야 하는가?

① 15일
② 20일
③ 25일
④ 30일

99 건설기계조종사 면허증의 반납사유에 해당하지 않는 것은?

① 면허가 취소된 때
② 면허의 효력이 정지된 때
③ 건설기계조종을 하지 않을 때
④ 면허증의 재교부를 받은 후 잃어버린 면허증을 발견한 때

100 건설기계조종사 면허가 취소되었을 경우 그 사유가 발생한 날부터 며칠 이내에 면허증을 반납하여야 하는가?

① 7일 이내
② 10일 이내
③ 14일 이내
④ 30일 이내

101 건설기계소유자가 정비 업소에 건설기계 정비를 의뢰한 후 정비업자로부터 정비 완료 통보를 받고 며칠이내에 찾아가지 않을 때 보관, 관리 비용을 지불하는가?

① 5일
② 10일
③ 15일
④ 20일

102 건설기계 폐기 인수증명서는 누가 교부하는가?

① 시·도지사
② 국토교통부장관
③ 시장·군수
④ 건설기계 폐기업자

103 건설기계관리법령상 건설기계조종사면허의 취소처분 기준에 해당하지 않는 것은?

① 건설기계조종사면허증을 다른 사람에게 빌려 준 경우
② 술에 취한 상태(혈중 알코올농도 0.03% 이상 0.08% 미만)에서 건설기계를 조종하다가 사고로 사람을 죽게 하거나 다치게 한 경우
③ 과실로 2명을 사망하게 한 경우
④ 술에 만취한 상태(혈중 알코올농도 0.08% 이상)에서 건설기계를 조종한 경우

정답해설

98 건설기계조종사는 성명, 주민등록번호 및 국적의 변경이 있는 경우에는 그 사실이 발생한 날부터 30일 이내 주소지를 관할하는 시·도지사에게 제출하여야 한다.

99 면허증의 반납사유
- 면허가 취소된 때
- 면허의 효력이 정지된 때
- 면허증의 재교부를 받은 후 잃어버린 면허증을 발견한 때

100 건설기계조종사면허가 취소되었을 경우 그 사유가 발생한 날로부터 10일 이내에 면허증을 반납해야 한다.

101 건설기계소유자가 정비 업소에 건설기계 정비를 의뢰한 후 정비업자로부터 정비완료 통보를 받고 5일 이내에 찾아가지 않을 때 보관·관리 비용을 지불하여야 한다.

102 건설기계 폐기 인수증명서는 건설기계 폐기업자가 교부한다.

| 정답 | 98 ④ 99 ③ 100 ② 101 ① 102 ④ 103 ③

104 건설기계관리법상 건설기계 운전자의 과실로 경상 6명의 인명피해를 입혔을 때 처분기준은?

① 면허효력정지 10일
② 면허효력정지 20일
③ 면허효력정지 30일
④ 면허효력정지 60일

105 건설기계의 조종 중에 과실로 사망 1명의 인명피해를 입힌 때 조종사면허 처분기준은?

① 면허취소
② 면허효력정지 60일
③ 면허효력정지 45일
④ 면허효력정지 30일

106 건설기계의 조종 중에 고의 또는 과실로 가스공급시설을 손괴할 경우 조종사면허의 처분기준은?

① 면허효력정지 10일
② 면허효력정지 15일
③ 면허효력정지 25일
④ 면허효력정지 180일

107 건설기계 운전자가 조종 중 고의로 인명피해를 입히는 사고를 일으켰을 때 면허의 처분기준은?

① 면허취소
② 면허효력정지 30일
③ 면허효력정지 20일
④ 면허효력정지 10일

108 건설기계조종사면허를 받지 아니하고 건설기계를 조종한 자에 대한 벌칙 기준은?

① 2년 이하의 징역 또는 1천만원 이하의 벌금
② 1년 이하의 징역 또는 1천만원 이하의 벌금
③ 200만원 이하의 벌금
④ 100만원 이하의 벌금

109 건설기계 조종사 면허의 취소·정지 처분 기준 중 '경상'의 인명 피해를 구분하는 판단 기준으로 가장 옳은 것은?

① 경상: 1주 미만의 치료를 요하는 진단이 있을 때
② 경상: 2주 이하의 치료를 요하는 진단이 있을 때
③ 경상: 3주 미만의 치료를 요하는 진단이 있을 때
④ 경상: 4주 이하의 치료를 요하는 진단이 있을 때

정답해설

104 경상 1명마다 면허효력정지 5일이므로 6명 × 5 = 30일

105 인명 피해에 따른 면허정지 기간
- 사망 1명마다: 면허효력정지 45일
- 중상 1명마다: 면허효력정지 15일
- 경상 1명마다: 면허효력정지 5일

106 건설기계를 조종 중에 고의 또는 과실로 가스공급시설을 손괴한 경우 면허효력정지 180일이다.

107 건설기계를 조종 중 고의로 인명피해를 입힐 경우에는 피해의 정도와 관계없이 면허가 취소된다.

108 건설기계조종사면허를 받지 아니하고 건설기계를 조종한 자는 1년 이하의 징역 또는 1,000만원 이하의 벌금에 처한다.

109 경상은 3주 미만의 치료를 요하는 진단이 있을 때이다.

| 정답 | 104 ③ 105 ③ 106 ④ 107 ① 108 ② 109 ③

110 건설기계관리법령상 건설기계의 소유자가 건설기계를 도로나 타인의 토지에 계속 버려두어 방치한 자에 대해 적용하는 벌칙은?

① 100만원 이하의 벌금
② 200만원 이하의 벌금
③ 1년 이하의 징역 또는 1천만원 이하의 벌금
④ 2년 이하의 징역 또는 2천만원 이하의 벌금

111 건설기계를 주택가 주변에 세워 두어 교통 소통을 방해하거나 소음 등으로 주민의 생활환경을 침해한 자에 대한 벌칙은?

① 200만원 이하의 벌금
② 100만원 이하의 벌금
③ 100만원 이하의 과태료
④ 50만원 이하의 과태료

112 건설기계의 정비명령을 이행하지 아니한 자에 대한 벌칙은?

① 2년 이하의 징역 또는 2000만원 이하의 벌금
② 1년 이하의 징역 또는 1000만원 이하의 벌금
③ 150만원 이하의 벌금
④ 30 만원 이하의 벌금

응급대처

113 제동장치가 고장 났을 때 응급처치로 옳지 않은 것은?

① 브레이크 오일에 공기가 혼입될 경우, 브레이크 오일을 더 주유한다.
② 브레이크 라인이 마멸된 경우에는 수리하거나 교환한다.
③ 페이드 현상이 발생했을 때에는 엔진 브레이크를 병용한다.
④ 실린더가 불량일 경우에는 정비공장에 의뢰한다.

114 주행 장치가 고장 났을 때 응급처치로 옳지 않은 것은?

① 타이어 펑크 시 안전 주차를 해야 한다.
② 후면 안전거리에 고장표시판을 설치한다.
③ 주행 장치가 고장 났을 경우에는 견인 조치할 수도 있다.
④ 정비사가 도착 후 고장표시판을 설치한다.

정답해설

110 건설기계의 소유자가 건설기계를 도로나 타인의 토지에 계속 버려두어 방치한 경우 1년 이하의 징역 또는 1천만원 이하의 벌금에 처한다.

111 건설기계를 주택가 주변에 세워 두어 교통소통을 방해하거나 소음 등으로 주민의 생활환경을 침해한 자에 대한 벌칙은 50만원 이하의 과태료를 부과한다.

112 정비명령을 이행하지 아니한 자의 벌칙은 1년 이하의 징역 또는 1000만원 이하의 벌금에 처한다.

113 브레이크 오일에 공기가 혼입될 경우에는 다양한 불량 현상이 발생할 수 있으므로 공기 빼기를 실시한다.

114 주행 장치 고장 시에는 안전 주차 후, 후면 안전거리에 고장 표시판을 설치해야 한다.

| 정답 | 110 ③ 111 ④ 112 ② 113 ① 114 ④

로더운전기능사 필기

PART 05
엔진구조

Chapter 01 엔진 주요부
Chapter 02 윤활장치
Chapter 03 냉각장치 및 흡·배기장치

CHAPTER 01 엔진 주요부

01 기관

열에너지를 기계적 에너지로 바꾸는 장치를 기관(Engine)이라 한다.

1 기관의 분류

① 내연기관: 기관의 내부에서 연소물질을 연소시켜 직접 동력을 얻는 기관(가솔린, 디젤, 제트기관 등)
② 외연기관: 기관의 외부에서 연소물질을 연소시켜 발생한 증기의 힘으로 간접 동력을 얻는 기관(증기기관 등)

2 용어 정리

① 블로다운: 배기행정 초기에 배기가스의 잔압을 이용하여 배기가스가 배출되는 현상
② 블로바이가스: 피스톤과 실린더 사이로 미연소가스가 새는 현상
③ 상사점(TDC: Top Dead Center): 피스톤의 위치가 맨 윗부분에 위치한 상태
④ 하사점(BDC: Bottom Dead Center): 피스톤의 위치가 맨 아랫부분에 위치한 상태
⑤ 행정(Stroke): 상사점과 하사점의 거리
⑥ 밸브 오버 랩(Valve Over Lap): 흡배기밸브가 동시에 열려 있는 구간이며, 흡배기 효율을 높여 엔진의 출력을 증가시키는 장치

02 기계학적 사이클에 따른 분류

1 4행정 사이클

'흡입 → 압축 → 폭발 → 배기' 순서로 크랭크축 2회전에 1사이클을 완성하는 기관이다.

흡입행정	흡기 밸브가 열리고 배기 밸브는 닫힌 상태이며, 피스톤이 상사점에서 하사점으로 하강 시 디젤기관은 공기만을 흡입하는 행정
압축행정	흡배기 밸브가 모두 닫힌 상태이며, 피스톤이 하사점에서 상사점으로 상승 시 공기를 압축하여 가열하는 행정
폭발행정 (동력행정)	흡배기 밸브가 모두 닫힌 상태이며, 디젤 기관은 연료를 분사하여 압축 착화 연소로 동력을 발생시키는 행정
배기행정	흡기 밸브는 닫혀 있고 배기 밸브가 열린 상태이며, 피스톤이 하사점에서 상사점으로 상승하면서 배기가스를 밀어내는 행정

[흡입행정] [압축행정] [폭발행정] [배기행정]

2 2행정 사이클

'흡입 → 압축 → 폭발 → 배기' 순서로 크랭크축 1회전에 1사이클을 완성하는 기관이다.

① 피스톤 상승행정: 혼합기의 압축으로 새로운 공기를 유입하는 행정
② 피스톤 하강행정: 폭발 및 소기, 연소실로 새로운 공기를 흡입하는 행정

소기
» 잔류 배기가스를 내보내고 새로운 공기를 실린더에 공급하는 과정
» 단류식 및 횡단식, 루프식 등이 있음

[횡단식]   [루프식]   [단류식]

03 실린더 헤드

1 실린더 헤드 특징
① 주철과 알루미늄 합금으로 제작되며, 기관에서 가장 위쪽에 위치
② 흡입 밸브와 배기 밸브가 장착되어 있고, 이 두 밸브를 구동하기 위해 캠축, 캠, 로커암 등이 설치되어 있음

2 실린더 헤드 탈부착 시 주의사항
① 실린더 헤드 볼트를 풀 때: 바깥쪽에서 안쪽으로 대각선 방향으로 풀기
② 실린더 헤드 볼트를 조일 때: 안쪽에서 바깥쪽으로 대각선 방향으로 조이기
③ 마지막 조임 시에는 볼트의 규정토크로 조이기 위해 토크렌치를 사용하여 조이기

3 실린더 헤드의 변형 원인 및 점검 방법
① 변형 원인: 엔진과열, 냉각수동결, 실린더 헤드 볼트의 조임 불량 및 개스킷 불량 등
② 변형 점검 방법: 직각자와 간극 게이지를 사용하여 평면 검사 실시

4 실린더 헤드 개스킷(Cylinder Head Gasket)
실린더 헤드와 실린더 블록 사이에서 압축가스와 냉각수, 오일 등이 새지 않도록 밀봉하는 장치이다.

04 실린더 블록(Cylinder Block)

1 정의
① 실린더 블록은 기관의 기초 구조
② 위쪽은 실린더 헤드, 가운데는 실린더와 냉각수 및 오일 통로와 부속품이 부착되어 있으며, 아래쪽은 오일 팬이 설치되어 있음

2 실린더의 종류
① 일체식: 실린더 블록과 일체로 만든 형식
② 삽입식: 실린더 라이너를 삽입하는 형식이며, 건식과 습식이 있다.
  - 건식: 냉각수와 직접 접촉하지 않는 형식
  - 습식: 냉각수와 직접 접촉하는 형식으로, 상·하에 냉각수 누출 방지를 위해 고무 실링이 부착되어 있다.

 실린더 라이너
실린더 라이너는 엔진의 재생성을 높이는 아주 중요한 부분이며 실린더와는 별개로 사용할 수 있는 구조이며 재질은 강재 또는 보통 주철이나 특수 주철이 사용된다.

[일체식 라이너] [건식 라이너] [습식 라이너]

3 실린더 행정 내경 비
① 단행정 기관(오버 스퀘어 기관): 실린더 내경이 행정길이보다 긴 기관으로, 피스톤 평균 속도를 올리지 않더라도 기관 회전 속도를 높일 수 있지만 피스톤이 쉽게 과열됨
② 정방형 기관(스퀘어 기관): 실린더 내경과 행정 길이가 같은 기관
③ 장행정 기관(언더 스퀘어 엔진): 실린더 내경보다 행정 길이가 긴 기관으로, 회전력이 크며 측압을 감소시킬 수 있음

4 실린더 마모의 원인
① 흡입 공기에 이물질이나 먼지의 혼입
② 연소 생성물(카본)에 의한 마모
③ 실린더 벽과 피스톤 링과의 마찰

5 실린더 마모 시 발생하는 현상
① 출력 저하
② 윤활유 오염 및 소비 증가
③ 압축 효율 저하

 연소실
연소실은 실린더 헤드에 설치되어 있으며, 혼합 가스를 압축 후 연소가 시작되는 공간을 의미

연소실 구비조건
» 엔진 출력과 효율을 높이는 구조
» 노킹이 없고, 평균유효압력이 높을 것
» 배기가스가 적으며, 표면적이 작을 것
» 압축행정 끝에 강한 와류를 일으킬 것
» 화염 점화 거리를 최대한 짧게 하여 연소 시간 단축

05 피스톤(Piston)

1 피스톤의 기능
① 실린더 내에서 왕복 운동하며 흡입 공기를 압축
② 폭발행정 압력으로 발생한 동력을 크랭크축에 전달하여 크랭크축을 회전 운동시킴

2 피스톤의 구비 조건
① 고온 고압에 잘 견딜 것
② 열전도가 좋을 것
③ 열팽창률이 적을 것
④ 무게가 가벼울 것
⑤ 가스와 오일 누출이 없을 것

3 피스톤 재질
주철이나 알루미늄 합금 등으로 제작되며, 주로 열전도성이 좋은 알루미늄 합금이 사용된다.

4 피스톤 간극

간극을 두는 이유: 피스톤의 윤활과 열팽창 고려

간극이 클 때 발생하는 현상	간극이 작을 때 발생하는 현상
• 피스톤 슬랩 현상 • 블로바이 현상 • 압축압력 및 기관 출력 저하 • 오일 소비 증가	• 마찰열 증가 • 소결(눌러 붙음) • 마모 증대

» 피스톤 슬랩(Piston Slap): 피스톤의 간극으로 인하여 상하 운동 시 피스톤이 실린더 벽에 충격을 주는 현상
» 블로바이 현상: 피스톤과 실린더 사이 간극이 클 때 미연소가스가 크랭크 케이스에 누출되는 현상

06 피스톤 링(Piston Ring)

① 피스톤 링 홈에 끼워져 피스톤과 함께 왕복 운동하며, 실린더 벽에 링의 탄성으로 면압을 주며 접촉
② 피스톤 링은 압축 링과 오일 링을 사용

[피스톤 링 구조]

1 피스톤 링의 재질
특수 주철이나 크롬(Cr) 도금 링을 사용

2 피스톤 링의 작용

밀봉 작용	실린더 벽과 윤활유를 사이에 두고 압축압력이 새지 않도록 방지
오일제어 작용	피스톤 상승 시 링으로 실린더 벽에 윤활하고, 하강 시 오일을 긁어내림
열전도(냉각) 작용	피스톤 헤드부의 열을 실린더 벽으로 전달하여 냉각시킴

커넥팅 로드
» 피스톤에서 받은 압력을 크랭크축에 전달한다.
» 충분한 강성과 내마멸성을 가지고 있어야 하며, 가벼워야 한다.
» 탄소강이나 니켈강 등의 특수강으로 제작한다.

07 크랭크축

피스톤의 왕복운동을 회전운동으로 변환시켜 주는 축

1 크랭크축의 구성

크랭크 암(Crank Arm), 크랭크 핀(Crank Pin), 저널(Journal), 평형추(밸런스 웨이트) 등
① 크랭크 암: 메인저널과 핀저널을 연결하는 막대
② 평형추: 고속 회전하는 크랭크축이 동적 평형을 이루기 위한 장치

[크랭크축 구조]

2 점화 순서와 행정 관계
① 점화 시 고려사항
  • 등간격으로 폭발이 일어나야 함

- 이웃하는 실린더에 연이은 폭발이 일어나지 않도록 함
- 크랭크 축이 비틀리거나 진동하지 않도록 함

② 점화 순서
- 4기통: 1-3-4-2(우수식), 1-2-4-3(좌수식)
- 6기통: 1-5-3-6-2-4(우수식), 1-4-2-6-3-5(좌수식)

3 크랭크 축의 베어링

피스톤에 의해 직선운동 하는 커넥터 로드와 회전운동 하는 크랭크 축 사이의 마찰을 줄이기 위해 사용된다.

① 오일 간극: 저널의 직경과 베어링 안지름 사이의 공간을 의미하며, 오일 간극이 작으면 소결 현상이 발생하고 오일 간극이 크면 진동과 소음 오일 압력 저하 현상이 발생

② 베어링의 필요조건: 하중 부담 및 내피로성, 내마멸성, 내식성 등이 좋아야 함

4 플라이 휠(Fly wheel)

① 피스톤의 동력을 저장하여 엔진이 회전을 유지하도록 하는 회전 관성기능의 역할
② 클러치 압력판과 디스크, 커버 등이 부착되는 마찰면이 있으며, 기동전동기 구동을 위한 링기어로 구성됨

08 캠축 및 밸브

1 캠축

캠은 밸브 리프터를 밀어주며, 실린더의 흡·배기 밸브를 작동시킨다. 보통 캠축과 밸브 리프터는 하나의 장치를 이룸

[캠축의 구조]

2 밸브 간극

① 밸브 간극은 밸브스템엔드와 로커암 사이의 간극을 뜻함
② 정상온도 운전 시 열팽창을 고려하여 흡·배기 밸브에 간극을 둔 것

밸브 간극에 따른 영향

밸브 간극이 클 때	• 흡·배기 밸브가 완전히 열리지 못하여 엔진 출력이 감소 • 배기가스 배출이 증가 • 밸브에 충격과 소음이 발생
밸브간극이 작을 때	• 흡·배기 밸브가 확실히 닫히지 못하여 엔진 출력이 감소 • 역화나 후화 등의 이상연소 발생

3 기계식 리프터와 유압식 밸브 리프터(Valve lifter)

기계식 리프트 방식은 밸브의 간극을 조정해야 하지만, 유압식 리프트 방식은 밸브간극을 조정할 필요가 없으므로 유압식은 밸브간극이 0이 된다.

09 디젤기관(연료장치)

1 디젤기관의 특징

① 디젤기관은 연료 압축착화 방식의 기관으로, 공기를 실린더로 흡입하여 압축한 다음 압축열에 연료를 분사시켜 자연 착화시킴
② 점화플러그, 배전기 등의 점화 장치가 없음
③ 연료로 경유를 사용하며, 압축비가 가솔린 기관보다 높아 출력 효율이 좋음

2 디젤기관의 장점 및 단점

디젤기관의 장점	디젤기관의 단점
• 연료소비율이 적음 • 인화점이 높아 화재 위험이 적음 • 전기점화장치가 없어 고장이 적음 • 유해 배기가스 배출량이 적음	• 압축압력, 폭발압력이 커서 무거움 • 소음 및 진동이 큼 • 제작비가 비쌈 • 압축착화방식을 이용하기 때문에 겨울철에는 시동보조 장치인 예열플러그가 필요함

10 디젤기관의 연료 성질

1 디젤 연료의 구비 조건
① 착화성이 좋고, 인화점이 높아야 함
② 연소 후 카본 생성이 적어야 함
③ 연료의 발화점 및 착화점이 적당하여야 함
④ 세탄가가 적당하고 불순물이 적어야 함

2 연료의 물리적 성질
① 인화점: 연료에 불을 가까이하였을 때 연료가 연소되는 최저 온도
② 발화점: 불꽃이 없는 상태에서 주변의 온도에 의해 연소가 시작되는 최저 온도
③ 발열량: 연료를 연소시켰을 때 발생하는 열량을 발열량이라고 하고, 발열량은 고위 발열량과 저위 발열량이 있으며 일반적으로 저위 발열량으로 표기

3 디젤기관의 연소 과정
① 디젤기관은 순수 공기만을 흡연소실과 실린더로 흡입하고, 고압으로 압축하여 발생한 450℃~600℃ 고열에 연료를 안개처럼(무화) 분사하여 뜨거운 공기 표면에 착화시키는 자기착화방식으로 동력을 얻는 기관
② 공기를 압축할 때는 완전 연소를 위해 공기의 와류 작용이 일어나야 효율적

11 디젤기관의 연소실

연료가 공기의 산소와 만나 착화하여 팽창압력이 발생하는 곳으로, 단실식과 복실식이 있다.

1 단실식(직접 분사식)
실린더 헤드와 피스톤 헤드로 만들어진 단일 연소실 내에 연료를 직접 분사하는 방식
① 간단한 구조
② 연료 소비율이 적으며, 열효율이 높은 편
③ 연소실의 체적이 작아 냉각으로 생기는 열 손실이 적음

[직접 분사식]

2 복실식
예연소실식, 와류실식, 공기실식 등이 있다.

(1) 예연소실식
① 피스톤과 실린더 헤드 사이에 주연소실과 예연소실을 갖춤
② 분사 개시 압력이 낮고, 시동 보조장치인 예열 플러그가 필요함
③ 연료 소비율이 많은 편이고, 연소실 표면이 커서 냉각 손실이 많음

(2) 와류실식
① 압축행정 시 강한 와류가 발생하기 때문에 평균 유효 압력이 높음
② 분사 개시 압력이 낮고, 연료 소비율이 적음
③ 엔진의 회전속도 범위가 넓어서 고속운전이 가능
④ 구조가 복잡하며 연소실 표면이 커서 열효율이 낮음

(3) 공기실식
① 주연소실에 연료가 분사
② 연료 소비율이 큼

[예연소실식]   [와류실식]   [공기실식]

12 디젤 노킹

분사된 연료가 불완전 연소 후 폭발하여 심한 진동과 소음이 발생하는 현상

1 노킹 발생의 원인
① 압축비가 너무 낮은 경우
② 착화 지연 기간이 길거나 착화 온도가 너무 높을 경우
③ 실린더 벽 온도나 흡입공기 온도가 낮은 경우
④ 엔진 회전속도가 너무 느린 경우
⑤ 연료의 분사량이 많거나 분사 시기가 너무 늦은 경우

디젤 연료가 원인인 경우
세탄가가 낮은 연료를 사용한 경우

2 노킹이 디젤기관에 미치는 영향

① 노킹 음과 진동이 발생하고, 배기가스가 황색이나 흑색
② 배기가스의 온도가 떨어짐
③ 엔진의 출력이 저하되고, 엔진 과열로 피스톤과 실린더가 손상됨
④ 밸브 및 베어링의 고착 현상으로 엔진 부품들이 손상됨

13 디젤기관의 연료 공급 및 구성 요소

1 연료 공급 순서

연료탱크 → 공급펌프 → 연료필터(연료 여과기) → 분사펌프 → 분사노즐

2 디젤기관의 구성 요소

① 공급펌프(Fuel Feed Pump): 분사펌프의 캠에 의해 구동되는 플런저 펌프이며, 연료탱크의 연료를 흡입하여 분사펌프까지 공급
② 연료 여과기(Fuel Filter): 연료 내의 먼지나 수분을 제거
③ 분사펌프(Fuel Injection Pump): 공급된 연료를 가압하여 분사노즐에 공급하며, 분사펌프 내에 캠축에 의해 구동됨

조속기 (Governor)	연료 분사량을 조절하며, 기관의 회전속도를 제어
타이머(Timer)	기관의 회전 속도에 따라 분사시기를 제어
딜리버리 밸브 (Delivery Valve)	연료를 한쪽으로 흐르게 하는 밸브이며, 역류와 후적 방지 및 잔압 유지 기능을 함

④ 분사노즐(Nozzle): 분사펌프에서 고압의 연료를 받아 실린더 내에 고압으로 분사하는 장치

노즐의 분사조건	무화, 관통, 분포가 양호하여야 하며 후적 발생이 없어야 함
개방형 노즐	구조가 간단하지만 연료의 무화가 나쁘고 후적이 많음
밀폐형 노즐	연료의 무화가 좋고 후적도 없어서 디젤기관에서 많이 사용되지만, 구조가 복잡하고 가공이 어려움

14 CRDI 디젤기관

기관에 따라서 연료분사 압력과 분사 시기, 분사 순서를 제어를 위한 각종 센서와 액추에이터 등을 갖춘 전자화 형식의 디젤기관

1 CRDI 디젤 기관의 구성

① 저압 펌프: 흡입된 연료의 양과 압력이 조절되어 압송
② 커먼레일(Common Rail): 고압펌프로부터 공급받은 고압 연료를 저장하고 인젝터에 분배
③ 연료압력 센서(Fuel Pressure Sensor): 커먼레일에 장착되어 있으며 연료압력을 감지하여 연료 분사량과 분사 시기를 제어
④ 연료온도 센서: 연료의 온도에 따라 연료량을 증감시키는 보정 신호로 사용
⑤ 압력제어 밸브: 커먼레일에 공급되는 유량으로 압력을 제어하며, 고압펌프에 장착
⑥ 인젝터(Injector): 고압의 연료를 연소실에 분사

CHAPTER 02 윤활장치

01 윤활장치의 개요

엔진 내에서 마찰 및 마모 방지와 윤활유를 공급하기 위해 필요한 장치

[윤활장치의 윤활 경로]

02 윤활방식의 종류와 윤활장치 구성

1 윤활방식의 종류

① 비산식: 커넥팅로드 또는 크랭크 축의 주걱으로 오일팬의 오일을 비산시켜 윤활하는 방식
② 압송식: 오일펌프로 오일팬의 오일을 흡입하고 압축하여 윤활하는 방식
③ 비산 압송식: 비산식과 압송식을 혼용한 윤활 방식

2 윤활장치의 구성과 기능

① 오일팬(Oil Pan): 엔진오일의 저장용기이며, 오일의 방열 작용을 수행함
② 섬프(Sump): 차량이 기울어져도 오일이 고여 있도록 만든 깊은 홈
③ 배플(Baffle): 차량의 급정거하거나 언덕길 주행 시 항상 충분한 오일이 고여 있도록 설치한 칸막이
④ 오일 스트레이너(Oil Strainer): 오일펌프로 오일을 유도하고 불순물을 1차로 걸러주는 장치윤활장치
⑤ 오일 펌프(Oil Pump): 오일 통로에 오일을 공급하는 장치
⑥ 오일압력조절기(Oil Pressure Regulator): 오일의 압력이 항상 특정 압력을 유지하도록 하는 장치
⑦ 오일 압력 스위치: 엔진 정지 시 압력 스위치는 On으로 표시되고, 시동 시 오일 압력이 형성되어 압력 스위치는 Off로 표시
⑧ 오일필터(Oil Filter): 2차적으로 오일 속의 불순물을 걸러주는 장치이며, 전류식과 분류식, 샨트식이 있음

전류식	오일펌프에서 나온 오일 전부를 여과기로 여과한 후 작동부로 보냄
분류식	오일펌프에서 나온 흡입된 오일 일부는 작동부로 직접 공급하고, 일부는 여과기로 여과한 후 오일팬으로 공급
샨트식	전류식과 분류식을 합친 여과 방식으로, 흡입된 오일 일부는 여과하여 공급하고, 일부는 여과하지 않은 채로 공급

[분류식]   [전류식]   [샨트식]

> **오일 점검 방법**
> » 차량을 수평 상태로 두고, 시동을 끈 상태에서 오일 레벨 게이지가 Full 선에 있는지 확인
> » 오일 부족 시 오일을 보충하고, 오일의 점도 및 오염도를 점검

03 윤활유

1 윤활유의 기능
① 감마 작용(마찰 및 마모방지): 실린더와 피스톤 사이의 마찰 및 마모를 방지
② 밀봉(기밀) 작용: 유막을 형성하여 실린더와 피스톤 사이의 기밀을 유지
③ 냉각 작용: 각 기관의 작동부에서 발생한 마찰열을 오일이 순환하면서 냉각시키는 작용을 함
④ 세척 작용: 기관 내부에서 발생한 연소생성물(카본)을 흡수하여 여과기로 보내는 작용을 함
⑤ 방청 작용: 기관의 금속의 산화 및 부식을 방지하는 기능을 함
⑥ 응력 분산 작용: 기관의 국부적인 압력을 오일이 분산시키는 작용을 함

2 윤활유의 구비조건
① 적당한 점도를 가질 것
② 청정성이 양호할 것
③ 적당한 비중을 가질 것
④ 인화점 및 발화점이 높을 것
⑤ 기포 발생이 적을 것
⑥ 카본 생성이 적을 것

3 윤활유 첨가제의 종류
① 산화첨가제　　② 점도지수 향상제
③ 유동점 강하제　④ 청정 분산제
⑤ 부식 방지제　　⑥ 극압제
⑦ 유성 향상제　　⑧ 기포 방지제

4 윤활유의 점도 지수 및 점도에 따른 분류
① 점도지수: 온도에 따라 오일 점도가 변하는 정도를 나타낸 지수이며, 점도지수가 높을수록 온도 변화에 따른 점도 변화가 작음
② 점도: 오일의 끈적끈적한 정도를 나타낸 것

계절	겨울	봄·가을	여름
SAE 번호	10~20	30	40~50

04 유압

1 유압이 높아지는 원인
① 윤활유의 점도가 높은 경우
② 윤활 회로가 막힌 경우
③ 유압조절밸브의 스프링 장력이 클 경우
④ 오일의 점도가 높은 경우

2 유압이 낮아지는 원인
① 베어링의 오일 간극이 클 경우
② 오일펌프가 마모 또는 오일이 누출될 경우
③ 오일의 양이 적을 경우
④ 유압조절밸브 스프링의 장력이 작거나 절손될 경우
⑤ 윤활유의 점도가 낮을 경우

CHAPTER 03 냉각장치 및 흡·배기장치

01 냉각장치

① 엔진이 정상적으로 작동할 수 있는 온도인 80~90℃가 유지될 수 있도록 과냉 및 과열을 방지하는 장치
② 냉각 방식에 따라 공랭식과 수냉식이 있음

1 공랭식 냉각장치
실린더 벽 바깥 부분에 냉각 팬을 설치하여 공기 접촉 면적을 크게 해서 냉각하는 방식으로, 자연 통풍식과 강제 통풍식이 등이 있다.

2 수냉식 냉각장치
오일이나 냉각수로 냉각하는 방식으로, 자연 순환식과 강제 순환식 및 압력 순환식, 밀봉 압력식 등이 있다.

[냉각장치 구조]

02 수냉식 냉각장치의 구성

1 수온조절기(Thermostat)
엔진 냉각수의 온도를 항상 일정하게 유지하기 위해 실린더 헤드와 라디에이터 사이에 설치되어 물의 흐름을 제어하는 장치이다.
① 펠릿형: 내부에 왁스와 고무가 봉입된 형태
② 벨로즈형: 내부에 에테르나 알코올이 봉입된 형태

[벨로즈형 수온조절기] [펠릿형 수온조절기]

2 압력식 캡(라디에이터 캡)
냉각 계통의 압력을 일정하게 유지하여 비등점을 112℃로 상승시켜 냉각 효율을 높이는 장치이다. 압력 밸브 및 압력스프링, 진공 밸브로 구성되어 있다.

[압력식 캡 구조]

3 라디에이터
뜨거워진 냉각수가 라디에이터로 유입되어 수관으로 흐르는 동안, 자동차의 주행속도와 냉각팬에 의하여 유입되는 대기와의 열 교환이 냉각핀에서 이루어져 냉각된다.

4 냉각 팬
뜨거운 냉각수를 냉각하기 위해 외부 공기를 끌어들이는 장치
① 전동식: 냉각 수온이 85~90℃으로 감지되면 냉각팬이 작동되어 모터가 직접 구동
② 유체 커플링식: 냉각수 온도에 따라 작동

5 워터 펌프
원심식 펌프를 사용하여 냉각수를 강제 순환시키는 장치이다.

03 냉각장치 점검

1 과열로 인한 결과
① 윤활유 부족 현상
② 연료 소비율 증가
③ 금속 산화 가속
④ 점도 저하로 유막 파괴
⑤ 조기 점화나 노킹으로 출력 저하
⑥ 부품 변형
⑦ 유해 가스 증가

2 과열의 원인
① 냉각수 부족
② 라디에이터 압력 캡의 스프링 장력 약화
③ 냉각팬 모터 또는 스위치 및 릴레이 고장
④ 물펌프 불량, 팬벨트의 장력 부족 및 파손
⑤ 라디에이터의 코어 막힘 또는 파손
⑥ 수온조절기 고장

» 냉각수: 냉각수로 증류수, 수돗물, 빗물 등이 사용됨
» 부동액: 겨울철 빙결과 여름철 과열을 예방하기 위한 혼합액으로 메탄올(metanol), 에틸렌글리콜(ethylene glycol), 글리세린(glycerine) 등이 있음

3 과냉의 원인 및 결과
① 원인
  • 수온조절기가 열린 채 고장난 경우
  • 낮은 대기온도 유입
  • 팬 벨트의 장력 과대
② 결과
  • 피스톤 및 실린더 마모 증가
  • 유해가스 증가
  • 연료 소비율 증가

04 흡기장치

1 공기청정기
① 연소 필요한 공기를 실린더로 흡입할 때, 먼지 등의 불순물을 여과하여 피스톤 등의 마모를 방지하는 장치
② 흡입공기 중 먼지 등의 여과와 흡입공기의 소음을 감소시킴
③ 통기저항이 크면 엔진의 출력이 저하되고, 연료소비에 영향을 줌
④ 공기청정기가 막히면 실린더 내로의 공기공급 부족으로 불완전 연소가 일어나 실린더 마멸을 촉진

2 공기청정기의 종류
① 건식 공기청정기: 여과망으로 여과지 또는 여과포를 사용하여 작은 이물질과 입자도 여과 가능
② 원심식 공기청정기: 흡입 공기의 원심력으로 먼지를 분리하고, 정제된 공기를 건식 공기청정기에 공급
③ 습식 공기청정기: 케이스 밑에 오일이 들어있기 때문에 공기가 오일에 접촉하면서 먼지 또는 오물이 여과

05 배기장치(배기관 및 소음기)

① 배기가스가 배출될 때 발생하는 소음을 줄이고 유해 물질을 정화
② 소음기에 카본 퇴적으로 엔진이 과열될 경우 출력이 떨어짐
③ 소음기가 손상되어 구멍이 생기면 배기음이 커짐

배기가스가 흑색인 경우
» 원인: 공기청정기의 막힘, 분사노즐 불량, 낮은 압축압력
» 불완전 연소로 탄소입자가 검은색을 띠며, 배기가스가 흑색이 됨

06 과급장치

1 과급기(터보차저, turbo charger)
기관의 흡입공기량을 증가시키기 위한 장치이다.
① 흡기관과 배기관 사이에 설치되어 엔진의 실린더 내에 공기를 압축하여 공급
② 과급기를 설치하면 엔진의 중량은 10~15% 정도 증가되고, 출력은 35~45% 정도 증가
③ 구조가 간단하고 설치가 간단
④ 연소상태가 양호하기 때문에 비교적 질이 낮은 연료를 사용할 수 있음
⑤ 연소상태가 좋아지므로 압축온도 상승에 따라 착화지연기간이 짧아짐
⑥ 동일 배기량에서 출력이 증가하고, 연료소비율이 감소
⑦ 냉각손실이 적으며, 높은 지대에서도 엔진의 출력 변화가 적음

2 주요 구성

펌프	원식식 펌프를 이용함
디퓨저	과급기 케이스 내부에 설치되어 있으며, 공기의 속도에너지를 압력에너지로 전환하는 장치
블로어	과급기에 설치되어 있으며, 실린더에 공기를 불어넣는 송풍기
인터쿨러	공기를 압축하는 과정에서 열이 발생하여 공기 밀도가 낮아지는데, 이 뜨거운 공기를 냉각시켜 공기 밀도를 높인 후 연소실로 공급하는 장치
배기터빈	배기터빈 과급기를 윤활하기 위해 엔진오일이 공급됨

PART 05 단원문제 — 엔진구조

★ 개수는 빈출도와 중요도를 의미합니다.

엔진주요부

01 ★★★ 열기관이란 어떤 에너지를 어떤 에너지로 바꾸어 유효한 일을 할 수 있도록 한 기계인가?

① 열에너지를 기계적 에너지로
② 전기적 에너지를 기계적 에너지로
③ 위치 에너지를 기계적 에너지로
④ 기계적 에너지를 열에너지로

02 ★★★ 기관에서 피스톤 행정이란 무엇인가?

① 피스톤의 길이
② 실린더 벽의 상하길이
③ 상사점과 하사점과의 총 면적
④ 상사점과 하사점과의 거리

03 ★★★ 4행정 사이클 기관에서 1사이클을 완료할 때 크랭크축은 몇 회전하는가?

① 1회전　　② 2회전
③ 3회전　　④ 4회전

04 ★★★ 4행정 사이클 기관의 행정순서로 옳은 것은?

① 압축 → 동력 → 흡입 → 배기
② 흡입 → 동력 → 압축 → 배기
③ 압축 → 흡입 → 동력 → 배기
④ 흡입 → 압축 → 동력 → 배기

05 ★★★ 기관에서 폭발행정 말기에 배기가스가 실린더 내의 압력에 의해 배기밸브를 통해 배출되는 현상을 무엇이라고 하는가?

① 블로바이(blow by)
② 블로 백(block back)
③ 블로다운(blow down)
④ 블로 업(blow up)

06 ★★★ 4행정 사이클 디젤엔진에서 흡입행정 시 실린더 내에 흡입되는 것은?

① 연료　　② 혼합기
③ 공기　　④ 스파크

정답해설

01 열기관(엔진)이란 열에너지(연료의 연소)를 기계적 에너지(크랭크축의 회전)로 변환시켜주는 장치이다.

02 피스톤 행정(stroke)이란 상사점과 하사점과의 거리를 말한다.

03 4행정 사이클 기관은 크랭크축이 2회전하고, 피스톤은 '흡입 → 압축 → 폭발(동력) → 배기'의 4행정을 하여 1사이클을 완성한다.

04 4행정 사이클 기관의 행정순서는 '흡입 → 압축 → 동력(폭발) → 배기'이다.

05 블로다운이란 폭발행정 끝 부분, 즉 배기행정 초기에 실린더 내의 압력에 의해서 배기가스가 배기밸브를 통해 스스로 배출되는 현상이다.

06 디젤기관은 흡입행정을 할 때 공기만 흡입한다.

| 정답 | 01 ①　02 ④　03 ②　04 ④　05 ③　06 ③ |

07 4행정 사이클 디젤기관이 작동 중 흡입밸브와 배기밸브가 동시에 닫혀있는 행정은?

① 배기행정   ② 소기행정
③ 흡입행정   ④ 동력행정

08 2행정 사이클 기관에만 해당되는 과정(행정)은?

① 흡입   ② 압축
③ 동력   ④ 소기

09 디젤기관의 연소방식으로 옳은 것은?

① 전기적 연소방식
② 불꽃점화방식
③ 자기방전식
④ 자기착화방식

10 실린더 헤드와 블록 사이에 삽입하여 압축과 폭발가스의 기밀을 유지하고 냉각수와 엔진오일이 누출되는 것을 방지하는 역할을 하는 것은?

① 헤드 워터재킷   ② 헤드 오일통로
③ 헤드 개스킷   ④ 헤드볼트

11 디젤기관의 연소실 중 연료소비율이 낮으며 연소압력이 가장 높은 연소실 형식은?

① 예연소실식
② 와류실식
③ 직접분사실식
④ 공기실식

12 기관 연소실이 갖추어야 할 구비조건으로 가장 거리가 먼 것은?

① 압축 끝에서 혼합기의 와류를 형성하는 구조이어야 한다.
② 연소실 내의 표면적은 최대가 되도록 한다.
③ 화염전파 거리가 짧아야 한다.
④ 돌출부가 없어야 한다.

13 실린더 헤드의 변형 원인으로 옳지 않은 것은?

① 기관의 과열
② 실린더 헤드볼트 조임 불량
③ 실린더 헤드커버 개스킷 불량
④ 제작 시 열처리 불량

정답해설

07 4행정 사이클 기관이 작동할 때 흡입밸브와 배기밸브는 압축행정과 동력(폭발)행정에서 동시에 닫혀있다.

08 소기행정이란 잔류 배기가스를 내보내고 새로운 공기를 실린더 내에 공급하는 것이며, 2행정 사이클 기관에만 해당되는 과정(행정)이다.

09 디젤기관은 압축된 공기에 연료의 착화점을 이용하여 폭발되는 자기착화방식으로 연소된다.

10 헤드 개스킷은 실린더 헤드와 블록사이에 삽입하여 압축과 폭발가스의 기밀을 유지하고 냉각수와 엔진오일이 누출되는 것을 방지한다.

11 직접분사실식은 디젤기관의 연소실 중 연료소비율이 낮으며 연소압력이 가장 높다.

12 연소실 내의 표면적을 최소화시켜야 한다.

13 실린더 헤드가 변형되는 원인은 기관이 과열된 경우, 실린더 헤드볼트 조임 불량, 제작할 때 열처리 불량 등이다.

|정답| 07 ④ 08 ④ 09 ④ 10 ③ 11 ③ 12 ② 13 ③

14 실린더 헤드 개스킷이 손상되었을 때 일어나는 현상으로 가장 옳은 것은?

① 엔진오일의 압력이 높아진다.
② 피스톤 링의 작동이 느려진다.
③ 압축압력과 폭발압력이 낮아진다.
④ 피스톤이 가벼워진다.

15 실린더 헤드 개스킷에 대한 구비조건으로 옳지 않은 것은?

① 기밀유지가 좋을 것
② 내열성과 내압성이 있을 것
③ 복원성이 적을 것
④ 강도가 적당할 것

16 라이너 형식 실린더에 비교한 일체식 실린더의 특징으로 옳지 않은 것은?

① 부품수가 적고 중량이 가볍다.
② 라이너 형식보다 내마모성이 높다.
③ 강성 및 강도가 크다
④ 냉각수 누출우려가 적다

17 실린더 라이너(cylinder liner)에 대한 설명으로 옳지 않은 것은?

① 종류는 습식과 건식이 있다.
② 슬리브(sleeve)라고도 한다.
③ 냉각효과는 습식보다 건식이 더 좋다.
④ 습식은 냉각수가 실린더 안으로 들어갈 염려가 있다.

18 실린더의 내경이 행정보다 작은 기관을 무엇이라고 하는가?

① 스퀘어 기관
② 단 행정기관
③ 장 행정기관
④ 정방행정 기관

19 기관에서 실린더 마모가 가장 큰 부분은?

① 실린더 아랫부분
② 실린더 윗부분
③ 실린더 중간부분
④ 실린더 연소실 부분

정답해설

14 헤드 개스킷이 손상되면 압축가스가 누출되므로 압축압력과 폭발압력이 낮아진다.

15 헤드 개스킷의 구비조건
- 기밀유지 성능이 클 것
- 냉각수 및 기관오일이 새지 않을 것
- 내열성과 내압성이 클 것
- 복원성이 있고, 강도가 적당할 것

16 일체식 실린더는 강성 및 강도가 크고 냉각수 누출우려가 적으며, 부품수가 적고 중량이 가볍다.

17 습식 라이너는 냉각수가 라이너 바깥둘레에 직접 접촉하는 형식이며, 정비작업을 할 때 라이너 교환이 쉽고 냉각효과는 좋으나, 크랭크 케이스로 냉각수가 들어갈 우려가 있다.

18 장 행정기관: 실린더 내경(D)이 피스톤 행정(L)보다 작은 형식이다.

19 실린더 벽의 마멸은 윗부분(상사점 부근)이 가장 크다.

| 정답 | 14 ③ 15 ③ 16 ② 17 ③ 18 ③ 19 ②

20 〈보기〉에서 피스톤과 실린더 벽 사이의 간극이 클 때 미치는 영향을 모두 나타낸 것은?

[보기]
ⓐ 마찰열에 의해 소결되기 쉽다.
ⓑ 블로바이에 의해 압축압력이 낮아진다.
ⓒ 피스톤 링의 기능저하로 인하여 오일이 연소실에 유입되어 오일소비가 많아진다.
ⓓ 피스톤 슬랩 현상이 발생되며, 기관출력이 저하된다.

① ⓐ, ⓑ, ⓒ
② ⓒ, ⓓ
③ ⓑ, ⓒ, ⓓ
④ ⓐ, ⓑ, ⓒ, ⓓ

21 피스톤 링의 구비조건으로 옳지 않은 것은?
① 열팽창률이 적을 것
② 고온에서도 탄성을 유지할 것
③ 링 이음부의 압력을 크게 할 것
④ 피스톤 링이나 실린더 마모가 적을 것

22 디젤엔진에서 피스톤 링의 3대 작용과 거리가 먼 것은?
① 응력분산 작용
② 기밀 작용
③ 오일제어 작용
④ 열전도 작용

23 엔진오일이 연소실로 올라오는 주된 이유는?
① 피스톤 링 마모
② 피스톤 핀 마모
③ 커넥팅로드 마모
④ 크랭크축 마모

24 건설기계 기관에서 크랭크축(crank shaft)의 구성품이 아닌 것은?
① 크랭크 암(crank arm)
② 크랭크 핀(crank pin)
③ 저널(journal)
④ 플라이휠(fly wheel)

25 기관에서 크랭크축의 역할은?
① 원활한 직선운동을 하는 장치이다.
② 기관의 진동을 줄이는 장치이다.
③ 직선운동을 회전운동으로 변환시키는 장치이다.
④ 상하운동을 좌우운동으로 변환시키는 장치이다.

26 기관에서 크랭크축의 회전과 관계 없이 작동되는 기구는?
① 발전기
② 캠 샤프트
③ 워터펌프
④ 스타트 모터

정답해설

20 피스톤과 실린더 벽 사이의 간극이 작으면 마찰열에 의해 소결되기 쉽다.
21 피스톤 링 이음부의 압력이 크면 링 이음부가 파손되기 쉽다.
22 피스톤 링의 작용: 기밀작용(밀봉작용), 오일제어 작용, 열전도 작용(냉각작용)
23 피스톤 링이 마모되거나 실린더 간극이 커지면 기관오일이 연소실로 올라와 연소하므로 오일의 소모가 증대되며 이때 배기가스 색이 회백색이 된다.
24 크랭크축은 저널, 크랭크 핀, 크랭크 암, 평형추(밸런스 웨이트)로 구성되어 있다.
25 크랭크축은 피스톤의 직선운동을 회전운동으로 변환시키는 장치이다.
26 스타트 모터(기동전동기)는 축전지의 전류로 작동된다.

|정답| 20 ③ 21 ③ 22 ① 23 ① 24 ④ 25 ③ 26 ④

27 크랭크축 베어링의 바깥둘레와 하우징 둘레와의 차이인 크러시를 두는 이유는?

① 안쪽으로 찌그러지는 것을 방지하기 위해서
② 조립할 때 캡에 베어링이 끼워져 있도록 하기 위해서
③ 조립할 때 베어링이 제자리에 밀착되도록 하기 위해서
④ 볼트로 압착시켜 베어링 면의 열전도율을 높이기 위해서

28 기관의 동력을 전달하는 계통의 순서를 바르게 나타낸 것은?

① 피스톤 → 커넥팅로드 → 클러치 → 크랭크축
② 피스톤 → 클러치 → 크랭크축 → 커넥팅로드
③ 피스톤 → 크랭크축 → 커넥팅로드 → 클러치
④ 피스톤 → 커넥팅로드 → 크랭크축 → 클러치

29 기관의 맥동적인 회전 관성력을 원활한 회전으로 바꾸어주는 역할을 하는 것은?

① 크랭크축
② 피스톤
③ 플라이휠
④ 커넥팅로드

30 기관에서 밸브의 개폐를 돕는 부품은?

① 너클 암
② 스티어링 암
③ 로커 암
④ 피트먼 암

31 유압식 밸브 리프터의 장점이 아닌 것은?

① 밸브간극 조정은 자동으로 조절된다.
② 밸브 개폐 시기가 정확하다.
③ 밸브구조가 간단하다.
④ 밸브기구의 내구성이 좋다.

32 기관의 밸브간극이 너무 클 때 발생하는 현상에 관한 설명으로 옳은 것은?

① 정상온도에서 밸브가 확실하게 닫히지 않는다.
② 밸브 스프링의 장력이 약해진다.
③ 푸시로드가 변형된다.
④ 정상온도에서 밸브가 완전히 개방되지 않는다.

33 기관의 밸브 오버랩을 두는 이유로 옳은 것은?

① 밸브 개폐를 쉽게 하기 위해
② 압축 압력을 높이기 위해
③ 흡입 효율 증대를 위해
④ 연료 소모를 줄이기 위해

정답해설

27 크러시를 두는 이유는 베어링 바깥둘레를 하우징 둘레보다 조금 크게 하고, 볼트로 압착시켜 베어링 면의 열전도율 높이기 위함이다.

28 실린더 내에서 폭발이 일어나면 피스톤 → 커넥팅로드 → 크랭크축 → 플라이휠(클러치)순서로 전달된다.

29 플라이휠(fly wheel)은 기관의 맥동적인 회전을 관성력을 이용하여 원활한 회전으로 바꾸어주는 역할을 한다.

30 기관에서 밸브의 개폐를 돕는 부품은 로커 암이다.

31 유압식 밸브 리프터는 밸브기구의 구조가 복잡하다.

32 밸브간극이 너무 크면 소음이 발생하며, 정상온도에서 밸브가 완전히 개방되지 않는다.

33 밸브 오버랩은 흡입밸브와 배기밸브가 모두 열려 있는 시기를 말하며 흡입 효율을 증가시켜 엔진의 출력을 증대시킬 목적이 있다.

|정답| 27 ④ 28 ④ 29 ③ 30 ③ 31 ③ 32 ④ 33 ③

34 디젤기관의 특성으로 가장 거리가 먼 것은?

① 연료소비율이 적고 열효율이 높다.
② 예열플러그가 필요 없다.
③ 연료의 인화점이 높아서 화재의 위험성이 적다.
④ 전기점화장치가 없어 고장률이 적다.

35 디젤기관의 점화(착화)방법으로 옳은 것은?

① 전기점화
② 자기착화점화
③ 전기착화
④ 마그넷점화

★★★
36 디젤기관이 가솔린 기관보다 압축비가 높은 이유는?

① 연료의 무화를 양호하게 하기 위해
② 공기의 압축열로 착화시키기 위해
③ 기관과열과 진동을 적게 하기 위해
④ 연료의 분사를 높게 하기 위해

★★★
37 디젤기관에 사용되는 연료의 구비조건으로 옳은 것은?

① 점도가 높고 약간의 수분이 섞여있을 것
② 유황의 함유량이 클 것
③ 착화점이 높을 것
④ 발열량이 클 것

★★★
38 〈보기〉에 나타낸 것은 기관에서 어느 구성품을 형태에 따라 구분한 것인가?

[보기]
직접분사식, 예연소실식, 와류실식, 공기실식

① 연료분사장치 ② 연소실
③ 점화장치   ④ 동력전달장치

★
39 디젤기관에서 직접분사실식 장점이 아닌 것은?

① 연료소비량이 적다.
② 냉각손실이 적다.
③ 연료계통의 연료누출 염려가 적다.
④ 구조가 간단하여 열효율이 높다.

정답해설

34 디젤기관은 시동 보조장치인 예열플러그가 필요하다.

35 디젤기관은 흡입행정에서 공기만을 실린더 내로 흡입하여 고압축비로 압축한 후 압축열에 연료를 분사하는 압축착화 기관이다.

36 디젤기관의 압축비가 높은 이유는 공기의 압축열로 착화시키기 위해서이다.

37 디젤기관 연료(경유)의 구비조건
- 점도가 적당하고 수분이 섞여 있지 않을 것
- 유황의 함유량이 적을 것
- 착화점이 낮을 것
- 발열량이 클 것

38 디젤기관 연소실은 단실식인 직접분사식과 복실식인 예연소실식, 와류실식, 공기실식 등으로 나누어진다.

39 직접분사식의 장점
- 실린 헤드(연소실)의 구조가 간단하다.
- 열효율이 높고, 연료소비율이 작다.
- 연소실 체적에 대한 표면적 비율이 작아 냉각손실이 작다.
- 기관 시동이 쉽다.

| 정답 | 34 ② 35 ② 36 ② 37 ④ 38 ② 39 ③

40 예연소실식 연소실에 대한 설명으로 가장 거리가 먼 것은?

① 사용연료의 변화에 민감하다.
② 예열플러그가 필요하다.
③ 예연소실은 주연소실보다 작다.
④ 분사압력이 낮다.

41 연료의 세탄가와 가장 밀접한 관련이 있는 것은?

① 열효율
② 폭발압력
③ 착화성
④ 인화성

42 디젤기관에서 노킹을 일으키는 원인으로 옳은 것은?

① 흡입공기의 온도가 높을 때
② 착화 지연기간이 짧을 때
③ 연료 공기가 혼입되었을 때
④ 연소실에 누적된 연료가 많아 일시에 연소할 때

43 디젤기관 연소과정에서 연소 4단계와 거리가 먼 것은?

① 전기연소기간(전 연소시간)
② 화염전파기간(폭발연소시간)
③ 직접연소기간(제어연소시간)
④ 후기연소기간(후 연소시간)

44 디젤기관의 노크방지 방법으로 옳지 않은 것은?

① 세탄가가 높은 연료를 사용한다.
② 압축비를 높게 한다.
③ 흡기압력을 높게 한다.
④ 실린더 벽의 온도를 낮춘다.

45 디젤엔진의 연료탱크에서 분사노즐까지 연료의 순환 순서로 옳은 것은?

① 연료탱크 → 연료공급펌프 → 연료필터 → 분사펌프 → 분사노즐
② 연료탱크 → 연료필터 → 분사펌프 → 연료공급펌프 → 분사노즐
③ 연료탱크 → 연료공급펌프 → 분사펌프 → 연료필터 → 분사노즐
④ 연료탱크 → 분사펌프 → 연료필터 → 연료공급펌프 → 분사노즐

정답해설

40 예연소실식 연소실은 사용연료의 변화에 둔감하다.

41 연료의 세탄가란 안티노크성을 표시하는 것으로 디젤연료의 착화성을 표시하는 수치이다.

42 디젤기관에서 노킹은 연소 초기에 연소실에 누적된 연료가 많아 일시에 연소할 때 발생한다.

43 디젤기관의 연소 4단계 과정
착화지연기간 → 화염전파기간(폭발연소시간) → 직접연소기간(제어연소시간) → 후기연소기간(후 연소시간)

44 디젤기관의 노크방지 방법
• 연료의 착화점이 낮은 것(착화성이 좋은)을 사용할 것
• 세탄가가 높은 연료를 사용할 것
• 실린더(연소실) 벽의 온도를 높일 것
• 압축비 및 압축압력과 온도를 높일 것
• 착화지연 기간을 짧게 할 것
• 흡기압력과 온도를 높일 것

45 연료공급순서는 '연료탱크 → 연료공급펌프 → 연료필터 → 분사펌프 → 분사노즐' 순서이다.

| 정답 | 40 ① 41 ③ 42 ④ 43 ① 44 ④ 45 ①

46 디젤기관 연료여과기의 기능으로 가장 옳은 것은?

① 연료분사량을 증가시켜 준다.
② 연료파이프 내 압력을 높여준다.
③ 엔진오일의 먼지나 이물질을 걸러낸다.
④ 연료 속의 이물질이나 수분을 제거, 분리한다.

47 디젤기관에서 연료장치의 구성요소가 아닌 것은?

① 분사노즐   ② 연료필터
③ 분사펌프   ④ 예열플러그

48 프라이밍 펌프를 이용하여 디젤기관 연료장치 내에 있는 공기를 배출하기 어려운 곳은?

① 연료필터   ② 연료공급펌프
③ 분사펌프   ④ 분사노즐

49 디젤기관 연료라인에 공기빼기를 하여야 하는 경우가 아닌 것은?

① 예열이 안 되어 예열플러그를 교환한 경우
② 연료호스나 파이프 등을 교환한 경우
③ 연료탱크 내의 연료가 결핍되어 보충한 경우
④ 연료필터의 교환, 분사펌프를 탈·부착한 경우

50 엔진의 부하에 따라 연료분사량을 가감하여 기관의 최고 회전속도를 제어하는 장치는?

① 플런저와 노즐펌프
② 토크컨버터
③ 래크와 피니언
④ 거버너

51 디젤기관에서 회전속도에 따라 연료의 분사시기를 조절하는 장치는?

① 과급기
② 기화기
③ 타이머
④ 조속기

52 디젤기관에 사용하는 분사노즐의 종류에 속하지 않는 것은?

① 핀틀(pintle)형
② 스로틀(throttle)형
③ 홀(hole)형
④ 싱글 포인트(single point)형

정답해설

46 연료필터(연료 여과기)는 연료 속의 이물질, 수분 등을 여과하며, 오버플로 밸브가 장착되어 있다.

47 디젤기관의 연료장치는 연료탱크, 연료파이프, 연료여과기, 연료공급펌프, 분사펌프, 고압파이프, 분사노즐로 구성되어 있다.

48 프라이밍 펌프로는 연료공급펌프, 연료필터, 분사펌프 내의 공기를 빼낼 수 있다.

49 연료라인의 공기빼기 작업은 연료탱크 내의 연료가 결핍되어 보충한 경우, 연료호스나 파이프 등을 교환한 경우, 연료필터의 교환, 분사펌프를 탈·부착한 경우에 한다.

50 거버너(조속기)는 분사펌프에 설치되어 있으며, 기관의 부하에 따라 자동적으로 연료분사량을 조정하여 최고 회전속도를 제어하는 기능을 한다.

51 타이머(timer): 기관의 회전속도에 따라 자동적으로 분사시기를 조정하여 운전을 안정되게 하는 기능을 한다.

52 분사노즐은 개방형과 밀폐형으로 나뉘며, 밀폐형은 구멍형, 핀틀형, 스로틀형 등으로 구분한다.

| 정답 | 46 ④ 47 ④ 48 ④ 49 ① 50 ④ 51 ③ 52 ④

53 디젤기관 노즐(nozzle)의 연료분사 3대 요건이 아닌 것은?

① 무화　　② 관통력
③ 착화　　④ 분포

54 디젤엔진의 시동을 위한 직접적인 장치가 아닌 것은?

① 예열플러그　　② 터보차저
③ 기동전동기　　④ 감압밸브

55 건설기계로 현장에서 작업 중 각종계기는 정상인데 엔진부조가 발생한다면 우선 점검해 볼 계통은?

① 연료계통　　② 충전계통
③ 윤활계통　　④ 냉각계통

56 디젤기관의 출력을 저하시키는 원인으로 옳지 않은 것은?

① 흡기계통이 막혔을 때
② 노킹이 일어날 때
③ 연료분사량이 적을 때
④ 흡입공기 압력이 높을 때

57 디젤기관을 정지시키는 방법으로 가장 적절한 것은?

① 연료공급을 차단한다.
② 초크밸브를 닫는다.
③ 기어를 넣어 기관을 정지한다.
④ 축전지를 분리시킨다.

58 기관을 점검하는 요소 중 디젤기관과 관계가 없는 것은?

① 예열　　② 점화
③ 연료　　④ 연소

59 커먼레일 디젤기관의 흡기온도센서(ATS)에 대한 설명으로 옳지 않은 것은?

① 주로 냉각팬 제어신호로 사용된다.
② 연료량 제어보정 신호로 사용된다.
③ 분사시기 제어보정 신호로 사용된다.
④ 부특성 서미스터이다.

정답해설

53 연료분사의 3대 요소는 무화(안개모양), 분포(분산), 관통력이다.

55 각종 계기는 정상인데 엔진부조가 발생하면 연료의 분사가 불균형하게 공급되거나 부족한 상황이므로 연료계통을 점검하여야 한다.

56 기관의 출력이 저하되는 원인
- 실린더와 피스톤 링이 마멸되었을 때
- 연료분사량이 적을 때
- 피스톤 링 절개구가 일직선으로 조립되었을 때
- 분사시기가 늦을 때
- 실린더 내 압축압력이 낮을 때
- 흡·배기계통이 막혔을 때
- 노킹이 일어날 때
- 연료분사펌프의 기능이 불량할 때

57 디젤기관을 정지시킬 때에는 연료공급을 차단함으로써 기관의 시동을 멈추게 한다.

58 점화장치는 인화점을 이용하는 가솔린기관에만 있는 장치이다.

59 흡기온도센서는 부특성 서미스터를 이용하며, 분사시기와 연료분사량 제어보정 신호로 사용된다.

| 정답 | 53 ③　54 ②　55 ①　56 ④　57 ①　58 ②　59 ①

60 ★ 전자제어 디젤엔진의 회전속도를 검출하여 분사순서와 분사시기를 결정하는 센서는?

① 가속페달센서
② 냉각수 온도센서
③ 오일 온도센서
④ 크랭크축 위치센서

61 ★★★ 다음 중 커먼레일 디젤엔진의 연료장치 구성품이 아닌 것은?

① 고압연료펌프
② 커먼레일
③ 연료공급펌프
④ 인젝터

62 ★★★ 다음 중 커먼레일 연료분사장치의 저압계통이 아닌 것은?

① 커먼레일
② 1차 연료공급펌프
③ 연료필터
④ 연료 스트레이너

63 ★★★ 커먼레일 디젤기관의 연료장치에서 출력 요소는?

① 공기유량센서
② 인젝터
③ 엔진 ECU
④ 브레이크 스위치

64 ★ 커먼레일 디젤기관의 가속페달 포지션 센서에 대한 설명으로 옳지 않은 것은?

① 가속페달 포지션 센서는 운전자의 의지를 전달하는 센서이다.
② 가속페달 포지션 센서 2는 센서 1을 감시하는 센서이다.
③ 가속페달 포지션 센서 3은 연료온도에 따른 연료량 보정신호를 한다.
④ 가속페달 포지션 센서 1은 연료량과 분사시기를 결정한다.

65 ★ 커먼레일 디젤기관에서 크랭킹은 되는데 기관이 시동되지 않을 때, 점검부위로 옳지 않은 것은?

① 인젝터
② 커먼레일 압력
③ 연료탱크 유량
④ 분사펌프 딜리버리 밸브

정답해설

60 크랭크축 위치센서는 회전 속도를 감지하여 연료분사 시기와 분사 순서를 결정한다.

61 커먼레일 디젤기관의 연료장치는 저압연료펌프, 연료탱크, 연료여과기, 고압연료펌프, 커먼레일, 인젝터로 구성되어 있다.

62 커먼레일은 고압연료펌프에서 보내온 고압을 연료를 저장하는 파이프이다.

63 ECU의 신호에 의해 연료를 분사하는 출력요소는 인젝터이다.

64 가속페달 포지션센서는 운전자의 발 조작상태를 컴퓨터로 전달하는 센서이며, 센서 1에 의해 연료분사량과 분사시기가 결정되며, 센서 2는 센서 1을 감시하는 기능으로 차량의 급출발을 방지하기 위한 신호로 활용된다.

65 분사펌프 딜리버리 밸브는 기계제어 방식에서 사용한다.

| 정답 | 60 ④ 61 ③ 62 ① 63 ② 64 ③ 65 ④

66 디젤기관 예열장치에서 코일형 예열플러그와 비교한 실드형 예열플러그의 설명으로 옳지 않은 것은? ★★★

① 발열량이 크고 열용량도 크다.
② 예열플러그들 사이의 회로는 병렬로 결선되어 있다.
③ 기계적 강도 및 가스에 의한 부식에 약하다.
④ 예열플러그 하나가 단선되어도 나머지는 작동된다.

67 다음 중 예열장치의 설치목적으로 옳은 것은? ★★★

① 연료를 압축하여 분무성능을 향상시키기 위해
② 냉간시동 시 시동을 원활히 하기 위해
③ 연료분사량을 조절하기 위해
④ 냉각수의 온도를 조절하기 위해

윤활장치

68 기관에 사용되는 윤활유의 성질 중 가장 중요한 것은? ★★★

① 온도   ② 점도
③ 습도   ④ 건도

69 기관 윤활유의 구비조건이 아닌 것은? ★★★

① 점도가 적당할 것   ② 청정력이 클 것
③ 비중이 적당할 것   ④ 응고점이 높을 것

70 온도에 따르는 점도변화 정도를 표시하는 것은? ★★★

① 점도지수   ② 점화지수
③ 점도분포   ④ 윤활성

71 엔진 윤활유의 기능이 아닌 것은? ★★★

① 윤활작용   ② 연소작용
③ 냉각작용   ④ 방청작용

72 엔진오일의 점도지수가 작은 경우 온도 변화에 따른 점도변화는? ★★★

① 온도에 따른 점도변화가 작다.
② 온도에 따른 점도변화가 크다.
③ 점도가 수시로 변화한다.
④ 온도와 점도는 무관하다.

정답해설

66 실드형 예열플러그
- 히트코일이 가는 열선으로 되어 있어 예열플러그 자체의 저항이 크다.
- 보호금속 튜브에 히트코일이 밀봉되어 있으며, 병렬로 연결되어 있다.
- 발열량과 열용량이 크다.
- 예열플러그 하나가 단선되어도 나머지는 작동된다.

67 예열장치는 겨울철 기관을 시동할 때 시동이 원활히 걸릴 수 있도록 한다.

68 점도는 점석의 정도를 나타내는 척도이며, 엔진에 사용되는 윤활유의 성질 중 가장 중요한 성질이다.

69 윤활유의 구비조건: 점도가 적당할 것, 청정력이 클 것, 비중이 적당할 것, 응고점이 낮을 것, 인화점 및 자연발화점이 높을 것 등

70 점도지수란 온도에 따르는 점도변화 정도를 표시하는 것이다.

71 윤활유의 주요기능: 마찰 및 마멸방지작용(윤활작용), 기밀작용(밀봉작용), 방청작용(부식방지작용), 냉각작용, 응력분산작용, 세척작용 등

72 점도지수가 작으면 온도에 따른 점도변화가 크다는 의미를 갖는다.

| 정답 | 66 ③ 67 ② 68 ② 69 ④ 70 ① 71 ② 72 ② |

73 기관의 윤활유 사용방법에 대한 설명으로 옳은 것은?

① 계절과 윤활유 SAE 번호는 관계가 없다.
② 겨울은 여름보다 SAE 번호가 큰 윤활유를 사용한다.
③ 계절과 관계없이 사용하는 윤활유의 SAE 번호는 일정하다.
④ 여름용은 겨울용보다 SAE 번호가 큰 윤활유를 사용한다.

74 엔진 윤활에 필요한 엔진오일이 저장되어 있는 곳으로 옳은 것은?

① 스트레이너
② 오일펌프
③ 오일 팬
④ 오일필터

75 다음 중 일반적으로 기관에 많이 사용되는 윤활방법은?

① 수 급유식
② 적하 급유식
③ 비산압송 급유식
④ 분무 급유식

76 오일 스트레이너(oil strainer)에 대한 설명으로 바르지 못한 것은?

① 오일필터에 있는 오일을 여과하여 각 윤활부로 보낸다.
② 보통 철망으로 만들어져 있으며 비교적 큰 입자의 불순물을 여과한다.
③ 고정식과 부동식이 있으며 일반적으로 고정식이 많이 사용되고 있다.
④ 불순물로 인하여 여과망이 막힐 때에는 오일이 통할 수 있도록 바이패스 밸브(by pass valve)가 설치된 것도 있다.

77 기관의 윤활유 압력이 높아지는 이유는?

① 윤활유의 점도가 높을 때
② 윤활유량이 부족할 때
③ 기관 각부의 마모가 심할 때
④ 윤활유 펌프의 내부 마모가 심할 때

정답해설

73 여름에는 SAE 번호가 큰 윤활유(점도가 높은)를 사용하고, 겨울에는 점도가 낮은(SAE 번호가 작은)오일을 사용한다.

74 오일 팬은 엔진오일을 저장하는 곳이다.

75 기관에서는 오일펌프로 흡입 가압하여 윤활부분으로 공급하는 비산압송식을 많이 사용한다.

76 오일 스트레이너는 오일펌프로 들어가는 오일을 1차로 여과하는 부품이며, 일반적으로 철망으로 제작하여 비교적 큰 입자의 불순물을 여과하는 기능을 하며 그보다 더 작은 불순물은 오일 필터에서 여과를 한다.

77 유압이 높아지는 원인
- 기관오일의 점도가 높을 때
- 윤활회로의 일부가 막혔을 때
- 유압조절밸브(릴리프 밸브) 스프링의 장력이 과다할 때
- 유압조절밸브가 닫힌 상태로 고장 났을 때

|정답| 73 ④ 74 ③ 75 ③ 76 ① 77 ①

78 엔진의 윤활유 소비량이 과대해지는 가장 큰 원인은?

① 기관의 과냉
② 피스톤 링 마멸
③ 오일여과기 불량
④ 냉각수 펌프 손상

79 운전석 계기판에 아래 그림과 같은 경고등과 가장 관련이 있는 경고등은?

① 엔진오일 압력 경고등
② 엔진오일 온도 경고등
③ 냉각수 배출 경고등
④ 냉각수 온도 경고등

80 엔진 오일이 우유색을 띠고 있을 때의 주된 원인은?

① 가솔린이 유입되었다.
② 연소가스가 섞여 있다.
③ 경유가 유입되었다.
④ 냉각수가 유입되었다.

냉각장치 및 흡·배기장치

81 건설기계용 디젤기관의 냉각장치 방식에 속하지 않는 것은?

① 자연 순환식
② 강제 순환식
③ 압력 순환식
④ 진공 순환식

82 다음 중 수냉식 기관의 정상 운전 중 냉각수 온도로 옳은 것은?

① 75~95℃
② 55~60℃
③ 40~60℃
④ 20~30℃

83 기관 온도계가 표시하는 온도는 무엇인가?

① 연소실 내의 온도
② 작동유 온도
③ 기관오일 온도
④ 냉각수 온도

정답해설

78 엔진오일이 많이 소비되는 원인
- 피스톤 및 피스톤 링의 마모가 심할 때
- 실린더의 마모가 심할 때
- 크랭크축 오일 실이 마모되었거나 파손되었을 때
- 밸브 스템(valve stem)과 가이드(guide)사이의 간극이 클 때
- 밸브 가이드의 오일 실이 불량할 때

79 위 그림에 해당하는 경고등은 엔진오일 압력 경고등이다.

80 엔진 오일의 색깔이 우유색을 띠고 있으면, 엔진오일에 냉각수가 섞여 있음을 의미한다.

81 냉각장치 방식: 자연 순환방식, 강제 순환방식, 압력 순환방식, 밀봉 압력방식

82 기관의 냉각수 온도는 75~95℃ 정도면 정상이다.

83 기관의 온도는 실린더 헤드 물재킷 부분의 냉각수 온도로 나타낸다.

|정답| 78 ② 79 ① 80 ④ 81 ④ 82 ① 83 ④

84 기관의 냉각장치에 해당하지 않는 부품은?

① 수온조절기 ② 방열기
③ 릴리프밸브 ④ 냉각팬 및 벨트

85 엔진과열 시 일어나는 현상이 아닌 것은?

① 각 작동부분이 열팽창으로 고착될 수 있다.
② 윤활유 점도 저하로 유막이 파괴될 수 있다.
③ 금속이 빨리 산화되고 변형되기 쉽다.
④ 연료소비율이 줄고, 효율이 향상된다.

86 기관의 온도를 일정하게 유지하기 위해 설치된 물 통로에 해당되는 것은?

① 오일 팬 ② 밸브
③ 워터재킷 ④ 실린더 헤드

87 디젤기관 냉각장치에서 냉각수의 비등점을 높여주기 위해 설치된 부품으로 알맞은 것은?

① 코어 ② 냉각핀
③ 보조탱크 ④ 압력식 캡

88 압력식 라디에이터 캡에 대한 설명으로 옳은 것은?

① 냉각장치 내부압력이 규정보다 낮을 때 공기밸브는 열린다.
② 냉각장치 내부압력이 규정보다 높을 때 진공밸브는 열린다.
③ 냉각장치 내부압력이 부압이 되면 진공밸브는 열린다.
④ 냉각장치 내부압력이 부압이 되면 공기밸브는 열린다.

89 압력식 라디에이터 캡에 있는 밸브는?

① 입력밸브와 진공밸브
② 압력밸브와 진공밸브
③ 입구밸브와 출구밸브
④ 압력밸브와 메인밸브

90 왁스 실에 왁스를 넣어 온도가 높아지면 팽창 축을 올려 열리는 온도조절기는?

① 벨로즈형 ② 펠릿형
③ 바이패스형 ④ 바이메탈형

정답해설

84 릴리프밸브는 윤활장치나 유압장치에서 유압을 규정 값으로 제어한다.

85 엔진이 과열하면 금속이 빨리 산화되고 변형되기 쉽고, 윤활유 점도 저하로 유막이 파괴될 수 있으며, 각 작동부분이 열팽창으로 고착될 우려가 있다.

86 워터재킷(water jacket)은 기관의 온도를 일정하게 유지하기 위해 실린더 헤드와 실린더 블록에 설치된 물 통로이다.

87 압력식 캡은 냉각장치 내의 비등점(비점)을 높이고, 냉각범위를 넓히기 위하여 사용한다.

88 • 냉각장치 내부압력이 부압이 되면(내부압력이 규정보다 낮을 때) 진공밸브가 열린다.
• 냉각장치 내부압력이 규정보다 높을 때 압력밸브가 열린다.

89 라디에이터 캡에는 압력밸브와 진공밸브가 설치되어 있다.

90 펠릿형은 왁스 실에 왁스를 넣어 온도가 높아지면 팽창 축을 올려 열리는 온도조절기이다.

| 정답 | 84 ③ 85 ④ 86 ③ 87 ④ 88 ③ 89 ② 90 ②

91 냉각수에 엔진오일이 혼합되는 원인으로 가장 적절한 것은?

① 물 펌프 마모
② 수온조절기 파손
③ 방열기 코어 파손
④ 헤드개스킷 파손

92 건설기계 운전 시 계기판에서 냉각수량 경고등이 점등되었다. 그 원인으로 가장 거리가 먼 것은?

① 냉각수량이 부족할 때
② 냉각계통의 물 호스가 파손되었을 때
③ 라디에이터 캡이 열린 채 운행하였을 때
④ 냉각수 통로에 스케일(물때)이 많이 퇴적되었을 때

93 건설기계 기관에서 부동액으로 사용할 수 없는 것은?

① 메탄
② 알코올
③ 에틸렌글리콜
④ 글리세린

94 엔진에서 방열기 캡을 열어 냉각수를 점검하였더니 엔진오일이 떠 있다면 그 원인은?

① 피스톤 링과 실린더 마모
② 밸브간극 과다
③ 압축압력이 높아 역화현상 발생
④ 실린더 헤드개스킷 파손

95 팬벨트에 대한 점검과정이다. 가장 적절하지 않은 것은?

① 팬벨트는 약 10kg의 힘으로 눌렀을 때 처짐이 13~20mm 정도로 한다.
② 팬벨트는 풀리의 밑 부분에 접촉되어야 한다.
③ 팬벨트 조정은 발전기를 움직이면서 조정한다.
④ 팬벨트가 너무 헐거우면 기관 과열의 원인이 된다.

96 디젤기관에서 사용되는 공기청정기에 관한 설명으로 옳지 않은 것은?

① 공기청정기는 실린더 마멸과 관계없다.
② 공기청정기가 막히면 배기색은 흑색이 된다.
③ 공기청정기가 막히면 출력이 감소한다.
④ 공기청정기가 막히면 연소가 나빠진다.

정답해설

91 헤드개스킷이 파손되거나 실린더 헤드에 균열이 발생하면 냉각수에 엔진오일이 혼합된다.

92 냉각수 경고등은 라디에이터 내에 냉각수가 부족할 때 점등되며, 냉각수 통로에 스케일(물때)이 많이 퇴적되면 기관이 과열한다.

93 부동액의 종류에는 알코올(메탄올), 글리세린, 에틸렌글리콜이 있다.

94 방열기 내에 기름이 떠 있는 원인
- 실린더 헤드개스킷이 파손되었을 때
- 헤드볼트가 풀렸거나 파손되었을 때
- 수랭식 오일쿨러에서 냉각수가 누출될 때

95 팬벨트가 풀리의 홈이 아니라 밑 부분에 접촉하게 되면 미끄러지기 쉬우므로 접촉을 삼가야 한다.(V벨트인 경우)

96 공기청정기가 막히면 실린더 내로의 공기공급 부족으로 불완전 연소가 일어나 실린더 마멸이 촉진된다.

| 정답 | 91 ④ 92 ④ 93 ① 94 ④ 95 ② 96 ①

97 다음 중 흡기장치의 요구조건으로 옳지 않은 것은?

① 전체 회전영역에 걸쳐서 흡입 효율이 좋아야 한다.
② 균일한 분배성능을 가져야 한다.
③ 흡입부에 와류가 발생할 수 있는 돌출부를 설치해야 한다.
④ 연소속도를 빠르게 해야 한다.

98 습식 공기청정기에 대한 설명이 아닌 것은?

① 청정효율은 공기량이 증가할수록 높아지며, 회전속도가 빠르면 효율이 좋아진다.
② 흡입공기는 오일로 적셔진 여과망을 통과시켜 여과시킨다.
③ 공기청정기 케이스 밑에는 일정한 양의 오일이 들어 있다.
④ 공기청정기는 일정시간 사용 후 무조건 신품으로 교환해야 한다.

99 건식 공기청정기의 장점이 아닌 것은?

① 설치 또는 분해조립이 간단하다.
② 작은 입자의 먼지나 오물을 여과할 수 있다.
③ 구조가 간단하고 여과망을 세척하여 사용할 수 있다.
④ 기관 회전속도의 변동에도 안정된 공기청정 효율을 얻을 수 있다.

100 기관에서 공기청정기의 설치목적으로 옳은 것은?

① 연료의 여과와 가압작용
② 공기의 가압작용
③ 공기의 여과와 소음방지
④ 연료의 여과와 소음방지

101 〈보기〉에서 머플러(소음기)와 관련된 옳은 설명을 모두 고르면?

[보기]
ⓐ 카본이 많이 끼면 엔진이 과열되는 원인이 될 수 있다.
ⓑ 머플러가 손상되어 구멍이 나면 배기 소음이 커진다.
ⓒ 카본이 쌓이면 엔진출력이 떨어진다.
ⓓ 배기가스의 압력을 높여서 열효율을 증가시킨다.

① ⓐ, ⓑ, ⓓ
② ⓑ, ⓒ, ⓓ
③ ⓐ, ⓒ, ⓓ
④ ⓐ, ⓑ, ⓒ

정답해설

97 흡기장치의 요구조건
• 흡입부분에 돌출부가 없을 것
• 전체 회전영역에 걸쳐서 흡입효율이 좋을 것
• 각 실린더에 공기가 균일하게 분배되도록 할 것
• 연소속도를 빠르게 할 것

98 습식 공기청정기의 엘리먼트는 스틸 울이므로 세척하여 다시 사용한다.

99 건식 공기청정기는 비교적 구조가 간단하며, 여과망은 압축공기로 청소하여 사용할 수 있다.

100 공기청정기는 흡입공기의 먼지 등을 여과하는 작용 이외에 흡기소음을 감소시킨다.

101 머플러에 카본이 많이 끼면 엔진이 과열하며, 카본이 쌓이면 엔진출력이 떨어지고, 구멍이 나면 배기소음이 커진다.

| 정답 | 97 ③ 98 ④ 99 ③ 100 ③ 101 ④

102 디젤기관 운전 중 흑색의 배기가스를 배출하는 원인으로 옳지 않은 것은?

① 공기청정기 막힘
② 압축불량
③ 분사노즐 불량
④ 오일 팬 내 유량과다

103 터보차저를 구동하는 것으로 가장 적절한 것은?

① 엔진의 열
② 엔진의 흡입가스
③ 엔진의 배기가스
④ 엔진의 여유동력

104 기관에서 흡입효율을 높이는 장치는?

① 기화기
② 소음기
③ 과급기
④ 압축기

105 디젤기관에서 과급기를 사용하는 이유로 옳지 않은 것은?

① 체적효율 증대
② 냉각효율 증대
③ 출력증대
④ 회전력 증대

106 기관에서 터보차저에 대한 설명 중 옳지 않은 것은?

① 흡기관과 배기관 사이에 설치된다.
② 과급기라고도 한다.
③ 배기가스 배출을 위한 일종의 블로워(blower)이다.
④ 기관출력을 증가시킨다.

107 건식 공기 청정기의 효율저하를 방지하기 위한 방법으로 가장 적절한 것은?

① 기름으로 닦는다.
② 마른걸레로 닦아야 한다.
③ 압축공기로 먼지 등을 털어낸다.
④ 물로 깨끗이 세척한다.

108 에어클리너가 막혔을 때 발생되는 현상으로 가장 적절한 것은?

① 배기색은 무색이며, 출력은 정상이다.
② 배기색은 흰색이며, 출력은 증가한다.
③ 배기색은 검은색이며, 출력은 저하된다.
④ 배기색은 흰색이며, 출력은 저하된다.

정답해설

102 오일 팬 내 유량이 과다하면 연소실에 기관오일이 상승하여 연소되므로 회백색 배기가스를 배출한다.

103 터보차저는 엔진의 배기가스에 의해 구동된다.

104 과급기(터보차저)는 흡기관과 배기관 사이에 설치되며, 배기가스로 구동된다. 기능은 배기량이 일정한 상태에서 연소실에 강압적으로 많은 공기를 공급하여 흡입효율을 높이고 기관의 출력과 토크를 증대시키기 위한 장치이다.

105 과급기를 사용하는 목적은 체적효율 증대, 출력 증대, 회전력 증대 등이다.

106 터보차저는 과급기라고도 하며, 흡입공기량을 증가시켜 출력 증대를 목적으로 한다.

| 정답 | 102 ④ 103 ③ 104 ③ 105 ② 106 ③ 107 ③ 108 ③

PART 06
전기장치

Chapter 01 전기와 축전지(배터리)
Chapter 02 시동장치
Chapter 03 충전장치와 등화장치

전기와 축전지(배터리)

01 전기의 구성

1 전류
① 전자 이동으로 도체에 전류가 흐르는 것
② 전류 단위: 암페어(Ampere), [A]로 표시
③ 전류의 3대 작용
- 발열작용: 전기 히터, 전구, 예열 플러그 등
- 자기작용: 전동기, 발전기 등
- 화학작용: 축전지, 전기도금 등

2 저항
① 전류의 흐름을 방해하는 요소
② 저항 단위: 옴(Ohm), [Ω]로 표시

3 전압
① 도체에 전류가 흐르게 하는 압력
② 전압 단위: 볼트(Voltage), [V]로 표시

4 옴(Ohm)의 법칙
도체에 흐르는 전류는 전압에 비례하고, 저항에는 반비례한다는 법칙이다.
- 전압(V) = 전류(I) × 저항(R)
- 저항(R) = 전압(V)

02 전기의 법칙

1 직렬접속
여러 저항을 직렬로 접속하면 합성저항은 각 저항의 합과 같다.

$$R = R_1 + R_2 + R_3 \cdots + R_n$$

2 병렬접속
저항 R_1, R_2, R_3, R_n을 병렬로 접속하면 합성저항은 다음과 같다.

$$\frac{1}{R} = \frac{1}{R_1} + \frac{1}{R_2} + \frac{1}{R_3} \cdots + \frac{1}{R_n}$$

3 전력과 전력량
전기가 하는 일을 전력이라고 하며, 단위시간당 한 일을 전력량이라 한다. 단위는 W(와트)이며, 기호로는 [P]로 표시

> **전력의 다양한 표현**
> » 전력(P) = 전압(V) × 전류(I)
> » 전력(P) = 전류(I)² × 저항(R)
> » 전력(P) = $\dfrac{\text{전압(V)}^2}{\text{저항(R)}}$

4 플레밍의 법칙

구분	정의	적용
플레밍의 왼손 법칙	도선이 받는 힘의 방향을 정하는 규칙	전동기의 원리(전기에너지 → 운동에너지)
플레밍의 오른손 법칙	유도 기전력 또는 유도 전류의 방향을 정하는 규칙	발전기의 원리(운동에너지 → 전기에너지)

[플레밍의 왼손 법칙]   [플레밍의 오른손 법칙]

03 축전지

1 축전지의 기능
축전지는 기동 전동기의 전기적 부하와 점등장치, 그밖에 다른 장치 등에 전원을 공급해주기 위해 사용된다.

2 축전지의 종류
① 1차 전지: 화학적 에너지를 전기적 에너지로만 변환하는 전지(1회용 전지)
② 2차 전지: 화학적 에너지를 전기적 에너지로 변환하기도 하고, 전기적 에너지를 화학적 에너지로도 변환이 가능한 전지(충전이 가능한 전지)

3 축전지의 구조
① 극판: 과산화납으로 된 양(+)극판, 해면상납으로 된 음(-)극판이 있음
② 격리판: 극판 사이에서 단락을 방지하기 위한 장치
③ 터미널: 연결 단자
④ 셀 커넥터: 축전지 내의 각각 단전지를 직렬로 접속하기 위한 장치
⑤ 전해액: 양(+)극판 및 음(-)극판의 작용 물질과 화학 작용을 일으키는 물질로, 묽은 황산을 사용하며 전해액 비중에 따라 완전충전 상태와 반충전 상태로 나뉨

[배터리 구조]

04 납산 축전지 용량

완전히 충전된 축전지를 일정한 전류로 방전시켰을 때, 방전 종지 전압까지 사용할 수 있는 전기량을 나타낸 것이다.

1 방전 종지 전압
① 배터리가 일정한 전압 이하로 방전되면 방전이 멈추는데, 이때 방전이 멈추는 전압을 나타낸 것
② 셀당 방전 종지 전압은 약 1.7~1.8V

2 축전지의 용량
① 용량 표시: A(방전 전류) × h(방전 시간) = Ah
② 용량 결정: 극판 수와 극판 크기 및 전해액의 비중으로 결정

3 충전 및 방전 시 화학반응식

〈완전 충전〉　　충전　　〈완전 방전〉
PbO_2 + $2H_2SO_4$ + Pb ⇄ $PbSO_4$ + $2H_2O$ + $PbSO_4$
과산화납　묽은 황산　납　방전　황산납　　물　　황산납

05 축전지 자기방전

배터리를 사용하지 않아도 스스로 방전되는 것을 말하며, 온도와 비중에 비례해서 자기방전율이 높아진다.

1 자기방전의 원인
① 전해액에 포함된 불순물이 국부 전지를 형성
② 탈락한 극판 작용 물질이 축전지 내부에 축적되어 먼지 등에 의해 (+)극판과 (-)극판에 전기 회로를 형성하기 때문에 발생

2 축전지의 자기 방전량이 증가하는 원인
① 전해액의 온도가 증가할수록 증가
② 충전 후 시간의 경과에 따라 증가
③ 전해액의 비중이 증가할수록 증가

3 자기방전 축전지 관리
납산 축전지는 자기방전으로 축전지 극판에 있는 영구황산납이 변화할 수 있는데, 이를 방지하기 위해 약 15~30일마다 정기적으로 충전해야 축전지의 수명을 유지할 수 있다.

영구황산납
방전 후 황산납으로 변화한 극판은 충전 과정에서 (+)극판은 과산화납, (-)극판을 해면상납으로 복원되어야 하는데, 충전을 하여도 화학반응이 발생되지 않아 황산납으로 남게 되어 충전되지 않는 상태를 말함

06 축전지의 충전

1 충전 종류

① 정전류 충전 방법: 충전 시작부터 끝까지 일정한 전류로 충전하는 방법
② 단계 전류 충전 방법: 충전 중 전류를 단계적으로 감소시키는 충전 방법
③ 정전압 충전 방법: 충전 시작부터 끝까지 일정한 전압으로 충전하는 방법

급속충전법
» 축전지 용량의 약 50%의 전류로 충전하는 방법
» 1시간 이내로 충전
» 환기가 잘 되는 곳에서 충전을 해야 폭발의 위험을 피할 수 있다.
» 충전 시 온도가 45℃ 이상 올라가지 않도록 주의한다.

2 충전 시 주의사항

① 접속 시 순서

$$(+)단자 \rightarrow (-)단자$$

② 탈거 시 순서

$$(-)단자 \rightarrow (+)단자$$

③ 과충전 및 급속 충전을 피함
④ 충전 시 가스가 발생하므로 화기에 주의
⑤ 충전 시 전해액 온도는 45℃ 이하로 유지
⑥ 완전 방전 상태로 방치하지 않고, 25% 정도 방전되었을 때 충전

시동장치

01 기동전동기 개요

① 내연기관은 스스로 움직일 수 없기 때문에 외력으로 크랭크축을 회전시켜야 한다.
② 구동 초기에 크랭크축을 회전시키는 것을 기동전동기라 하며, 이를 기동장치가 담당한다.

> **기동전동기의 원리**
> 전기에너지를 운동에너지로 변화시키는 플레이밍의 왼손 법칙을 이용한 것이다.

02 기동전동기 종류

직권식 전동기	• 계자 코일과 전기자 코일이 직렬로 접속된 형식 • 기동력이 크지만 회전속도의 변화가 심한 것이 단점
분권식 전동기	• 계자 코일과 전기자 코일이 병렬로 접속된 형식 • 회전속도는 일정하지만 회전력이 약한 것이 단점
복권식 전동기	• 계자 코일과 전기자 코일이 직렬과 병렬의 혼합으로 접속된 형식 • 회전속도가 일정하고 회전력이 크지만 구조가 복잡하다는 단점이 있음

[직권식]　　[분권식]　　[복권식]

03 동력 전달 방식에 따른 분류

① 벤딕스 형식: 피니언 기어의 관성을 이용한 형식
② 전기자 섭동 형식: 전기자 및 피니언 기어가 동력을 직접 전달하는 형식
③ 피니언 섭동 형식: 전자석 스위치로 피니언 기어를 섭동시키는 형식

04 전동기 구조

[전동기 구조]

1 전기자(Armature)
회전하는 부분으로 전기자코일, 전기자 철심, 정류자 및 회전축 등으로 구성되어 있다.

2 전기자 철심(Armature Core)
전기자 코일을 지지하고, 맴돌이 전류를 감소시켜 자력선이 잘 통하도록 한다.

3 정류자(Commutator)
브러시로부터 공급된 전류를 코일에 일정한 방향으로 흐르게 한다.

4 계철
고정되는 부분으로, 계자 코일과 계자 철심, 원통으로 구성된다.
① 계자 코일: 브러시로부터 전류를 공급 받는 코일
② 계자 철심: 계자 코일로 감싸진 부분으로, 계자 코일에 전류가 흘러 자석이 되는 부분
③ 원통: 기동전동기의 기초 구조물로, 계자 코일과 철심을 지지

5 전자석 스위치

전기자 피니언 기어를 플라이휠 링 기어에 섭동시키는 장치로, 전기자 및 계자 코일에 큰 전류를 전달한다. 풀인 코일과 홀드인 코일 등이 있으며 솔레노이드 스위치라고도 한다.

① 풀인 코일: ST단자에서 M단자로 접속하는 코일
② 홀드인 코일: ST단자에서 몸체에 접속하는 코일

6 오버러닝 클러치

시동 후, 피니언 기어와 링 기어가 맞물리지 않도록 하여 피니언 기어의 파손을 방지하는 장치이다.

05 기동전동기 진단

1 기동전동기의 회전이 느린 원인

① 축전지 불량
② 축전지 케이블의 접속 불량
③ 브러시의 마모 및 접촉 불량
④ 전기자 코일의 접지 불량

2 기동전동기가 회전하지 못하는 원인

① 축전지의 완전 방전
② 솔레노이드 스위치 불량
③ 전기자 코일 및 계자코일의 단선
④ 브러시와 정류자의 접촉 불량

충전장치와 등화장치

01 충전장치 개요

① 자동차 시동 시 방전된 배터리 충전
② 주행 시 자동차에 필요한 전력 공급
③ 발전기와 레귤레이터 등으로 구성
④ 발전기는 플레밍의 오른손 법칙 및 렌츠의 법칙 원리를 따름

02 발전기 원리

1 직류발전기

자계가 고정되고, 도체가 회전하는 방식이며, 플레이밍의 오른손 법칙 원리를 따른다.

2 교류발전기

(1) 교류발전기 개요

도체가 고정되고, 자계가 회전하는 방식이다. 렌츠의 법칙 원리를 따른다.

[직류 발전기]　　　[교류 발전기]

» 플레밍의 오른손 법칙: 자계에서 도체를 운동시키면 도체에서 유도기전력이 발생하는 법칙
» 렌츠의 법칙: 코일 내에서 유도기전력은 자속 변화를 방해하는 방향으로 유도기전력이 발생하는 법칙

(2) 교류발전기의 구조

① 로터: 양 철심 안쪽에 코일이 감겨 있고, 풀리에 의해 회전하는 부분이며, 슬립링으로 공급된 전류로 코일이 자기장을 형성할 때 전자석이 됨
② 스테이터: 3개 코일이 철심에 고정되는 부분이며, 3개의 코일인 스테이터 코일이 로터 철심의 자기장을 자르며 교류가 발생

> **스테이터의 결선 방식**
> » Y 결선 방식: 선간전압 = $\sqrt{3}$ 상전압(Y결선은 선간 전압이 상전압보다 $\sqrt{3}$ 배 많이 출력되는 발전기)
> » ⊿결선 방식: 선간전류 = $\sqrt{3}$ 상전류(⊿결선은 선간전류가 상전류보다 $\sqrt{3}$ 배 많이 출력되는 발전기)

[Y 결선]　　　[델타 결선]

③ 정류 다이오드: 스테이터 코일에 발생된 교류 전기를 정류하여 직류로 변환시키는 장치이다. 또한, 발전기로 전류가 역류하는 것을 방지
④ 슬립링: 브러시와 접촉하여 회전하는 로터코일에 전류를 공급하는 접촉 링
⑤ 브러시: 슬립링에 접촉하여 로터코일에 전류를 공급하는 기능을 수행
⑥ 전압조정기: 로터코일에 공급되는 전류를 제어하여, 엔진의 회전수에 관계없이 발전기의 출력 전압이 13.5V~14.5V으로 일정하게 유지되도록 하는 전자 회로
⑦ 히트 싱크(Heat Sink): 실리콘 다이오드가 정류 작용 시 발생되는 열을 외부로 방출하기 위한 방열판으로, 방열판에 다이오드가 붙어 있음

03 직·교류발전기의 장·단점 비교

구분	직류(DC)발전기	교류(AC) 발전기
여자 방식	자여자방식	타여자방식
조정기	전압조정기, 전류조정기, 컷아웃릴레이(역류방지기)	전압조정기만 필요
공전 시 충전 능력	공전 시 발전이 어려움	공전 시 발전이 가능
교류가 발생하는 곳	전기자 코일	스테이터 코일
교류를 직류로 정류	정류자	다이오드
회전체	전기자	로터
전자석	계차철심	로터

발전기가 충전되지 않는 원인
» 다이오드의 단선 및 단락
» 전압 조정기의 불량
» 스테이터 코일 또는 로터 코일의 단선
» 발전기가 충전되지 않으면 계기판의 충전 경고등이 점등

04 등화장치

1 등화장치의 의미
자동차 주행에 필요한 전조등, 미등, 안개등, 후진등, 실내등 및 각종 외부 표시를 하는 차폭등, 번호등 등을 말한다.

2 등화장치의 종류
(1) 전조등
  ① 전조등의 3대 구성 부품: 렌즈, 반사경, 필라멘트로 구성되어 있으며 양쪽 전조등은 병렬로 연결된 복선식으로 구성됨

[세미실드형 전조등]   [실드형 전조등]

② 전조등의 종류

세미 실드식 (Semi-Sealed type)	• 렌즈와 반사경은 일체형 • 전구만 분리 가능 • 반사경이 흐려져 빛이 어두워지는 단점이 있음
실드식 (Sealed Type)	• 렌즈, 반사경, 필라멘트가 모두 일체형 • 내부는 진공으로 알곤, 질소 등의 불활성 가스를 넣어 밝음 • 반사경이 어두워지는 것을 방지할 수 있음 • 필라멘트가 단선되면 전구 전체를 교환해야 하는 단점이 있음

(2) 방향 지시등
방향 지시등은 차량의 진행 방향을 바꿀 때 사용하며, 점멸 횟수는 1분에 60~120회의 일정한 속도로 점멸해야 하므로 플래셔 유닛(Flasher Unit)을 이용하고 있다.

좌우 점멸 횟수가 다르거나 한쪽이 작동되지 않는 경우
» 좌·우 전구의 용량이 다른 경우
» 접지 불량인 경우
» 한쪽 전구의 단선인 경우

05 계기판 경고등의 종류

① 오일 경고등: 엔진오일 압력이 낮을 때 점등
② 전류계
  • 엔진 회전 시, 발전기가 정상적으로 축전지를 충전할 때는 전류계의 지침이 (+) 방향을 가리키고, 정상적으로 충전이 되지 않을 때는 지침이 (−) 방향을 가리킴
  • 엔진 정지된 상태에서 전류를 소모하지 않으면 지침은 (+), 소모되면 (−) 방향을 가리킴
③ 충전경고등: 발전기가 충전되지 않을 경우에 점등
④ 변속기 오일 온도 경고등: 변속기 오일의 온도가 높은 경우에 점등
⑤ 엔진경고등: 엔진의 각종 센서 및 액추에이터에 이상이 있는 경우에 점등
⑥ 안전벨트 경고등: 안전벨트를 착용하지 않은 경우에 점등
⑦ 냉각수 온도 경고등: 냉각수 온도가 높은 경우에 경고등이 점등

PART 06 단원문제: 전기장치

★ 개수는 빈출도와 중요도를 의미합니다.

전기와 축전지(배터리)

01 ★★★ 전류에 관한 설명으로 옳지 않은 것은?
① 전류는 전압크기에 비례한다.
② 전류는 저항크기에 반비례한다.
③ E=IR(E: 전압, I: 전류, R: 저항)이다.
④ 전류는 전력크기에 반비례한다.

02 ★★★ 전류의 3대 작용이 아닌 것은?
① 발열작용　② 자기작용
③ 원심작용　④ 화학작용

03 ★★★ 도체 내의 전류의 흐름을 방해하는 성질은?
① 전류　② 전하
③ 전압　④ 저항

04 ★ 전기단위 환산으로 옳은 것은?
① 1kV = 1000V　② 1A = 10mA
③ 1kV = 100V　④ 1A = 100mA

05 ★★★ 전류의 크기를 측정하는 단위로 옳은 것은?
① V　② A
③ R　④ K

06 ★★★ 회로 중의 어느 한 점에 흘러 들어오는 전류의 총합과 흘러 나가는 전류의 총합은 서로 같다는 법칙은 무엇인가?
① 렌츠의 법칙　② 줄의 법칙
③ 키르히호프 제1법칙　④ 플레밍의 왼손법칙

07 ★★ 전압(voltage)에 대한 설명으로 적절한 것은?
① 자유전자가 도선을 통하여 흐르는 것을 말한다.
② 전기적인 높이, 즉 전기적인 압력을 말한다.
③ 물질에 전류가 흐를 수 있는 정도를 나타낸다.
④ 도체의 저항에 의해 발생되는 열을 나타낸다.

08 ★★★ 전선의 저항에 대한 설명 중 옳은 것은?
① 전선이 길어지면 저항이 감소한다.
② 전선의 지름이 커지면 저항이 감소한다.
③ 모든 전선의 저항은 같다.
④ 전선의 저항은 전선의 단면적과 관계없다.

정답해설

01 전류는 전압에 비례하고 저항에 반비례한다.
02 전류의 3대작용: 발열작용, 화학작용, 자기작용
04 1kV = 1,000V, 1A = 1,000mA
05 • 전압: 볼트(V)
　　 • 전류: 암페어(A)
　　 • 저항: 옴(Ω)
06 키르히호프 제1법칙: '회로 내의 어떤 한 점에 유입된 전류의 총합과 유출한 전류의 총합은 같다'라는 법칙이다.
08 전선의 지름과 저항은 반비례하고, 길이와 저항은 비례한다.

|정답| 01 ④　02 ③　03 ④　04 ①　05 ②　06 ③　07 ②　08 ②

09 건설기계에서 사용되는 전기장치에서 과전류에 의한 화재를 예방하기 위해 사용하는 부품으로 가장 적절한 것은?

① 콘덴서
② 퓨즈
③ 저항기
④ 전파방지기

10 축전지의 역할을 설명한 것으로 옳지 않은 것은?

① 기동장치의 전기적 부하를 담당한다.
② 발전기 출력과 부하와의 언밸런스를 조정한다.
③ 기관시동 시 전기적 에너지를 화학적 에너지로 바꾼다.
④ 발전기 고장 시 주행을 확보하기 위한 전원으로 작동한다.

11 축전지 내부의 전류 작용으로 가장 알맞은 것은?

① 화학작용   ② 탄성작용
③ 물리작용   ④ 기계작용

12 건설기계 기관에 사용되는 축전지의 가장 중요한 역할은?

① 주행 중 점화장치에 전류를 공급한다.
② 주행 중 등화장치에 전류를 공급한다.
③ 주행 중 발생하는 전기부하를 담당한다.
④ 기동장치에 전기적 부하를 담당한다.

13 축전지의 전해액으로 알맞은 것은?

① 순수한 물
② 과산화납
③ 해면상납
④ 묽은 황산

14 납산 축전지의 전해액을 만들 때 황산과 증류수의 혼합방법에 대한 설명으로 옳지 않은 것은?

① 조금씩 혼합하며, 잘 저어서 냉각시킨다.
② 증류수에 황산을 부어 혼합한다.
③ 전기가 잘 통하는 금속제 용기를 사용하여 혼합한다.
④ 추운 지방인 경우 비중이 1.280이 되게 측정하면서 작업을 끝낸다.

정답해설

09 퓨즈는 회로에 직렬로 설치되어 과전류에 의한 화재예방을 위해 사용하는 부품이다.

10 축전지의 역할
- 발전기가 고장 났을 때 주행을 확보하기 위한 전원으로 작동한다.
- 기동장치의 전기적 부하를 담당한다.
- 기관을 시동할 때 화학적 에너지를 전기적 에너지로 바꾼다.
- 발전기 출력과 부하와의 언밸런스를 조정한다.

11 축전지는 화학작용을 이용한 것이다.

12 축전지는 기관의 시동과 작동을 주 목적으로 하며, 전원 공급과 전기적 부하를 담당하는 기능을 한다.

13 전해액은 증류수에 황산을 혼합한 묽은 황산이다.

14 전해액을 만들 때에는 유리그릇 또는 질그릇 등의 절연체 용기를 준비하여 증류수에 황산을 조금씩 넣으면서 혼합한다.

|정답| 09 ② 10 ③ 11 ① 12 ④ 13 ④ 14 ③

15 건설기계에 사용되는 12V 납산 축전지의 구성은?

① 셀(cell) 3개를 병렬로 접속
② 셀(cell) 3개를 직렬로 접속
③ 셀(cell) 6개를 병렬로 접속
④ 셀(cell) 6개를 직렬로 접속

16 축전지 전해액에 관한 내용으로 옳지 않은 것은?

① 전해액의 온도가 1℃ 변화함에 따라 비중은 0.0007씩 변한다.
② 온도가 올라가면 비중은 올라가고 온도가 내려가면 비중이 내려간다.
③ 전해액은 증류수에 황산을 혼합하여 희석시킨 묽은 황산이다.
④ 축전지 전해액 점검은 비중계로 한다.

17 축전지 격리판의 구비조건으로 옳지 않은 것은?

① 기계적 강도가 있을 것
② 다공성이고 전해액에 부식되지 않을 것
③ 극판에 좋지 않은 물질을 내뿜지 않을 것
④ 전도성이 좋으며 전해액의 확산이 잘 될 것

18 건설기계에 사용되는 납산 축전지에 대한 내용 중 옳지 않은 것은?

① 음(−)극판이 양(+)극판보다 1장 더 많다.
② 격리판은 비전도성이며 다공성이어야 한다.
③ 축전지 케이스 하단에 엘리먼트 레스트 공간을 두어 단락을 방지한다.
④ (+)단자기둥은 (−)단자기둥보다 가늘고 회색이다.

19 납산 축전지의 충전상태를 판단할 수 있는 계기로 옳은 것은?

① 온도계   ② 습도계
③ 점도계   ④ 비중계

20 축전지를 교환 및 장착할 때 연결순서로 옳은 것은?

① (+)나 (−)선 중 편리한 것부터 연결하면 된다.
② 축전지의 (−)선을 먼저 부착하고, (+)선을 나중에 부착한다.
③ 축전지의 (+), (−)선을 동시에 부착한다.
④ 축전지의 (+)선을 먼저 부착하고, (−)선을 나중에 부착한다.

정답해설

15 12V 축전지는 2.1V의 셀(cell) 6개가 직렬로 연결되어 있다.

16 축전지 전해액은 온도가 상승하면 비중은 내려가고, 온도가 내려가면 비중은 올라간다.

17 격리판의 구비조건
- 기계적 강도가 있고, 비전도성일 것
- 다공성이어서 전해액의 확산이 잘 될 것
- 전해액에 부식되지 않을 것
- 극판에 좋지 못한 물질을 내뿜지 않을 것

18 (+)단자기둥이 (−)단자기둥보다 굵어 단자의 구별이 가능하다.

19 축전지의 충전상태를 알 수 있는 게이지가 비중계이다.

20 축전지를 장착할 때에는 (+)케이블을 먼저 부착하고, (−)케이블을 나중에 부착하는 순서를 꼭 지켜야 안전하다.

| 정답 | 15 ④ 16 ② 17 ④ 18 ④ 19 ④ 20 ④

21 납산 축전지 전해액이 자연 감소되었을 때 보충에 가장 적합한 것은? ★★★

① 증류수　　② 황산
③ 수돗물　　④ 경수

22 건설기계의 축전지 케이블 탈거에 대한 설명으로 옳은 것은?

① 절연되어 있는 케이블을 먼저 탈거한다.
② 아무 케이블이나 먼저 탈거한다.
③ "+" 케이블을 먼저 탈거한다.
④ 접지되어 있는 케이블을 먼저 탈거한다.

23 일반적인 축전지 터미널의 식별방법으로 적절하지 않은 것은? ★★★

① (+), (-)의 표시로 구분한다.
② 터미널의 요철로 구분한다.
③ 굵고 가는 것으로 구분한다.
④ 적색과 흑색 등 색깔로 구분한다.

24 축전지의 케이스와 커버를 청소할 때 사용하는 용액으로 가장 옳은 것은? ★★★

① 비누와 물
② 소금과 물
③ 소다와 물
④ 오일과 가솔린

25 다음 중 축전지의 용량 표시방법이 아닌 것은? ★★★

① 25시간율　　② 25암페어율
③ 20시간율　　④ 냉간율

26 납산 축전지의 충·방전 상태를 나타낸 것이 아닌 것은? ★★

① 축전지가 방전되면 양극판은 과산화납이 황산납으로 된다.
② 축전지가 방전되면 전해액은 묽은 황산이 물로 변하여 비중이 낮아진다.
③ 축전지가 충전되면 음극판은 황산납이 해면상납으로 된다.
④ 축전지가 충전되면 양극판에서 수소를, 음극판에서 산소를 발생시킨다.

정답해설

21 전해액이 자연 감소되었을 경우에는 증류수를 보충한다.

22 축전지에서 케이블을 탈거할 시에는 먼저 접지케이블을 탈거하고 절연케이블을 나중에 탈거하는 순서를 지켜야 안전하다.

23 축전지 단자(터미널) 식별방법
• 양극 단자는 굵고 음극단자는 가는 것으로 표시
• 양극 단자는 (+), 음극단자는 (-)의 부호로 표시
• 양극 단자는 P(positive), 음극단자는 N(negative)의 문자로 표시
• 양극 단자는 적색, 음극단자는 흑색으로 표시

24 축전지 커버나 케이스의 청소는 소다와 물 또는 암모니아수를 사용하여 청결을 유지한다.

25 축전지의 용량표시 방법: 20시간율, 25암페어율, 냉간율

26 충전 시 양극판에서 산소를, 음극판에서 수소를 발생시킨다.

|정답| 21 ①　22 ④　23 ②　24 ③　25 ①　26 ④

27 납산 축전지를 오랫동안 방전상태로 방치해 두면 사용하지 못하게 되는 원인은?

① 극판이 영구황산납이 되기 때문이다.
② 극판에 산화납이 형성되기 때문이다.
③ 극판에 수소가 형성되기 때문이다.
④ 극판에 녹이 슬기 때문이다.

28 축전지 용량의 단위는?

① W ② AV
③ V ④ AH

29 축전지가 방전될 때 일어나는 현상이 아닌 것은?

① 양극판은 과산화납이므로 황산납으로 변한다.
② 전해액은 황산이 물로 변한다.
③ 음극판은 황산납이 해면상납으로 변한다.
④ 전압과 비중은 점차 낮아진다.

30 축전지의 용량을 결정짓는 인자가 아닌 것은?

① 셀 당 극판 수 ② 극판의 크기
③ 단자의 크기 ④ 전해액의 양

31 건설기계에 사용되는 12볼트(V) 80암페어(A) 축전지 2개를 직렬연결하면 전압과 전류는?

① 24볼트(V) 160암페어(A)가 된다.
② 12볼트(V) 160암페어(A)가 된다.
③ 24볼트(V) 80암페어(A)가 된다.
④ 12볼트(V) 80암페어(A)가 된다.

32 축전지의 방전종지전압에 대한 설명으로 잘못된 것은?

① 축전지의 방전 끝(한계) 전압이다.
② 한 셀 당 1.7~1.8V 이하로 방전되는 현상이다.
③ 방전종지 전압 이하로 방전시키면 축전지의 성능이 저하된다.
④ 20시간율 전류로 방전하였을 경우 방전종지 전압은 한 셀 당 2.1V이다.

33 12V 동일한 용량의 축전지 2개를 직렬로 접속하면?

① 전류가 증가한다.
② 전압이 높아진다.
③ 저항이 감소한다.
④ 용량이 감소한다.

정답해설

27 납산 축전지를 오랫동안 방전상태로 두면 극판이 영구 황산납으로 변화된다.

28 축전지 용량 단위로는 암페어시(Ah)를 사용한다.

29 납산 축전지 방전 중의 화학작용
• 양극판의 과산화납은 황산납으로 변한다.
• 음극판의 해면상납은 황산납으로 변한다.
• 전해액은 묽은 황산이 물로 변하여 비중이 낮아진다.

30 축전지의 용량을 결정짓는 인자는 셀 당 극판 수, 극판의 크기, 전해액의 양이다.

31 12V-80A 축전지 2개를 직렬로 연결 시 전압은 증가하고 용량은 변화가 없는 24V-80A가 된다.

32 방전종지전압은 1셀 당 1.7~1.8V 이하이다.

|정답| 27 ① 28 ④ 29 ③ 30 ③ 31 ③ 32 ④ 33 ②

34 12V용 납산 축전지의 1일 방전량은 실용량의 몇 %인가?

① 0.1~0.3%
② 0.3~1.5%
③ 1.5~2.0%
④ 2.0~2.5%

35 충전된 축전지라도 방치해두면 사용하지 않아도 조금씩 자연 방전하여 용량이 감소하는 현상은?

① 급속방전
② 자기방전
③ 화학방전
④ 강제방전

36 MF(Maintenance Free) 축전지에 대한 설명으로 적절하지 않은 것은?

① 격자의 재질은 납과 칼슘합금이다.
② 무보수용 축전지이다.
③ 밀봉촉매 마개를 사용한다.
④ 증류수는 매 15일마다 보충한다.

37 납산 축전지에 대한 설명으로 옳은 것은?

① 전해액이 자연 감소된 축전지의 경우 증류수를 보충하면 된다.
② 축전지의 방전이 계속되면 전압은 낮아지고, 전해액의 비중은 높아지게 된다.
③ 축전지의 용량을 크게 하려면 별도의 축전지를 직렬로 연결하면 된다.
④ 축전지를 보관할 때에는 되도록 방전시키는 것이 좋다.

38 배터리의 자기방전의 원인으로 옳지 않은 것은?

① 전해액 중에 불순물이 혼입되어 있을 때
② 배터리 케이스의 표면에 전기누설이 없을 때
③ 이탈된 작용물질이 극판의 아랫부분에 퇴적되어 있을 때
④ 배터리의 구조상 부득이할 때

39 축전지의 자기방전량 설명으로 적절하지 않은 것은?

① 전해액의 온도가 높을수록 자기 방전량은 작아진다.
② 전해액의 비중이 높을수록 자기 방전량은 크다.
③ 날짜가 경과할수록 자기 방전량은 많아진다.
④ 충전 후 시간의 경과에 따라 자기 방전량의 비율은 점차 낮아진다.

정답해설

34 축전지 1셀 당 방전량은 0.3~1.5%이다.

35 자기방전이란 배터리를 사용하지 않아도 조금씩 자연 방전하여 용량이 감소하는 현상을 말한다.

36 MF(Maintenance Free) 축전지는 보수가 필요 없는 배터리이다.

37 ② 축전지 방전이 되면 전압은 낮아지고, 전해액의 비중도 낮아지게 된다.
③ 축전지의 용량을 크게 하기 위해서는 별도의 축전지를 병렬로 연결해야 한다.
④ 축전지를 보관 시에는 충전시키는 것이 좋다.

38 배터리 케이스의 표면의 이물질 등은 전기누설의 원인이 되어 배터리 자기방전의 원인이 된다.

39 자기방전량은 전해액의 온도와 비례하여 발생한다.

|정답| 34 ② 35 ② 36 ④ 37 ① 38 ② 39 ①

시동장치

40 건설기계에 사용되는 전기장치 중 플레밍의 왼손법칙이 적용된 부품은?

① 발전기
② 점화코일
③ 릴레이
④ 기동전동기

41 직류직권식 전동기에 대한 설명 중 옳지 않은 것은?

① 기동 회전력이 분권전동기에 비해 크다.
② 부하에 따른 회전속도의 변화가 크다.
③ 부하를 크게 하면 회전속도는 낮아진다.
④ 부하에 관계 없이 회전속도가 일정하다.

42 전기자 코일, 정류자, 계자코일, 브러시 등으로 구성되어 기관을 가동시킬 때 사용되는 것으로 옳은 것은?

① 발전기
② 기동전동기
③ 오일펌프
④ 액추에이터

43 기관시동 시 전류의 흐름으로 옳은 것은?

① 축전지 → 전기자 코일 → 정류자 → 브러시 → 계자코일
② 축전지 → 계자코일 → 브러시 → 정류자 → 전기자 코일
③ 축전지 → 전기자 코일 → 브러시 → 정류자 → 계자코일
④ 축전지 → 계자코일 → 정류자 → 브러시 → 전기자 코일

44 건설기계에 주로 사용되는 기동전동기로 옳은 것은?

① 직류분권 전동기
② 직류직권 전동기
③ 직류복권 전동기
④ 교류 전동기

45 기동전동기 전기자 코일에 항상 일정한 방향으로 전류가 흐르도록 하기 위해 설치한 것은?

① 슬립링
② 로터
③ 정류자
④ 다이오드

정답해설

40 기동전동기의 원리는 플레밍의 왼손법칙이 적용된다.

41 직류직권 전동기는 기동 회전력이 크고, 부하 증가 시 회전속도는 낮으나 회전력이 큰 장점이 있으나 회전속도의 변화가 큰 점이 단점이다.

42 기동전동기의 구조는 전기자 코일 및 철심, 정류자, 계자코일 및 계자철심, 브러시와 홀더, 피니언, 오버러닝 클러치, 솔레노이드 스위치 등으로 구성되어 있다.

43 기동전동기의 전류 흐름 순서는 '축전지 → 계자코일 → 브러시 → 정류자 → 전기자 코일'이다.

44 엔진의 시동 전동기는 직류직권 전동기이다.

45 기동전동기의 정류자는 전기자 코일에 항상 일정한 방향으로 전류가 흐르도록 하는 작용을 한다. 따라서 정류자의 마모는 기동전동기의 회전력이 낮아지는 원인이다.

| 정답 | 40 ④ 41 ④ 42 ② 43 ② 44 ② 45 ③

46 건설기계의 시동장치 취급 시 주의사항으로 옳지 않은 것은? ★★★

① 기동전동기의 연속사용 시간은 3분 정도로 한다.
② 기관이 시동된 상태에서 시동스위치를 켜서는 안 된다.
③ 기동전동기의 회전속도가 규정이하이면 오랜 시간 연속 회전시켜도 시동이 되지 않으므로 회전속도에 주의한다.
④ 전선 굵기는 규정이하의 것을 사용하면 안 된다.

47 엔진이 시동된 다음에는 기동전동기 피니언이 공회전하여 플라이휠 링 기어에 의해 엔진의 회전력이 기동전동기에 전달되지 않도록 하는 장치는? ★

① 피니언
② 전기자
③ 정류자
④ 오버러닝 클러치

48 기동전동기의 동력전달 기구를 동력전달 방식으로 구분한 것이 아닌 것은? ★

① 벤딕스 방식
② 피니언 섭동방식
③ 계자 섭동방식
④ 전기자 섭동방식

49 엔진이 시동되었는데도 시동스위치를 계속 ON 위치로 할 때 미치는 영향으로 옳은 것은? ★★

① 크랭크축 저널이 마멸된다.
② 클러치 디스크가 마멸된다.
③ 기동전동기의 수명이 단축된다.
④ 엔진의 수명이 단축된다.

충전장치와 등화장치

50 건설기계에 사용되는 전기장치 중 플레밍의 오른손 법칙이 적용되어 사용되는 부품은? ★★★

① 발전기
② 기동전동기
③ 릴레이
④ 점화코일

51 교류 발전기의 설명으로 옳지 않은 것은? ★★★

① 타려자 방식의 발전기다.
② 고정된 스테이터에서 전류가 생성된다.
③ 정류자와 브러시가 정류작용을 한다.
④ 발전기 조정기는 전압조정기만 필요하다.

정답해설

46 기동전동기의 연속사용 시간은 10~15초 정도로 한다. 최대 30초이다.

47 오버러닝 클러치는 엔진이 시동된 다음에 기동전동기 피니언이 공회전하여 플라이휠 링 기어에 의해 엔진의 회전력이 기동전동기에 전달되지 않도록 하여 피니언기어의 파손을 방지하는 기능을 한다.

48 기동전동기의 피니언을 엔진의 플라이휠 링 기어에 물리는 방식에는 벤딕스 방식, 피니언 섭동방식, 전기자 섭동방식 등을 사용하며 가장 많이 사용하고 있는 것은 전기자 섭동방식이다.

49 엔진이 기동되었을 때 시동스위치를 계속 ON 위치로 하면 기동전동기 피니언이 플라이휠의 링기어에 맞물려 소음, 진동, 기어의 파손을 발생시켜 전동기의 수명이 단축된다.

50 발전기의 원리는 플레밍의 오른손 법칙이다.

51 AC발전기는 실리콘 다이오드가 정류작용을 한다.

| 정답 | 46 ① 47 ④ 48 ③ 49 ③ 50 ① 51 ③

52 충전장치에서 발전기는 어떤 축과 연동되어 구동되는가?
① 크랭크축 ② 캠축
③ 추진축 ④ 변속기 입력축

53 교류(AC) 발전기의 장점이 아닌 것은?
① 소형 경량이다.
② 저속 시 충전특성이 양호하다.
③ 정류자를 두지 않아 풀리의 지름비를 작게 할 수 있다.
④ 반도체 정류기를 사용하므로 전기적 용량이 크다.

54 충전장치의 역할로 옳지 않은 것은?
① 각종 램프에 전력을 공급한다.
② 에어컨 장치에 전력을 공급한다.
③ 축전지에 전력을 공급한다.
④ 기동장치에 전력을 공급한다.

55 건설기계의 충전장치에서 가장 많이 사용하고 있는 발전기는 무엇인가?
① 단상 교류발전기 ② 3상 교류발전기
③ 와전류 발전기 ④ 직류발전기

56 교류(AC) 발전기의 특성이 아닌 것은?
① 저속에서도 충전성능이 우수하다.
② 소형 경량이고 출력도 크다.
③ 소모 부품이 적고 내구성이 우수하며 고속회전에 견딘다.
④ 전압조정기, 전류조정기, 컷 아웃 릴레이로 구성된다.

57 교류발전기에서 마모성 부품은 무엇인가?
① 스테이터 ② 슬립링
③ 다이오드 ④ 엔드 프레임

58 건설기계의 발전기가 충전작용을 하지 못하는 경우에 점검사항이 아닌 것은?
① 레귤레이터 ② 솔레노이드 스위치
③ 발전기 구동벨트 ④ 충전회로

59 교류발전기의 부품이 아닌 것은?
① 다이오드 ② 슬립링
③ 전류조정기 ④ 스테이터 코일

정답해설

52 발전기는 기관의 크랭크축과 구동벨트에 연결되어 구동된다.

53 AC발전기는 회전부분에 정류자를 두지 않아 회전속도 허용 한계가 높기 때문에 벨트나 베어링이 허용하는 범위 내에서 풀리비를 크게 할 수 있는 장점이 있다.

54 충전장치는 축전지, 각종 램프, 각종 전장부품에 전력을 공급하는 기능을 한다.

55 건설기계의 충전장치에서 가장 많이 사용하고 있는 발전기는 3상 교류발전기이다.

56 교류발전기는 다이오드에 의해 교류를 직류로 정류하고 역전류를 차단하기 때문에 전압조정기만 필요하다.

57 슬립링은 브러시와 접촉되어 회전하므로 마모성이 있다.

58 솔레노이드 스위치는 기동전동기의 전자석 스위치이며 발전기의 구조가 아니다.

59 AC 발전기는 스테이터(stator), 다이오드, 로터(rotor), 슬립링, 브러시, 엔드 프레임, 전압조정기 등으로 구성됨

| 정답 | 52 ① 53 ③ 54 ④ 55 ② 56 ④ 57 ② 58 ② 59 ③

60 교류발전기의 다이오드가 하는 역할은? ★★★

① 전류를 조정하고, 교류를 정류한다.
② 전압을 조정하고, 교류를 정류한다.
③ 교류를 정류하고, 역류를 방지한다.
④ 여자전류를 조정하고, 역류를 방지한다.

61 교류발전기에서 회전체에 해당하는 것은? ★★★

① 스테이터 ② 브러시
③ 엔드프레임 ④ 로터

62 AC발전기에서 전류가 흐를 때 전자석이 되는 것은? ★★★

① 계자철심 ② 로터
③ 아마추어 ④ 스테이터 철심

63 교류 발전기의 유도전류는 어디에서 발생하는가? ★★★

① 계자코일 ② 전기
③ 스테이터 코일 ④ 로터

64 충전장치에서 축전지 전압이 낮을 때의 원인으로 옳지 않은 것은? ★★

① 조정 전압이 낮을 때
② 다이오드가 단락되었을 때
③ 축전지 케이블 접속이 불량할 때
④ 충전회로의 부하가 적을 때

65 교류발전기에 사용되는 반도체인 다이오드를 냉각하기 위한 것은? ★★★

① 엔드 프레임에 설치된 오일장치
② 히트싱크
③ 냉각튜브
④ 유체클러치

66 전기회로에 대한 설명 중 옳지 않은 것은? ★★★

① 노출된 전선이 다른 전선과 접촉하는 것을 단락이라 한다.
② 회로가 절단되거나 커넥터의 결합이 해제되어 회로가 끊어진 상태를 단선이라 한다.
③ 접촉 불량은 스위치의 접점이 녹거나 단자에 녹이 발생하여 저항 값이 증가하는 것을 말한다.
④ 절연불량은 절연물의 균열, 물, 오물 등에 의해 절연이 파괴되는 현상을 말하며, 이때 전류가 차단된다.

정답해설

60 AC발전기 다이오드의 역할은 교류를 정류하고, 역류를 방지하는 기능을 한다.

61 교류발전기의 회전체는 전류가 흐를 때 전자석이 되는 로터이다.

63 AC 발전기 스테이터(stator)에서 유도전류가 발생한다.

64 충전회로의 부하가 클 때 축전지 전압이 낮아진다.

65 다이오드는 열에 약한 반도체이므로 항상 열을 방열해 주어야 하는데 발전기 뒷면의 히트싱크에서 다이오드의 정류작용 시 다이오드를 냉각시켜주는 작용을 한다.

66 절연불량은 절연물의 균열, 물, 오물 등에 의해 절연이 파괴되는 현상을 말하며 이러한 원인으로 전류가 누전된다.

|정답| 60 ③ 61 ④ 62 ② 63 ③ 64 ④ 65 ② 66 ④

67 건설기계의 전조등 성능을 유지하기 위하여 가장 좋은 방법은?

① 단선으로 한다.
② 복선식으로 한다.
③ 축전지와 직결시킨다.
④ 굵은 선으로 갈아 끼운다.

68 배선 회로도에서 표시된 0.85RW의 "R"은 무엇을 나타내는가?

① 단면적　　② 바탕색
③ 줄 색　　④ 전선의 재료

69 다음 중 광속의 단위는 무엇인가?

① 칸델라　　② 럭스
③ 루멘　　④ 와트

70 전조등의 구성품으로 옳지 않은 것은?

① 전구　　② 반사경
③ 렌즈　　④ 플래셔 유닛

71 전조등 형식 중 내부에 불활성 가스가 들어 있으며, 광도의 변화가 적은 것은?

① 로우 빔 방식
② 하이 빔 방식
③ 실드 빔 방식
④ 세미실드 빔 방식

72 헤드라이트에서 세미실드 빔 형에 대한 설명으로 옳은 것은?

① 렌즈, 반사경 및 전구를 분리하여 교환이 가능한 것
② 렌즈, 반사경 및 전구가 일체인 것
③ 렌즈와 반사경은 일체이고, 전구는 교환이 가능한 것
④ 렌즈와 반사경을 분리하여 제작한 것

73 좌·우측 전조등 회로의 연결 방법으로 옳은 것은?

① 직렬 연결　　② 단식 배선
③ 병렬 연결　　④ 직·병렬 연결

정답해설

67 복선식은 접지 쪽에도 전선을 사용하는 것으로 주로 전조등과 같이 큰 전류가 흐르는 회로에서 사용된다.

68 0.85RW: 0.85는 전선의 단면적, R은 바탕색, W는 줄 무늬 색을 나타낸다.

69 • 칸델라: 광도의 단위
• 럭스(룩스): 조도의 단위
• 루멘: 광속의 단위

70 플래셔 유닛은 방향지시등 스위치를 조작하였을 때 방향지시등을 점멸시키는 전자IC회로를 갖는 릴레이다.

71 실드 빔 형식 전조등 내부에는 불활성 가스를 넣어 그 자체가 1개의 전구가 되도록 한 것이다.

72 세미실드 빔 형은 렌즈와 반사경은 일체이나, 전구는 교환이 가능한 형식이다.

73 전조등 회로는 병렬회로이다.

| 정답 | 67 ② 68 ② 69 ③ 70 ④ 71 ③ 72 ③ 73 ③

74 건설기계의 등화장치 종류 중에서 조명용 등화가 아닌 것은? ★★

① 전조등 ② 안개등
③ 번호등 ④ 후진등

75 방향지시등의 한쪽 등 점멸이 빠르게 작동하고 있을 때, 운전자가 가장 먼저 점검하여야 할 곳은? ★★★

① 전구 ② 플래셔 유닛
③ 콤비네이션스위치 ④ 배터리

76 방향지시등이나 제동등의 작동 확인은 언제해야 하는가? ★★★

① 운행 전 ② 운행 중
③ 운행 후 ④ 일몰직전

77 방향지시등 스위치 작동 시 한쪽은 정상이고, 다른 한쪽은 점멸작용이 정상과 다르게(빠르게, 느리게, 작동불량) 작용할 때, 고장 원인으로 가장 거리가 먼 것은? ★★★

① 플래셔 유닛이 고장났을 때
② 한쪽 전구소켓에 녹이 발생하여 전압강하가 있을 때
③ 전구 1개가 단선되었을 때
④ 한쪽 램프 교체 시 규정 용량의 전구를 사용하지 않았을 때

78 한쪽의 방향지시등만 점멸속도가 빠른 원인으로 옳은 것은? ★★

① 전조등 배선접촉 불량
② 플래셔 유닛 고장
③ 한쪽 램프의 단선
④ 비상등 스위치 고장

정답해설

74 번호등은 외부 표시등화 장치이다.
77 플래셔 유닛이 고장나면 모든 방향지시등이 작동되지 않는다.
78 한쪽 램프(전구)가 단선되면 회로의 전체 저항이 증가하여 한쪽의 방향지시등만 점멸속도가 빨라진다.

| 정답 | 74 ③ 75 ① 76 ① 77 ① 78 ③

PART 07

전·후진 주행장치

Chapter 01 동력전달장치
Chapter 02 조향장치
Chapter 03 제동장치

CHAPTER 01 동력전달장치

01 동력전달장치

1 정의
주행을 위해 기관에서 발생된 동력을 구동 바퀴에 전달하는 모든 장치를 뜻한다.

2 동력전달 순서
피스톤 → 토크 컨버터 또는 클러치 → 변속기 → 드라이브 라인 → 종감속 장치 및 차동장치 → 액슬축 → 바퀴

02 클러치

기관의 동력을 변속기에 전달 및 차단하는 장치이다.

1 클러치 필요성
① 엔진 시동 시 무부하 상태를 위해 동력 차단
② 변속 시 기관 동력 차단
③ 관성운전을 가능하게 함

2 클러치의 종류
① 마찰클러치
② 유체클러치
③ 전자클러치

3 마찰클러치 구조
① 클러치판: 압력판과 플라이 휠 사이에 설치되어 있고, 기관의 동력을 변속기 입력축으로 회전력을 전달시킬 수 있는 마찰판

[마찰클러치 구조]

> **클러치판의 구성 요소**
> » 쿠션스프링: 직선 충격을 흡수
> » 댐퍼스프링(토션스프링): 클러치판의 비틀림 충격을 흡수

② 압력판: 클러치 스프링 장력으로 클러치판을 밀어서 플라이 휠에 압착시키는 장치이며, 플라이 휠과 항상 같이 회전
③ 릴리스 실린더: 유압에너지를 기계적 에너지로 변환하여 릴리스 포크를 작동시키는 장치
④ 릴리스 포크: 릴리스 베어링에 끼워져 릴리스 베어링을 작동시키는 장치
⑤ 릴리스 레버: 릴리스 베어링에 의해 한쪽이 눌리면 지렛대 원리로 클러치판을 누르고 있는 압력판을 분리시키는 장치
⑥ 릴리스 베어링: 릴리스 포크에 의해 클러치 축 방향으로 움직여 회전 중인 릴리스 레버를 눌러 동력을 차단하는 장치

4 클러치의 자유 간극
클러치 페달을 밟았을 때 릴리스 베어링이 릴리스 레버에 닿을 때까지 페달이 움직인 거리를 말하며, 클러치의 미끄러짐을 방지하고 원활하게 동력을 차단하여 기어의 물림을 좋게 한다.

5 클러치가 미끄러지는 원인
① 클러치의 자유간극이 작은 경우(자유간극이 크면 클러치의 차단 불량)
② 클러치판에 오일이 부착된 경우
③ 클러치판이나 압력판의 마멸
④ 클러치 압력판의 스프링 장력이 약화된 경우

03 수동변속기

1 수동변속기의 필요성
① 기관의 회전력을 증가시키기 위해
② 기관을 무부하 상태로 만들기 위해
③ 후진하기 위해

2 수동변속기의 용어 정리
① 록킹볼(Locking Ball) : 기어변속 후 기어가 빠지는 것을 방지하는 기능
② 인터록(Inter Lock) : 이중 기어가 물리는 것을 방지
③ 싱크로나이즈 링(Synchronaise ring) : 기어를 넣을 때 허브기어와 단기어의 속도를 일치시키며 고장 시 기어가 들어가지 않고 소음과 진동이 발생

3 수동변속기 소음의 원인
① 변속기의 오일 부족
② 클러치의 유격이 너무 클 때
③ 변속기의 기어, 변속기 베어링 등의 마모
④ 기어의 백 래시 과다

4 수동변속기의 기어가 빠지는 원인
① 변속기 기어의 마모가 심한 경우
② 기어의 물림이 불량한 경우
③ 변속기의 록킹볼이 불량한 경우

04 자동변속기

1 자동변속기의 장점
① 클러치 조작 없이 자동 출발이 가능
② 기관에 전달되는 충격이 적어 기관 수명이 길어짐
③ 저속 구동력이 좋음
④ 조종자의 기어 변속 없이 자동으로 변속이 가능

2 자동변속기의 유성기어
자동변속기는 기어의 구조가 매우 간결한 유성기어로 동력 차단 없이 변속이 가능하다.

[유성기어 구조]

05 토크 컨버터(Torque Converter)

1 토크 컨버터
① 기관의 동력을 유체에너지로 변환하고, 이 유체에너지를 다시 회전력으로 전환시키는 장치
② 펌프, 스테이터, 터빈, 가이드링 등으로 구성됨

펌프	크랭크축에 연결되어 회전
스테이터	오일이 흐르는 방향을 바꾸어 회전력을 증가시킴
터빈	변속기 입력축의 스플라인에 결합
가이드링	유체 클러치의 와류를 감소시킴

[토크 컨버터 구조]

2 유체 클러치
① 오일을 이용하여 엔진의 회전력을 변속기에 전달하는 클러치
② 펌프, 터빈, 가이드 링 등으로 구성되어 있음

06 드라이브 라인(Drive Line)

변속기에서 나오는 동력을 바퀴까지 전달하는 추진축이다.

[추진축 구조]

1 프로펠러 샤프트
변속기로부터 구동축에 동력을 전달하는 추진축이다.

2 자재 이음
두 개의 축 각도에 유연성을 주는 장치이며, 축이 특정 각도로 교차할 때 자유롭게 동력을 전달하기 위한 이음매이다.

3 슬립 이음
차량의 하중이 증가할 때 변속기 중심과 후차축 중심 길이가 변하는 것을 신축시켜 추진축 길이의 변동을 흡수하는 장치이다.

07 종감속 장치 및 차동장치

1 종감속 기어
① 기관 동력을 구동력으로 증가시키는 장치
② 추진축에서 받은 동력을 직각으로 바꾸어 뒷바퀴에 전달하고, 알맞은 감속비로 감속하여 회전력을 높임

> 종감속비
> » 종감속비는 나누어서 떨어지지 않는 값으로 함
> » 종감속비 = $\dfrac{링기어 잇수}{구동피니언 잇수}$

2 하이포이드 기어
링 기어 중심선 아래쪽에 구동피니언 기어의 중심이 오도록 설계한 기어이다.
① 추진축의 높이를 낮춰 차고가 낮아짐
② 기어의 강도가 증가
③ 특수 기어 오일을 사용해야 함
④ 기어의 물림률이 크기 때문에 회전이 정숙

[하이포이드 기어]

08 차동기어

커브를 돌 때 선회를 원활하게 해주는 장치이다.
① 험로 주행이나 선회 시에 좌우 구동바퀴의 회전속도를 달리하여 무리한 동력전달을 방지
② 보통 차동기어장치는 노면의 저항을 작게 받는 쪽의 바퀴 회전속도가 빠름
③ 선회 시 바깥쪽 바퀴의 회전속도를 증대시킴
④ 빙판이나 수렁을 지날 때 구동력이 한쪽 바퀴에만 전달되며 진행을 방해할 수 있기 때문에 4륜 구동 형식을 채택하거나 차동제한 장치를 두기도 함

09 타이어

노면으로부터의 충격 등을 흡수하여 제동력과 구동력 및 견인력을 확보하는 장치이다.

1 타이어의 구조
① 트레드(Tread): 노면과 접촉하는 두꺼운 고무층으로, 마모에 잘 견디고 미끄럼 방지 및 열 발산 기능을 함
② 브레이커(Breaker): 트레드와 카커스 사이에 있으며, 여러 겹의 코드 층을 고무로 감싼 구조
③ 카커스(Carcass): 타이어의 골격을 형성하는 부분으로, 강도가 강한 합성섬유에 고무를 입힌 층이다. 골격과 공기압을 유지시켜주는 역할을 함
④ 사이드월(Side Wall): 카커스를 보호하고 승차감을 좋게 한다. 타이어의 사이즈와 생산년도, 규정 공기압, 하중 등의 정보가 표기되어 있음
⑤ 비드(Bead): 휠림과 접촉하는 부분으로, 타이어를 림에 고정시키는 기능이 있으며 공기가 새는 경우를 방지하는 기능을 함
⑥ 튜브리스 타이어: 타이어 내부에 튜브 대신 이너라이너라는 고무 층을 둔다. 펑크 발생 시 급격한 공기 누설이 없기 때문에 안정성이 좋고, 방열이 좋으며 수리가 간편함

2 트레드의 패턴
① 타이어의 마찰력을 증가시켜 미끄럼을 방지
② 구동력, 조향성, 안정성 및 견인력 등을 향상시킴
③ 타이어 내부의 열을 발산
④ 리브형, 러그형, 블록형, 오프더로드형 등이 있음

[타이어의 구조]

3 타이어의 분류
① 고압 타이어: $4.2 kgf/cm^2$ 공기압을 사용하는 타이어로, 대형 트럭이나 버스 등에 사용
② 저압 타이어: $1.4~2.8 kgf/cm^2$ 공기압을 사용하는 타이어로, 승용차에 사용
③ 초저압 타이어: $1.4~1.7 kgf/cm^2$ 공기압을 사용하는 타이어로, 폭이 넓고 공기량이 많음
④ 튜브리스 타이어: 타이어 내부에 튜브가 없어 방열이 좋고 수리가 간단하며, 못이 박혀도 공기가 쉽게 새어나가지 않고 고속주행에 의한 발열이 적음

4 타이어의 표기 호칭 순서
① 저압 타이어: 타이어폭(Inch) - 타이너 내경(Inch) - 플라이 수
② 고압 타이어: 타이어폭(Inch) × 타이어 내경(Inch) - 플라이 수

CHAPTER 02 조향장치

01 조향장치

1 조향 원리
① 조향장치는 운전자가 건설기계 주행 중 선회하려는 방향으로 조향 휠과 각도를 변화시키는 장치
② 조향의 원리는 애커먼장토식의 원리를 이용

2 조향장치 구비 조건
① 주행 중 발생되는 충격에 조향 조작이 영향을 받으면 안 됨
② 조작하기 쉽고 최소 회전 반경이 적어야 함
③ 정비가 편리해야 하고 수명이 길어야 함
④ 조향 휠의 회전과 바퀴 회전수 차이가 크지 않아야 함
⑤ 방향 전환이 쉽게 진행되어야 함

3 조향장치의 구성 부품
① 핸들 및 조향축: 바퀴의 조향을 하는 핸들과 회전력을 전달하는 연결 부위인 조향 축
② 조향기어 박스
  - 렉기어와 피니언 기어의 조향 기어로 구성되며, 감속비로 조작력을 증가시킴
  - 조향기어의 종류에는 웜 섹터형, 볼 너트형, 래크오피니언형 등이 있음
③ 피트먼 암: 조향 기어의 섹터에 고정되어 조향 휠의 움직임을 드래그에 전달
④ 드래그 링크: 피트먼 암과 너클암을 연결하는 연결 부위
⑤ 타이로드
  - 너클암의 회전운동을 바퀴 좌우 조향 너클에 전달하여 바퀴를 조향
  - 타이로드와 타이로드 엔드는 너트형태로 조립되어 있어서 타이로드 길이를 조정하여 휠얼라인먼트의 토우 조정이 가능
⑥ 타이로드 엔드: 타이로드 끝부분에 연결되어 너클 암과 연결된 부분

[조향장치의 구성]

4 조향핸들이 무거워지는 원인
① 타이어의 마모가 심한 경우
② 오일펌프의 작동이 불량한 경우
③ 타이어 공기압이 낮은 경우
④ 조향기어 박스에 기어오일이 부족한 경우
⑤ 바퀴 정렬이 불량한 경우

5 조향핸들의 유격이 커지는 원인
① 피트먼 암이 헐거운 경우
② 조향바퀴 허브베어링의 베어링 마모가 심한 경우
③ 타이로드 엔드 볼 조인트의 마모가 심한 경우
④ 조향기어, 링키지의 조정이 불량한 경우

6 조향핸들이 한쪽으로 쏠리는 원인
① 한쪽 타이어의 공기압이 낮은 경우
② 바퀴 정렬이 불량한 경우
③ 허브 베어링의 마모가 심한 경우

02 동력식 조향장치

1 동력 조향장치의 장점
① 작은 조작력으로 조향 조작이 가능
② 제작 시 조향 기어비를 조작력에 관계없이 설정 가능
③ 굴곡진 노면으로부터 발생한 충격을 흡수하여 조향핸들에 충격이 전달되는 것을 방지

2 유압식 동력 조향장치
유압 에너지를 이용하여 조향 조작력을 가볍게 하는 장치
① 동력부는 기관 동력으로 펌프를 구동
② 제어부는 오일의 흐름을 제어
③ 작동부는 실린더 내의 피스톤에 유압을 보내어 작동하게 함
④ 유압식 동력 조향장치는 저속과 고속에서 모두 조향력이 가벼워 고속 시 주행 안전성이 떨어질 수 있음

03 조향바퀴 정렬

각 바퀴가 차체나 노면에 일정한 방향이나 각도에 맞춰 정렬한다.

1 캠버(Camber)
① 자동차를 앞에서 보았을 때 노면 수직선과 바퀴의 중심선이 이루는 각도
② 앞바퀴가 하중에 의해 아래로 벌어지는 것을 방지
③ 조향 휠의 조작력을 가볍게 함

[캠버]

2 캐스터(Caster)
① 자동차를 옆에서 보았을 때 노면 수직선과 킹핀 중심선(조향축)이 이루는 각
② 바퀴의 직진 안정성을 높임
③ 조향 후 바퀴를 직진 방향으로 돌아오게 하는 복원력을 높임

[캐스터]

3 토(Toe)
바퀴를 위에서 보았을 때 좌우 바퀴의 간격이 뒤쪽보다 앞쪽이 좁은 경우(토 인) 또는 큰 경우(토 아웃)를 말한다.
① 조향을 가볍게 하고 직진성을 좋게 함
② 옆 방향으로 미끄러지지 않도록 함
③ 바퀴를 평행하게 회전하도록 함
④ 토가 잘못되면 타이어 트레드에 마모가 발생할 수 있음

[토 인]   [토 아웃]

4 킹핀 경사각(King Pin Inclination Angle)
① 자동차를 앞에서 보았을 때 노면 수직선과 킹핀 중심선(조향축)이 이루는 각도
② 바퀴의 방향 안정성과 복원성을 높임
③ 핸들의 조작력을 줄임
④ 바퀴의 시미현상을 방지

[킹핀 경사각]

> 시미현상(Shimmy)
> » 바퀴가 옆으로 흔들리는 현상
> » 타이어의 동적평형이 잡혀있지 않으면 시미현상이 발생

CHAPTER 03 제동장치

01 제동장치

① 주행 중인 건설기계를 정지 또는 감속시키거나 주차 상태를 유지하는 장치
② 제동장치는 '밀폐 용기 내에서 액체를 채우고 그 용기에 힘을 가하면 유체 속에서 발생하는 압력은 용기 내의 모든 면에 같은 압력이 작용한다.'라는 파스칼의 원리를 이용

02 유압식 제동장치

1 유압식 제동장치의 특징

① 파스칼의 원리 이용
② 작동 장치의 원격 제어 가능
③ 모든 바퀴에 균일한 압력 전달 가능
④ 작동 시 마찰 손실이 작음
⑤ 유압 계통이 파손되면 제동력이 상실되며, 유압라인 내에 공기가 차거나 베이퍼록 현상이 발생할 수 있음
⑥ 드럼식과 디스크식이 있음

2 유압식 제동장치 구성품

① 마스터 실린더: 브레이크 페달을 밟아서 유압을 발생시키는 부분이다. 안정성 확보를 위해 2개의 유압회로를 구성하고 있는 탠덤마스터 실린더가 주로 사용되고 있음
② 브레이크 페달: 지렛대의 원리를 이용하여 밟는 힘보다 더 큰 힘을 마스터 실린더에 가함
③ 체크밸브: 브레이크 파이프 내의 잔압을 형성하여 베이퍼록을 방지하고 재제동성을 높임

» 베이퍼록 현상: 유압 라인 내에 마찰열이나 압력 변화로 오일에서 기포가 발생하고, 그 기포가 오일 흐름을 방해하여 제동력이 떨어지는 현상
» 페이드 현상: 브레이크 드럼과 라이닝 사이에 마찰열로 마찰계수가 작아져 브레이크가 밀리는 현상

3 유압식 브레이크의 종류

① 드럼식 브레이크
  • 브레이크 드럼 안쪽으로 라이닝을 부착한 브레이크슈를 압착하는 방식으로 제동
  • 휠 실린더, 브레이크슈 및 브레이크 드럼, 백 플레이트 등으로 이루어짐
② 디스크 브레이크
  • 바퀴에 디스크가 붙어 있어서 브레이크 패드가 디스크에 마찰을 주는 방식으로 제동
  • 패드의 마찰 면적이 작기 때문에 제동 배력 장치가 필요
  • 패드는 높은 강도의 재질로 구성되어야 함

[디스크 브레이크]

 공기 브레이크
» 압축 공기로 제동력을 얻는 장치
» 큰 제동력이 가능하므로 건설기계 또는 대형 차량에 사용 가능

PART 07 단원문제
전·후진 주행장치

★ 개수는 빈출도와 중요도를 의미합니다.

01 ★★★
동력을 전달하는 계통의 순서를 바르게 나타낸 것은?
① 피스톤 → 커넥팅로드 → 클러치 → 크랭크축
② 피스톤 → 클러치 → 크랭크축 → 커넥팅로드
③ 피스톤 → 크랭크축 → 커넥팅로드 → 클러치
④ 피스톤 → 커넥팅로드 → 크랭크축 → 클러치

02 ★★★
기계식 변속기가 장착된 건설기계에서 클러치 스프링의 장력이 약하면 발생하는 현상은?
① 주 속도가 빨라진다.
② 기관의 회전속도가 빨라진다.
③ 기관이 정지된다.
④ 클러치가 미끄러진다.

03 ★★★
기관의 플라이휠과 항상 같이 회전하는 부품은?
① 압력판
② 릴리스 베어링
③ 클러치 축
④ 디스크

04
클러치의 필요성으로 옳지 않은 것은?
① 전·후진을 위해
② 관성운동을 하기 위해
③ 기어 변속 시 기관의 동력을 차단하기 위해
④ 기관 시동 시 기관을 무부하 상태로 하기 위해

05 ★★★
클러치에 대한 설명으로 옳지 않은 것은?
① 클러치는 수동식 변속기에 사용된다.
② 클러치 용량이 너무 크면 엔진이 정지하거나 동력 전달 시 충격이 일어나기 쉽다.
③ 엔진 회전력보다 클러치의 용량이 적어야 한다.
④ 클러치 용량이 너무 작으면 클러치가 미끄러진다.

06 ★★
클러치 차단이 불량한 원인이 아닌 것은?
① 릴리스 레버의 마멸
② 페달 유격의 과대
③ 클러치판의 흔들림
④ 토션 스프링의 약화

정답해설

02 클러치 스프링의 장력이 약하면 클러치를 지지하기 어려워지므로, 클러치가 미끄러진다.

05 클러치의 용량은, 클러치가 엔진으로부터 변속기축에 전달할 수 있는 회전력의 크기를 의미하며, 엔진 회전력보다 약 2~3배 정도 커야 한다.

06 토션 스프링은 클러치 디스크가 플라이휠과 접속할 때 회전 충격을 흡수하는 역할을 하는 것으로 클러치 차단 불량의 원인이 아니다.

| 정답 | 01 ④ 02 ④ 03 ① 04 ① 05 ③ 06 ④

07 ★★★ 수동식 변속기가 장착된 장비에서 클러치 페달에 유격을 두는 이유는?

① 클러치 용량을 크게 하기 위해
② 클러치의 미끄럼을 방지하기 위해
③ 엔진 출력을 증가시키기 위해
④ 제동 성능을 증가시키기 위해

08 ★★★ 수동변속기가 설치된 건설기계에서 클러치가 미끄러지는 원인으로 가장 거리가 먼 것은?

① 클러치 페달의 자유간극 과소
② 압력판의 마멸
③ 클러치판에 오일부착
④ 클러치판의 런아웃 과다

09 ★★★ 수동식 변속기 건설기계를 운행 중 급가속 시켰더니 기관의 회전은 상승하는데 차속이 증속되지 않았다. 그 원인에 해당하는 것은?

① 클러치 파일럿 베어링의 파손
② 릴리스 포크의 마모
③ 클러치 페달의 유격 과대
④ 클러치 디스크 과대 마모

10 ★★★ 토크 컨버터에서 오일 흐름 방향을 바꾸어 주는 것은?

① 펌프
② 변속기축
③ 터빈
④ 스테이터

11 ★★★ 토크 컨버터에 대한 설명으로 옳은 것은?

① 구성품 중 펌프(임펠러)는 변속기 입력축과 기계적으로 연결되어 있다.
② 펌프, 터빈, 스테이터 등이 상호 운동하여 회전력을 변환시킨다.
③ 엔진 회전속도가 일정한 상태에서 건설기계의 속도가 줄어들면 토크는 감소한다.
④ 구성품 중 터빈은 기관의 크랭크축과 기계적으로 연결되어 구동된다.

12 ★★★ 유체 클러치(Fluid coupling)에서 가이드 링의 역할은?

① 와류를 감소시킨다.
② 터빈(Turbine)의 손상을 줄이는 역할을 한다.
③ 마찰을 증대시킨다.
④ 플라이휠(fly wheel)의 마모를 감소시킨다.

정답해설

07 클러치 유격은 릴리스 베어링이 릴리스 레버에 접촉할 때까지 페달이 움직인 거리를 말하는데 클러치의 미끄러짐을 방지하기 위해 클러치 페달에 적당한 유격을 두게 된다.

08 클러치판의 런아웃(Run out)은 클러치판이 떨리는 현상을 말한다.

09 클러치가 마모되면 클러치가 미끄러지기 때문에 급가속을 하여도 차속이 증속되지 않는 증상이 발생한다.

11 토크 컨버터는 펌프(임펠러), 터빈(러너), 스테이터 등이 상호 운동하여 회전력을 변환시키는 장치이다.

12 유체 클러치에서 가이드 링은 유체의 와류(소용돌이)를 감소시켜 동력의 전달효율을 증대시킨다.

| 정답 | 07 ② 08 ④ 09 ④ 10 ④ 11 ② 12 ①

13 유성기어 장치의 주요 부품은? ★★★

① 유성기어, 베벨기어, 선기어
② 선기어, 클러치기어, 헬리컬기어
③ 유성기어, 베벨기어, 클러치기어
④ 선기어, 유성기어, 링기어, 유성캐리어

14 동력전달장치에서 토크 컨버터에 대한 설명으로 옳지 않은 것은?

① 기계적인 충격을 흡수하여 엔진의 수명을 연장한다.
② 조작이 용이하고 엔진에 무리가 없다.
③ 부하에 따라 자동적으로 변속한다.
④ 일정 이상의 과부하가 걸리면 엔진이 정지한다.

15 토크 컨버터의 3대 구성요소가 아닌 것은? ★★★

① 터빈
② 스테이터
③ 펌프
④ 오버러닝 클러치

16 변속레버를 중립에 위치하였는데도 불구하고 전진 또는 후진으로 움직이고 있을 때 고장으로 판단되는 곳은? ★

① 컨트롤 밸브
② 유압펌프
③ 토크컨버터
④ 트랜스퍼케이스

17 자동변속기가 장착된 지게차의 모든 변속단에서 출력이 떨어질 경우 점검해야 할 항목과 거리가 먼 것은? ★

① 토크컨버터 고장
② 오일의 부족
③ 엔진고장으로 출력 부족
④ 추진축 휨

18 토크변환기에 사용되는 오일의 구비조건으로 옳은 것은? ★★★

① 착화점이 낮을 것
② 비중이 작을 것
③ 비점이 낮을 것
④ 점도가 낮을 것

정답해설

13 유성기어 장치는 중심에 선기어가 고정되어 있고 가장 바깥쪽에 커다란 링기어가 있으며, 선기어와 링기어 중간에 유성기어가 설치되고 유성기어를 동일한 간격으로 지지하는 유성기어 캐리어로 구성된다.

14 토크 컨버터는 일정 이상의 과부하가 걸려도 엔진 가동이 정지하지 않는다.

15 토크 컨버터는 터빈, 스테이터, 펌프 임펠러로 구성된다.

16 컨트롤 밸브가 고장나면 변속레버를 중립에 위치하였는데도 불구하고 전진 또는 후진으로 움직인다.

18 토크 컨버터 오일의 구비조건: 점도가 낮고, 착화점이 높을 것, 빙점이 낮고, 비점이 높을 것, 비중이 크고, 유성이 좋을 것, 윤활성과 내산성이 클 것

| 정답 | 13 ④ 14 ④ 15 ④ 16 ① 17 ④ 18 ④

19 자동변속기의 과열원인이 아닌 것은? ★★★

① 메인압력이 높다.
② 과부하 운전을 계속하였다.
③ 오일이 규정량보다 많다.
④ 변속기 오일쿨러가 막혔다.

20 건설기계에서 변속기의 구비조건으로 가장 적절한 것은? ★★★

① 대형이고, 고장이 없어야 한다.
② 조작이 쉬우므로 신속할 필요는 없다.
③ 연속적 변속에는 단계가 있어야 한다.
④ 전달효율이 좋아야 한다.

21 수동변속기가 장착된 건설기계에서 기어의 이중 물림을 방지하는 장치는? ★

① 인젝션 장치
② 인터록 장치
③ 인터클러치 장치
④ 인터널 기어 장치

22 운행 중 변속레버가 빠지는 원인에 해당되는 것은? ★★★

① 기어가 충분히 물리지 않았을 때
② 클러치 조정이 불량할 때
③ 릴리스 베어링이 파손되었을 때
④ 클러치 연결이 분리되었을 때

23 수동식 변속기가 장착된 건설기계에서 기어의 이상음이 발생하는 이유가 아닌 것은? ★★

① 기어 백래시 과다
② 변속기의 오일부족
③ 변속기 베어링의 마모
④ 웜과 웜기어의 마모

24 추진축의 각도변화를 가능하게 하는 이음은? ★★★

① 등속이음
② 자재이음
③ 플랜지이음
④ 슬립이음

정답해설

19 자동변속기가 과열하는 원인
- 오일이 부족할 때
- 메인압력(유압)이 높을 때
- 과부하 운전을 계속하였을 때
- 오일쿨러가 막혔을 때

20 변속기는 소형, 경량이고 고장이 없으며, 조작이 쉽고 신속, 정확하게 변속되어야 한다. 또한 단계 없이 연속적인 변속 조작이 가능하고, 전달 효율이 좋아야 한다.

21 변속기 기어가 이중으로 물리는 것을 방지하는 장치는 인터록 장치이다.

22 변속레버는 기어가 제대로 물리지 않거나, 변속기 록 장치가 불량하거나, 록스프링의 장력이 약할 경우 빠지게 된다.

23 웜과 웜기어는 나사모양의 휠이 직각방향으로 웜기어에 연결되어 회전력을 전달하는데 사용된다. 웜과 웜기어는 조향기어의 종류이므로 수동변속기와는 관계가 없다.

24 자재이음(유니버설 조인트)은 추진축의 각도변화를 가능하게 하는 부품이다.

| 정답 | 19 ③ 20 ④ 21 ② 22 ① 23 ④ 24 ②

25 슬립이음과 자재이음을 설치하는 곳은?

① 드라이브 라인 ② 종 감속기어
③ 차동기어 ④ 유성기어

26 타이어식 건설기계의 동력전달장치에서 추진축의 밸런스 웨이트에 대한 설명으로 옳은 것은?

① 추진축의 비틀림을 방지한다.
② 추진축의 회전수를 높인다.
③ 변속조작 시 변속을 용이하게 한다.
④ 추진축의 회전 시 진동을 방지한다.

27 십자축 자재이음을 추진축 앞뒤에 둔 이유를 가장 적절하게 설명한 것은?

① 추진축의 진동을 방지하기 위해
② 회전 각속도 변화를 상쇄하기 위해
③ 추진축의 굽음을 방지하기 위해
④ 길이의 변화를 가능하게 하기 위해

28 엔진에서 발생한 회전동력을 바퀴까지 전달할 때 마지막으로 감속작용을 하는 것은?

① 클러치
② 트랜스미션
③ 프로펠러 샤프트
④ 파이널 드라이브 기어(종감속기어)

29 타이어식 건설기계의 추진축 구성품이 아닌 것은?

① 실린더
② 요크
③ 평형추
④ 센터베어링

30 종감속비에 대한 설명으로 옳지 않은 것은?

① 종감속비는 링기어 잇수를 구동피니언 잇수로 나눈 값이다.
② 종감속비가 크면 가속성능이 향상된다.
③ 종감속비가 적으면 등판능력이 향상된다.
④ 종감속비는 나누어서 떨어지지 않는 값으로 한다.

31 동력전달장치에 사용되는 차동기어장치에 대한 설명으로 옳지 않은 것은?

① 선회할 때 좌·우 구동바퀴의 회전속도를 다르게 한다.
② 선회할 때 바깥쪽 바퀴의 회전속도를 증대시킨다.
③ 보통 차동기어장치는 노면의 저항을 작게 받는 구동바퀴가 더 많이 회전하도록 한다.
④ 기관의 회전력을 크게 하여 구동바퀴에 전달한다.

정답해설

25 추진축의 길이 변화를 가능하게 해주는 슬립이음과 추진축의 각도 변화를 가능하게 해주는 자재이음은 드라이브 라인에 설치된다.
26 밸런스 웨이트(평형추)는 추진축이 회전할 때 진동을 방지한다.
27 십자축 자재이음을 추진축 앞뒤에 둔 이유는 회전 각속도의 변화를 상쇄하기 위함이다.
28 파이널 드라이브 기어(종감속 기어)는 엔진의 동력을 바퀴까지 전달할 때 마지막으로 감속하여 전달한다.
29 추진축은 요크, 평형추, 센터베어링으로 구성되어 있다.
30 종감속비를 크게 하면 가속성능과 등판능력은 향상되나 고속성능이 저하한다.
31 기관의 회전력을 크게 하여 구동바퀴에 전달하는 것은 종감속기어이다.

| 정답 | 25 ① 26 ④ 27 ② 28 ④ 29 ① 30 ③ 31 ④

32 차축의 스플라인 부는 차동장치 어느 기어와 결합되어 있는가?

① 링 기어
② 차동사이드 기어
③ 차동피니언
④ 구동피니언

33 엔진에서 발생한 회전동력을 바퀴까지 전달할 때 마지막으로 감속작용을 하는 것은?

① 클러치
② 프로펠러샤프트
③ 트랜스미션
④ 파이널 드라이버 기어

34 하부 추진체가 휠로 되어 있는 건설기계 장비로 커브를 돌 때 선회를 원활하게 해주는 장치는?

① 변속기
② 차동장치
③ 최종 구동장치
④ 트랜스퍼케이스

35 사용압력에 따른 타이어의 분류에 속하지 않는 것은?

① 고압타이어
② 초고압타이어
③ 저압타이어
④ 초저압타이어

36 타이어에서 고무로 피복된 코드를 여러 겹으로 겹친 층에 해당되며 타이어 골격을 이루는 부분은?

① 카커스(carcass)부분
② 트레드(tread)부분
③ 숄더(shoulder)부분
④ 비드(bead)부분

37 타이어식 건설기계 주행 중 발생할 수도 있는 히트 세퍼레이션 현상에 대한 설명으로 옳은 것은?

① 물에 젖은 노면을 고속으로 달리면 타이어와 노면사이에 수막이 생기는 현상
② 고속으로 주행 중 타이어가 터져버리는 현상
③ 고속 주행 시 차체가 좌·우로 밀리는 현상
④ 고속 주행할 때 타이어 공기압이 낮아져 타이어가 찌그러지는 현상

정답해설

32 차축의 스플라인 부는 차동장치의 차동사이드 기어와 결합되어 있다.

33 종감속기어(파이널 드라이버 기어, 최종 감속기어)는 추진축의 회전력을 직각이나 직각에 가까운 각도로 바꾸어서 뒤차축에 전달하고, 최종적인 감속을 통해 회전력을 증대시키기 위해 설치하는 장치이다.

34 차동장치란 하부 추진체가 휠로 되어 있는 건설기계장비로 커브를 돌 때 쪽 바퀴의 회전수를 다르게 하여 원활한 주행을 가능하게 하는 장치이다.

35 사용압력에 따른 타이어의 분류에는 고압타이어, 저압타이어, 초저압타이어가 있다.

36 카커스 부분은 고무로 피복된 코드를 여러겹 겹친 층에 해당되며, 타이어 골격을 이루는 부분이다.

37 히트 세퍼레이션(heat separation)이란 고속으로 주행할 때 열에 의해 타이어의 고무나 코드가 용해 및 분리되어 터지는 현상이다.

| 정답 | 32 ② 33 ④ 34 ② 35 ② 36 ① 37 ②

38 타이어의 트레드에 대한 설명으로 옳지 않은 것은?

① 트레드가 마모되면 구동력과 선회능력이 저하된다.
② 트레드가 마모되면 지면과 접촉 면적이 크게 됨으로써 마찰력이 증대되어 제동 성능은 좋아진다.
③ 타이어의 공기압이 높으면 트레드의 양단부보다 중앙부의 마모가 크다.
④ 트레드가 마모되면 열의 발산이 불량하게 된다.

39 타이어에서 트레드 패턴과 관련이 없는 것은?

① 제동력 ② 편평율
③ 구동력 및 견인력 ④ 타이어의 배수효과

40 튜브리스타이어의 장점이 아닌 것은?

① 펑크 수리가 간단하다.
② 못이 박혀도 공기가 잘 새지 않는다.
③ 고속 주행하여도 발열이 적다
④ 타이어 수명이 길다

41 동력조향장치의 장점으로 적절하지 않은 것은?

① 작은 조작력으로 조향조작을 할 수 있다.
② 조향기어 비율을 조작력에 관계없이 선정할 수 있다.
③ 굴곡노면에서의 충격을 흡수하여 조향핸들에 전달되는 것을 방지한다.
④ 조작이 미숙하면 엔진이 자동으로 정지된다.

42 조향 핸들의 유격이 커지는 원인과 관계가 없는 것은?

① 피트 먼 암의 헐거움
② 타이어 공기압 과대
③ 조향기어, 링키지 조정불량
④ 앞바퀴 베어링 과대 마모

43 타이어형 건설기계에서 동력조향장치 구성을 열거한 것으로 적절하지 않은 것은?

① 유압펌프 ② 복동 유압실린더
③ 제어밸브 ④ 하이포이드 피니언

정답해설

38 타이어의 트레드는 타이어에서 노면과 직접 접촉되어 마모에 견디며, 적은 슬립으로 견인력을 증대시키는 부분으로, 만약에 트레드가 마모된다면 노면과의 접촉 마찰력이 감소하게 되어 잘 미끄러진다.

39 트레드 패턴은 트레드에 새겨진 홈의 모양을 말하며 제동력 향상, 구동력, 견인력 등의 성능 향상, 타이어의 배수효과 향상 등의 기능을 담당한다. 편평율은 타원체의 편평한 정도를 의미하여, 이는 트레드 패턴과는 상관이 없다.

40 튜브리스(tubeless)타이어란 튜브가 없고 대신에 공기가 누설되지 않는 고무막을 타이어 내부에 설치하는 방식의 타이어로 최근에 많이 사용하며, 타이어의 수명은 운전 조건에 따른 트레드의 마모 상태로 판단하는 것이므로 튜브리스타이어라고 해서 수명이 길다고 할 수 없다.

41 동력조향장치의 장점
• 조향기어 비율을 조작력에 관계없이 선정할 수 있다.
• 작은 조작력으로 조향조작을 할 수 있다.
• 굴곡노면에서의 충격을 흡수하여 조향핸들에 전달되는 것을 방지한다.
• 조향핸들의 시미현상을 줄일 수 있다.

43 동력조향장치는 작동장치(유압실린더), 유압발생장치(유압펌프), 유압제어장치(제어밸브)로 구성되어 있다.

| 정답 | 38 ② 39 ② 40 ④ 41 ④ 42 ② 43 ④

44 조향기어의 백래시가 클 경우 발생할 수 있는 현상은?

① 핸들의 유격이 커진다.
② 조향핸들의 축방향 유격이 커진다.
③ 조향각도가 커진다.
④ 핸들이 한쪽으로 쏠린다.

45 유압식 조향장치의 핸들의 조작력이 무거운 원인과 가장 거리가 먼 것은?

① 유압이 낮다.
② 오일이 부족하다.
③ 유압 계통 내에 공기가 혼입되었다.
④ 펌프의 회당 회전수가 빠르다.

46 타이어식 건설기계에서 조향바퀴의 토인을 조정하는 것은?

① 조향핸들
② 타이로드
③ 웜 기어
④ 드래그 링크

47 건설기계 조향바퀴 정렬의 요소가 아닌 것은?

① 캐스터(caster)
② 부스터(booster)
③ 캠버(camber)
④ 토인(toe-in)

48 앞바퀴 정렬 요소 중 캠버의 필요성에 대한 설명으로 옳지 않은 것은?

① 앞차축의 힘을 적게 한다.
② 조향 휠의 조작을 가볍게 한다.
③ 조향 시 바퀴의 복원력이 발생한다.
④ 토(Toe)와 관련성이 있다.

49 타이어식 건설기계의 휠 얼라인먼트에서 토인의 필요성이 아닌 것은?

① 조향바퀴의 방향성을 준다.
② 타이어 이상마멸을 방지한다.
③ 조향바퀴를 평행하게 회전시킨다.
④ 바퀴가 옆 방향으로 미끄러지는 것을 방지한다.

정답해설

44 백래시란 한 쌍의 기어가 맞물렸을 때, 치면 사이에 생기는 틈새를 말한다. 조향기어의 백래시가 작으면 핸들이 무거워지고, 백래시가 커지면 핸들의 유격이 커지게 된다.

45 타이어의 공기압이 낮을 때, 오일펌프의 회전이 느릴 때, 오일이 부족할 때 등의 이유로 유압 조향장치의 핸들 조작은 무거워진다.

46 토인은 타이로드에서 조정할 수 있다.

47 조향바퀴 얼라인먼트의 요소에는 캠버, 캐스터, 토인, 킹핀 경사각 등이 있다.

48 캠버의 필요성: 앞차축의 힘을 적게 하고 조향 휠(핸들)의 조작을 가볍게 하며, 토(Toe)와 토인, 토아웃의 상태에 따라 정의 캠버와 부의 캠버를 두고 있다.

49 토인의 필요성
- 조향바퀴를 평행하게 회전시킨다.
- 조향바퀴가 옆 방향으로 미끄러지는 것을 방지한다.
- 타이어 이상 마멸을 방지한다.
- 조향 링키지 마멸에 따라 토아웃(toe-out)이 되는 것을 방지한다.

|정답| 44 ① 45 ④ 46 ② 47 ② 48 ③ 49 ①

50 타이어식 건설기계에서 앞바퀴 정렬의 역할과 거리가 먼 것은?

① 브레이크의 수명을 길게 한다.
② 타이어 마모를 최소로 한다.
③ 방향 안정성을 준다.
④ 조향핸들의 조작을 작은 힘으로 쉽게 할 수 있다.

제동장치

51 긴 내리막길을 내려갈 때 베이퍼록을 방지하려고 하는 좋은 운전방법은?

① 변속레버를 중립으로 놓고 브레이크 페달을 밟고 내려간다.
② 엔진시동을 끄고 브레이크 페달을 밟고 내려간다.
③ 엔진 브레이크를 사용한다.
④ 클러치를 끊고 브레이크 페달을 계속 밟고 속도를 조정하면서 내려간다.

52 제동장치의 기능을 설명한 것으로 옳지 않은 것은?

① 주행속도를 감속시키거나 정지시키기 위한 장치이다.
② 독립적으로 작동시킬 수 있는 2계통의 제동장치가 있다.
③ 급제동 시 노면으로부터 발생되는 충격을 흡수하는 장치이다.
④ 경사로에서 정지된 상태를 유지할 수 있는 구조이다.

53 유압 브레이크에서 잔압을 유지시키는 것은?

① 부스터　　② 체크밸브
③ 실린더　　④ 피스톤 스프링

54 제동장치의 구비 조건 중 옳지 않은 것은?

① 점검 및 조정이 용이해야 한다.
② 작동이 확실하고 잘 되어야 한다.
③ 마찰력이 작아야 한다.
④ 신뢰성과 내구성이 뛰어나야 한다.

정답해설

50 앞바퀴 정렬이란 차량의 바퀴 위치 방향 및 다른 부품들과의 밸런스 등을 올바르게 유지하는 정렬상태로, 휠 얼라인먼트(wheel alignment)라고도 하며 브레이크 수명과는 관계가 없다.

51 경사진 내리막길을 내려갈 때 베이퍼록을 방지하려면 엔진 브레이크를 사용한다.

53 유압 브레이크에서 잔압을 유지시키는 것은 체크밸브이다.

54 제동장치란 주행 중인 차량을 감속 또는 정지시키거나 정지된 차량이 더 이상 움직이지 않도록 하기 위한 장치로 마찰력이 커야 한다.

| 정답 | 50 ① 51 ③ 52 ③ 53 ② 54 ③

55 타이어식 건설기계에서 브레이크 장치의 유압회로에 베이퍼록이 생기는 원인이 아닌 것은?

① 마스터 실린더 내의 잔압 저하
② 비점이 높은 브레이크 오일 사용
③ 브레이크 드럼과 라이닝의 끌림에 의한 가열
④ 긴 내리막길에서 과도한 브레이크 사용

56 제동장치의 페이드 현상 방지책으로 옳지 않은 것은?

① 브레이크 드럼의 냉각성능을 크게 한다.
② 브레이크 드럼은 열팽창률이 적은 재질을 사용한다.
③ 온도상승에 따른 마찰계수 변화가 큰 라이닝을 사용한다.
④ 브레이크 드럼은 열팽창률이 적은 형상으로 한다.

57 진공제동 배력 장치의 설명 중에서 옳은 것은?

① 진공밸브가 새면 브레이크가 전혀 작동되지 않는다.
② 릴레이 밸브의 다이어프램이 파손되면 브레이크가 작동되지 않는다.
③ 릴레이 밸브 피스톤 컵이 파손되어도 브레이크는 작동된다.
④ 하이드로릭 피스톤의 체크 볼이 밀착 불량이면 브레이크가 작동되지 않는다.

정답해설

55 베이퍼록(vapor lock)이 발생하는 원인
- 긴 내리막길에서 과도한 브레이크 사용
- 브레이크 회로 내의 잔압 저하
- 라이닝과 드럼의 간극과소로 끌림에 의한 가열
- 브레이크 오일의 변질에 의한 비등점 저하
- 불량한 브레이크 오일사용

56 페이드 현상을 방지하려면 온도상승에 따른 마찰계수 변화가 작은 라이닝을 사용하여야 한다.

57
① 진공제동 배력 장치의 원리: 초기에는 배력장치의 피스톤 양쪽에 진공압력이 작동되어 있으며 브레이크 작동 시 배력장치 내의 릴레이밸브 피스톤이 브레이크 유압에 의해 밀려 공기밸브를 열고, 대기압을 배력장치의 피스톤 한쪽에 공급되면 배력장치 피스톤 양쪽에 압력차가 발생하고 브레이크 제동력이 크게 배력되어 운전자는 브레이크 페달의 힘을 적게 하더라도 브레이크 작동이 원활하게 되는 원리이다.
② 릴레이 밸브 피스톤 컵 파손 시 작동: 외부의 공기(대기압) 밸브를 열어 주는 기능을 하는 릴레이밸브 피스톤 컵의 파손으로 제동배력이 발생하지 않더라도 브레이크는 작동되지만 브레이크 페달에 전달되는 제동시 발 조작력에 매우 큰 힘을 요하게 된다.

| 정답 | 55 ② 56 ③ 57 ③

PART 08

유압장치

Chapter 01 유압일반 및 유압펌프와 실린더
Chapter 02 유압탱크와 유압기호 및 회로
Chapter 03 유압유·컨트롤 밸브 및 그 밖의 부속장치

유압일반 및 유압펌프와 실린더

01 유압장치

유체에너지를 기계적 에너지로 바꾸는 장치이다.

[유압장치 회로]

1 유압장치의 장점

① 작은 동력으로 큰 힘을 낼 수 있다.
② 과부하 방지가 간단하다.
③ 운동 방향을 쉽게 변경할 수 있다.
④ 정확한 위치제어가 가능하다.
⑤ 동력의 전달 및 증폭을 연속적으로 제어할 수 있다.
⑥ 무단변속이 가능하고 작동이 원활하다.
⑦ 원격 제어가 가능하고 속도 제어가 쉽다.
⑧ 윤활성, 내마멸성, 방청성이 좋다.
⑨ 에너지 축적이 가능하다.

2 유압장치의 단점

① 유압유의 온도에 따라서 점도 및 위치 제어가 어려워질 수 있다.
② 구조가 복잡하여 고장 원인을 파악하기 어렵다.
③ 회로 구성이 어렵고 관로 이음에서 누설이 발생할 수 있다.
④ 유압유는 가연성이 있어 화재에 위험하다.
⑤ 폐유에 의해 주변 환경이 오염될 수 있다.
⑥ 에너지의 손실이 크고, 유압오일의 누출 가능성이 있다.
⑦ 고압을 사용하기 때문에 위험성이 있다.

3 파스칼의 원리

① 밀폐용기 내의 한 부분에 가해진 압력은 액체 내의 전부분에 같은 압력으로 전달한다.
② 정지된 액체에 접하고 있는 면에 가해진 압력은 그 면에 수직으로 작용한다.
③ 정지된 액체의 한 점의 압력 크기는 전 방향으로 동일하다.

> » 압력의 단위: psi, kgf/cm^2, kPa, mmHg, bar, atm
> » 압력: 힘(kgf)/단면적(cm^2)

02 유압펌프

① 동력원으로부터 기계적 에너지를 유체에너지로 바꾸는 장치
② 동력원과 커플링으로 연결되어 동력원과 함께 회전하면서 오일탱크 내의 유압오일을 흡입하여 제어밸브로 보낸다.
③ 종류에는 기어 펌프, 베인 펌프, 플런저 펌프 등이 있다.

03 기어펌프(Gear pump)

기어펌프는 회전속도에 따라 흐름용량(유량)이 변화하는 정용량형이다.

(1) 기어펌프의 장·단점

장점	단점
• 소형이며 구조가 간단	• 수명이 짧음
• 고속회전 가능	• 소음과 진동이 큼
• 저렴한 가격	• 펌프효율이 낮음
• 우수한 흡입성능과 펌프 내 기포발생이 적음	• 초고압 펌프사용이 어려움

(2) 기어펌프의 종류
- 외접식, 내접식, 트로코이드식 등

[외접식 기어펌프]

 기어펌프의 폐입 현상
토출된 유압오일 일부가 입구 쪽으로 귀환하여 토출 유량 감소, 축동력 증가 및 케이싱 마모, 기포 발생 등을 유발하는 현상

04 베인펌프(Vane Pump)

1 베인펌프의 개요
① 베인 펌프는 캠링(케이스), 로터(회전자), 베인(날개)으로 구성
② 정용량형과 가변용량형이 있음

2 베인펌프의 장·단점

장점	단점
• 수명이 길고 구조가 간단 • 토출 압력의 맥동과 소음이 적음 • 수리와 관리가 쉬운 편	• 제작 시 높은 정밀도가 요구됨 • 유압유의 점도에 제한을 받음

[베인펌프의 구조]

05 플런저 펌프(피스톤 펌프)

1 플런저 펌프의 특징
① 실린더에서 플런저(피스톤)가 왕복 운동을 하면서 유체 흡입 및 송출 등의 펌프 작용을 함
② 최고 압력 토출이 가능하고 높은 평균 효율로 고압 대출력에 사용 가능
③ 높은 압력에 잘 견디며 가변용량이 가능
④ 구조가 복잡하고 가격이 비싼 편
⑤ 오일 오염에 민감

2 플런저 펌프의 종류
① 액시얼 플런저 펌프
  - 플런저가 유압펌프 축과 평행하게 설치됨
  - 플런저(피스톤)가 경사판에 연결되어 회전
  - 경사판의 기능은 유압 펌프의 용량 조절
  - 유압 펌프 중에서 유압이 가장 높음
② 레이디얼 플런저 펌프
  - 플런저가 유압펌프 축에 직각인 평면에 방사상으로 배열됨
  - 작동은 간단하지만 구조가 복잡

06 유압펌프의 용량 표시방법

① 주어진 압력과 그 때의 토출유량으로 표시
② 토출유량의 단위는 LPM(ℓ/min)이나 GPM(Gallon Per Minute)을 사용

07 유압실린더

1 유압실린더(hydraulic cylinder)의 정의
유압을 직선운동으로 전환하는 장치이다.

[유압실린더의 구조]

2 유압실린더의 종류
① 단동 실린더: 피스톤 한쪽에만 유압이 발생하고 제어되는 단방향 형식의 실린더
② 복동 실린더: 피스톤 양쪽에 유압이 발생하고 제어되는 교대 형식의 실린더
③ 다단 실린더: 실린더 내부에 실린더가 내장되어 있으며, 압착된 유체가 유입되면 실린더가 차례로 나오는 형식의 실린더

[복동 실린더]   [단동 실린더]

 액추에이터(Actuator)
» 유압유의 압력 에너지(힘)를 기계적 에너지(일)로 변환시키는 작용을 하는 장치
» 유압펌프를 통해 송출된 유압 에너지를 직선운동(유압실린더)이나 회전운동(유압모터)을 통하여 기계적 일을 하는 장치

08 유압모터

유압모터는 유압 에너지에 의해 연속으로 회전운동을 하면서 기계적인 일을 하는 장치

1 유압모터의 장점
① 넓은 범위의 무단 변속이 가능
② 구조가 간단하며, 과부하에 안전
③ 자동원격 조작이 가능하고 작동이 정확
④ 속도나 방향 제어가 용이
⑤ 소형, 경량으로 큰 출력을 낼 수 있음
⑥ 관성이 작아 응답성이 빠름
⑦ 정·역회전 변화가 쉬움
⑧ 급속정지가 쉬움

2 유압모터의 단점
① 작동유에 먼지나 공기가 침입하지 않도록 특히 보수에 주의해야 함
② 작동유의 점도 변화에 따라 유압모터의 사용이 제약
③ 공기와 먼지 등이 혼입되면 성능에 영향을 줌
④ 유압유는 인화하기 쉬움

3 유압모터의 종류
(1) 기어 모터(Gear Motor)
① 토크의 크기가 일정
② 베인모터나 플런저 모터보다 구조가 간단하며, 소형 경량형
③ 모터 효율은 70% 정도

(2) 베인 모터(Vane Motor)
① 토크의 크기가 일정
② 역전 및 무단 변속기 등 가혹한 조건에서도 사용이 가능

(3) 플런저 모터(Plunger Motor, 피스톤 모터)
① 구조가 복잡하고 대형
② 고속·고압용 모터를 요구하는 장치에 적합
③ 펌프의 최고 토출압력 및 평균 효율이 가장 높은 장점을 가짐

CHAPTER 02 유압탱크와 유압기호 및 회로

01 유압탱크의 기능

① 스트레이너가 설치되어 있어 유압장치 내로 불순물이 혼입되는 것을 방지한다.
② 유압탱크 외벽의 방열에 의해 적정온도를 유지할 수 있다.
③ 격리판(배플)을 설치하여 유압유의 출렁거림을 방지하고, 기포 발생을 방지하거나 제거한다.

02 유압탱크 구조

① 유압탱크는 주입구 캡, 유면계, 격리판(배플), 스트레이너, 드레인 플러그 등으로 구성되어 있으며, 유압유를 저장하는 장치
② 유압펌프 흡입관에는 스트레이너를 설치하며, 흡입관은 유압탱크 가장 밑면과 어느 정도 공간을 두고 설치해야 한다.
③ 유압펌프 흡입관과 복귀관 사이에는 격리판(배플)을 설치한다.
④ 유압펌프 흡입관은 복귀관으로부터 가능한 한 멀리 떨어진 위치에 설치한다.

[유압탱크의 구조]

03 유압기호의 표시방법

① 기호에는 흐름의 방향을 표시한다.
② 각 기기의 기호는 정상상태 또는 중립상태를 표시한다.
③ 오해의 위험이 없는 경우에는 기호를 회전하거나 뒤집어도 된다.
④ 기호에는 각 기기의 구조나 작용압력을 표시하지 않는다.
⑤ 기호가 없어도 바르게 이해할 수 있는 경우에는 드레인 관로를 생략해도 된다.

04 빈출 유압기호

명칭	기호
정용량형 유압펌프	
가변용량형 유압펌프	
복동 실린더	
무부하 밸브	
어큐뮬레이터	
압력계	
유압동력원	
무부하 밸브	
직접 파일럿 조작방식	
기계 조작방식	
드레인 배출기	

압력 스위치	
단동 실린더	
릴리프 밸브	
체크밸브	
공기 유압변환기	
오일탱크	
오일여과기	
솔레노이드 조작방식	
레버 조작방식	
복동 실린더 양 로드형	
공기 탱크	

② 미터-아웃 회로(Meter-out Circuit): 액추에이터의 출구 쪽 관로에 직렬로 된 유량제어 밸브로, 유량으로 속도를 제어
③ 블리드 오프 회로(Bleed off Circuit)
- 유량 제어밸브를 실린더와 병렬로 설치하여 유압 펌프 토출량 중 일정한 양을 탱크로 되돌림
- 릴리프 밸브에서 과잉압력을 줄일 필요가 없는 장점이 있으나, 부하 변동이 심한 경우에는 정확한 유량 제어가 어려움

05 유압회로

유압의 기본회로에는 오픈(개방)회로, 클로즈(밀폐)회로, 병렬회로, 직렬회로, 탠덤회로 등이 있다.

1 언로드 회로(무부하 회로)

유압펌프의 유량이 필요하지 않을 때 유압유를 탱크에 귀환시킨다.

2 속도제어 회로

유압회로에서 유량 제어로 작업 속도를 조절하는 회로에는 미터인 회로, 미터 아웃 회로, 블리드 오프 회로, 카운터밸런스 회로 등이 있다.

① 미터-인 회로(Meter-in Circuit): 액추에이터의 입구 쪽 관로에 직렬로 된 유량제어 밸브로, 유량으로 속도를 제어

CHAPTER 03 유압유·컨트롤 밸브 및 그 밖의 부속장치

01 유압유

유압유는 펌프 형식, 사용 압력 및 온도 범위, 회로의 내화성과 저항 등 필요 여부에 따라 선정해야 한다.

1 유압유의 기능
① 윤활 및 냉각 작용
② 유압장치 내의 열 흡수
③ 압력에너지를 옮기며 동력 전달
④ 기계 요소의 마모 방지
⑤ 필요한 요소 사이 밀봉

2 유압유의 점도
점도는 점성의 정도를 나타내는 척도이다. 유압유의 점도는 온도가 상승하면 저하되고, 온도가 내려가면 높아진다.

3 유압유의 점도가 높을 때의 영향
① 유압이 높아지므로 유동저항이 커져 압력손실이 증가
② 내부마찰이 증가하므로 동력손실이 증가
③ 열 발생의 원인이 될 수 있음

4 유압유의 점도가 낮을 때의 영향
① 유압장치(회로)내의 유압이 낮아짐
② 유압펌프의 효율이 저하됨
③ 유압실린더와 유압모터의 작동속도가 늦어짐
④ 유압실린더 및 유압모터, 제어밸브에서 누출 현상이 발생

5 유압유의 구비조건
① 내열성이 크고, 인화점 및 발화점이 높아야 함
② 점성과 적절한 유동성이 있어야 함
③ 기포분리 성능(소포성)이 커야 함
④ 압축성, 밀도, 열팽창 계수가 작아야 함
⑤ 화학적 안정성(산화 안정성)이 커야 함
⑥ 점도지수 및 체적탄성계수가 커야 함

> **체적탄성계수**
> » 물질이 압축에 저항하는 정도를 나타내는 값
> » 체적탄성계수 값이 크면 압력을 가하여 물체 부피를 변화시키기가 어려움

6 유압유 첨가제
유압유 첨가제에는 산화방지제, 유성향상제, 마모방지제, 소포제(거품 방지제), 유동점 강하제, 점도지수 향상제 등이 있다.

7 유압유에 수분이 미치는 영향
① 유압유의 산화와 열화를 촉진
② 유압장치의 내마모성을 저하
③ 유압유의 윤활성 및 방청성을 저하
④ 수분함유 여부는 가열한 철판 위에 유압유를 떨어뜨려 점검

8 유압유 열화 판정방법
① 자극적인 악취 유무로 확인
② 수분이나 침전물의 유무로 확인
③ 점도 상태 및 색깔의 변화로 확인
④ 흔들었을 때 생기는 거품 발생 여부로 확인
⑤ 유압유 교환을 판단하는 조건은 점도의 변화, 색깔의 변화, 수분의 함유 여부로 확인

9 유압유의 온도
① 유압유의 정상작동 온도 범위는 40~80℃ 정도
② 난기운전 후 유압유의 온도 범위는 25~30℃ 정도
③ 최저허용 유압유의 온도 범위는 40℃ 정도
④ 최고허용 유압유의 온도 범위는 80℃ 정도
⑤ 열화가 발생하기 시작하는 유압유의 온도 범위는 100℃ 이상

02 유압장치의 정비

1 실린더의 자연하강(Cyliner Drift) 현상의 원인
① 릴리프 밸브가 불량한 경우
② 컨트롤 밸브 스풀에 마모가 발생한 경우
③ 실린더 내부의 마모가 심한 경우
④ 실린더 내의 피스톤 실(seal)의 마모

2 유압실린더의 작동 속도가 느리거나 불규칙한 원인
① 오일량이 부족한 경우
② 피스톤 링의 마모가 심한 경우
③ 유압유의 점도가 높은 경우
④ 회로 내 공기가 유입된 경우

3 유압펌프의 숨돌리기 현상의 원인
유압 회로에 공기의 유입으로 기계가 작동하다가 순간적으로 멈추고 다시 작동하는 현상을 말한다.
① 피스톤 링의 심한 마모
② 유압이 낮은 경우
③ 회로 내 공기가 유입된 경우
④ 유압유의 점도가 높은 경우

유압모터 작동 시 진동 및 소음 발생의 원인
» 회로 내에 공기가 유입된 경우
» 각종 작동부의 마모 또는 파손된 경우
» 오일의 누설
» 모터의 체결이 불량한 경우

03 컨트롤 밸브

유압유의 압력, 유량 또는 방향을 제어하는 밸브이다.

압력제어 밸브	유압으로 일의 크기를 제어
유량제어 밸브	유량으로 일의 속도를 제어
방향제어 밸브	유압의 방향을 제어하면서 일의 방향을 결정

04 압력 제어밸브

① 유압장치에서 유압을 일정하게 유지하거나 최고 압력을 제한하는 밸브
② 종류에는 릴리프 밸브, 리듀싱(감압) 밸브, 시퀀스 밸브, 무부하(언로드) 밸브, 카운터 밸런스 밸브 등이 있다.

1 릴리프 밸브(Relief Valve)
① 유압펌프와 방향 제어밸브 사이에 위치
② 유압회로 전체의 압력을 일정하게 유지
③ 과부하 방지와 유압기기의 보호를 위하여 최고압력을 제한
④ 유압 계통에서 릴리프 밸브의 스프링 장력이 약해지면 채터링 현상이 발생

» 채터링 현상: 릴리프 밸브에서 압력 차이로 볼이 밸브 시트를 때리는 현상
» 과부하(포트) 릴리프 밸브: 유압장치의 방향 전환밸브에서 실린더가 외력으로 충격을 받았을 때 발생되는 고압을 릴리프 시키는 밸브

2 리듀싱 밸브(Reducing Valve, 감압 밸브)
① 상시 개방 상태로 되어 있다가 2차측 압력이 감압 밸브의 설정압력보다 높아지면 유압회로를 닫음
② 메인 유압보다 낮은 압력으로 유압 액추에이터를 동작시키고자 할 때 사용
③ 1차측에서 2차측의 감압 회로로 유압유가 흐름

3 시퀀스 밸브(Sequence Valve)
2개 이상의 분기회로에서 유압회로 압력으로 각 유압 실린더를 일정한 순서로 작동시킨다.

4 무부하 밸브(Unloader Valve, 언로드 밸브)
① 유압회로 내의 압력이 설정압력에 도달하면 유압펌프에서 토출된 유압유를 전부 오일탱크로 회송시켜 유압펌프를 무부하 상태로 만드는 데 사용된다.
② 고압소용량, 저압대용량 유압펌프를 조합 운전할 경우, 회로 내의 압력이 설정압력에 도달하면 저압대용량 유압펌프의 토출 유량을 오일탱크로 귀환시키는 작용을 한다.

③ 유압장치에서 2개의 유압펌프를 사용할 때 펌프 전체 송출량을 필요로 하지 않을 경우, 동력의 절감과 유온 상승을 방지한다.

5 카운터밸런스 밸브(Counter Balance Valve)
① 체크밸브가 내장된 밸브이며, 유압회로의 한 방향 흐름에 배압을 생기게 하고, 다른 한 방향 흐름은 자유롭게 흐르도록 한다.
② 중력 및 자체 중량에 의한 자유낙하 등을 방지하기 위하여 회로에 배압을 유지한다.

05 유량 제어 밸브

액추에이터의 운동속도를 제어하기 위하여 사용한다.
① 교축 밸브(Throttle Valve) : 밸브의 통로 면적을 변경하여 유량을 제어
② 오리피스 밸브(Orifice Valve) : 유압유가 통하는 작은 지름의 구멍으로, 소량의 유량 측정에 사용
③ 분류 밸브(Low Dividing Valve) : 2개 이상의 액추에이터에 동일한 유량을 분배하는 데 사용
④ 니들 밸브(Needle Valve) : 밸브가 바늘모양으로 되어 있으며, 노즐 또는 파이프 속의 유량을 제어
⑤ 속도 제어밸브(Speed Control Valve) : 액추에이터의 작동 속도를 제어하기 위하여 사용

06 방향 제어밸브

유압유가 흐르는 방향을 제어하여 유압실린더나 유압모터의 작동방향을 바꾸는 데 사용한다.
① 스풀 밸브(Spool Valve) : 유압유가 흐르는 방향을 바꾸기 위해 사용하며, 원통형 슬리브 면에 내접하여 축 방향으로 이동하여 유압회로를 개폐하는 형식의 밸브
② 체크 밸브(Check Valve) : 유압유의 흐름을 한쪽으로만 허용하고, 역방향 흐름을 제어하여 유압회로에서 역류를 방지하고 회로의 잔류압력을 유지
③ 셔틀 밸브(Shuttle Valve) : 2개 이상의 입구와 1개의 출구가 설치되어 있으며, 출구가 최고 압력의 입구를 선택하는 기능을 가진 밸브

07 부속기기

1 어큐뮬레이터(Accumulator, 축압기)
① 유압의 압력 에너지를 저장
② 펌프의 맥동(충격)을 흡수하여 일정하게 유지시킴
③ 비상용 및 보조 유압원으로 사용
④ 스프링형, 기체 압축형(질소 사용), 기체와 기름 분리형(피스톤, 블래더, 다이어프램으로 구분)

[어큐뮬레이터]

2 오일 여과기(Oil Filter)
① 오일여과기는 유압유 내에 금속의 마모된 찌꺼기나 카본 덩어리 등의 이물질을 제거하는 장치
② 종류에는 흡입 여과기, 고압 여과기, 저압 여과기 등이 있음
③ 스트레이너는 유압펌프의 흡입 쪽에 설치되어 여과 작용을 함
④ 여과입도가 너무 조밀하면 캐비테이션 현상이 발생
⑤ 유압장치의 수명 연장을 위해 가장 중요한 요소는 유압유 및 오일여과기의 점검과 교환

3 오일 냉각기(Oil Cooler)

① 공랭식과 수랭식으로 작동유를 냉각시키며, 작동유 온도를 알맞게 유지하기 위한 장치
② 유압유의 양은 정상인데 유압장치가 과열하면 가장 먼저 오일 냉각기를 점검해야 함

> **오일 냉각기의 구비조건**
> » 촉매작용이 없을 것
> » 오일 흐름에 저항이 작을 것
> » 온도 조정이 용이할 것
> » 정비 및 청소 등이 편리할 것

4 배관

① 펌프 및 밸브, 실린더를 연결하여 유압을 전달
② 금속관: 움직이지 않는 부분에 사용하며, 가스관 및 강관, 구리관, 알루미늄관, 스테인리스관 등이 있다.
③ 비금속관(고무호스): 움직이는 부분에 사용하며, 직물 브레이드 및 단일 와이어 브레이드, 이중 와이어 브레이드, 나선 와이어 브레이드 등이 있다.
④ 이음: 관을 연결하는 부분으로, 진동이나 충격 등에 의한 오일 누출에 유의해야 한다. 플레어 이음 및 슬리브 이음이 있다.

5 오일 실(Oil seal)

① 유압유의 누출을 방지하며, 유압유가 누출되면 오일 실을 가장 먼저 점검해야 한다.
② 구비조건
- 탄성이 양호하고, 압축변형이 적을 것
- 정밀가공면을 손상시키지 않을 것
- 내압성과 내열성이 클 것
- 설치하기가 쉬울 것
- 피로 강도가 크고, 비중이 적을 것

PART 08 단원문제 — 유압장치

★ 개수는 빈출도와 중요도를 의미합니다.

유압일반

01 ★★★ 파스칼의 원리와 관련된 설명이 아닌 것은?
① 정지된 액체에 접하고 있는 면에 가해진 압력은 그 면에 수직으로 작용한다.
② 정지된 액체의 한 점에 있어서의 압력의 크기는 전 방향에 대하여 동일하다.
③ 점성이 없는 비압축성 유체에서 압력에너지, 위치에너지, 운동에너지의 합은 같다.
④ 밀폐용기 내의 한 부분에 가해진 압력은 액체 내의 전부분에 같은 압력으로 전달된다.

02 ★★★ 유압장치의 특징 중 가장 거리가 먼 것은?
① 진동이 작고 작동이 원활하다.
② 고장원인 발견이 어렵고 구조가 복잡하다.
③ 에너지의 저장이 불가능하다.
④ 동력의 분배와 집중이 쉽다.

03 ★★★ 건설기계의 유압장치를 가장 적절히 표현한 것은?
① 오일을 이용하여 전기를 생산하는 것
② 기체를 액체로 전환시키기 위하여 압축하는 것
③ 오일의 연소 에너지를 통해 동력을 생산하는 것
④ 오일의 유체 에너지를 이용하여 기계적인 일을 하도록 하는 것

04 ★★★ 유압장치의 장점이 아닌 것은?
① 속도제어가 용이하다.
② 힘의 연속적 제어가 용이하다.
③ 온도의 영향을 많이 받는다.
④ 윤활성, 내마멸성, 방청성이 좋다.

05 ★★★ 유압장치의 작동원리는 어느 이론에 바탕을 둔 것인가?
① 열역학 제1법칙
② 보일의 법칙
③ 파스칼의 원리
④ 가속도 법칙

06 ★★★ 유압장치의 단점에 대한 설명 중 옳지 않은 것은?
① 관로를 연결하는 곳에서 작동유가 누출될 수 있다.
② 고압사용으로 인한 위험성이 존재한다.
③ 작동유 누유로 인해 환경오염을 유발할 수 있다.
④ 전기·전자의 조합으로 자동제어가 곤란하다.

정답해설

01 파스칼의 원리: 밀폐용기 내에 힘을 가하면 용기 내의 모든 면에 같은 압력이 작용한다.

02 유압장치는 진동이 적고 작동이 원활하며, 동력의 분배와 집중이 쉽고 에너지의 저장이 용이한 장점이 있으며, 고장원인 발견이 어렵고 구조가 복잡한 단점이 있다.

03 유체의 압력 에너지를 이용하여 기계적인 일을 하도록 하는 것을 유압장치라 한다.

04 유압장치는 온도에 따른 오일의 점도 영향을 많이 받는 단점이 있다.

05 유압장치는 파스칼의 원리를 이용한다.

06 유압장치는 전기·전자의 조합으로 자동제어가 가능한 장점을 갖고 있다.

| 정답 | 01 ③ 02 ③ 03 ④ 04 ③ 05 ③ 06 ④

유압펌프

07 유압장치의 구성요소가 아닌 것은?
① 오일탱크 ② 유압제어밸브
③ 유압펌프 ④ 차동장치

08 일반적으로 건설기계의 유압펌프는 무엇에 의해 구동되는가?
① 엔진의 플라이휠에 의해 구동된다.
② 엔진의 캠축에 의해 구동된다.
③ 전동기에 의해 구동된다.
④ 에어컴프레셔에 의해 구동된다.

09 유압펌프에서 사용되는 GPM의 의미는?
① 분당 토출하는 작동유의 양
② 복동 실린더의 치수
③ 계통 내에서 형성되는 압력의 크기
④ 흐름에 대한 저항

10 유압장치에 주로 사용하는 유압펌프 형식이 아닌 것은?
① 베인 펌프 ② 플런저 펌프
③ 분사펌프 ④ 기어펌프

11 그림과 같이 2개의 기어와 케이싱으로 구성되어 오일을 토출하는 펌프는?

① 내접 기어펌프
② 외접 기어펌프
③ 스크루 기어펌프
④ 트로코이드 기어펌프

12 유압펌프에서 토출량에 대한 설명으로 옳은 것은?
① 유압펌프가 단위시간당 토출하는 액체의 체적
② 유압펌프가 임의의 체적당 토출하는 액체의 체적
③ 유압펌프가 임의의 체적당 용기에 가하는 체적
④ 유압펌프 사용 최대시간 내에 토출하는 액체의 최대 체적

정답해설

07 유압장치는 유압실린더와 유압모터, 오일여과기, 유압펌프, 유압제어밸브, 배관, 오일탱크, 오일냉각기 등으로 구성되어 있다.

08 건설기계의 유압펌프는 엔진의 플라이휠에 의해 구동되는 시스템을 갖추고 있다.

09 GPM(Gallons per minute)은 유압계통 내에서 이동되는 유체(오일)의 양을 토출량의 단위로 활용하고 있다.

10 유압펌프는 베인 펌프, 기어펌프, 피스톤(플런저)펌프, 나사펌프, 트로코이드 펌프 등이 있다.

12 유압펌프의 토출량이란 펌프가 단위시간당 토출하는 액체의 체적을 말한다.

| 정답 | 07 ④ 08 ① 09 ① 10 ③ 11 ② 12 ①

★★★
13 유압펌프의 기능을 설명한 것으로 가장 적절한 것은?

① 유압회로 내의 압력을 측정하는 기구이다.
② 어큐뮬레이터와 동일한 기능을 한다.
③ 유압에너지를 동력으로 변환한다.
④ 원동기의 기계적 에너지를 유압에너지로 변환한다.

★
14 유압펌프의 토출량을 표시하는 단위로 옳은 것은?

① L/min ② kgf·m
③ kgf/cm² ④ kW 또는 PS

★★
15 기어형 유압펌프에 대한 설명으로 옳은 것은?

① 가변용량형 펌프이다.
② 날개로 펌핑작용을 한다.
③ 효율이 좋은 특징을 가진 펌프이다.
④ 정용량형 펌프이다.

★★
16 유압펌프의 최고토출 압력, 평균효율이 가장 높아, 고압 대출력에 사용하는 유압펌프로 가장 적절한 것은?

① 기어 펌프   ② 트로코이드 펌프
③ 베인 펌프   ④ 피스톤 펌프

★★★
17 기어펌프에 대한 설명으로 옳지 않은 것은?

① 플런저 펌프에 비해 효율이 낮다.
② 초고압에는 사용이 곤란하다.
③ 플런저 펌프에 비해 흡입력이 나쁘다.
④ 소형이며 구조가 간단하다.

★★★
18 유압펌프에서 회전수가 같을 때 토출량이 변하는 펌프는?

① 가변 용량형 피스톤 펌프
② 기어펌프
③ 프로펠러 펌프
④ 정용량형 베인 펌프

★★★
19 기어형 유압펌프에서 소음이 나는 원인으로 가장 거리가 먼 것은?

① 오일량의 과다
② 유압펌프의 베어링 마모
③ 흡입라인의 막힘
④ 오일의 과부족

정답해설

13 유압펌프는 원동기의 기계적 에너지를 유압에너지로 변환하는 장치를 말한다.

14 유압펌프의 토출량의 단위는 ℓ/min(LPM)이나 GPM을 사용한다.

15 기어펌프는 회전속도에 따라 용량이 변화하는 정용량형 펌프이다.

16 피스톤 펌프는 최고토출 압력, 평균효율이 가장 높아서 고압 대출력 펌프로 사용된다.

17 기어펌프는 흡입저항이 작아 공동현상 발생이 적은 것이 특징이다.

18 회전수가 같을 때 토출량이 변화하는 펌프를 가변 용량형 피스톤 펌프라 한다.

| 정답 | 13 ④　14 ①　15 ④　16 ④　17 ③　18 ①　19 ① |

20 베인 펌프의 일반적인 특징이 아닌 것은?
① 대용량, 고속 가변형에 적합하지만 수명이 짧다.
② 맥동과 소음이 적다.
③ 간단하고 성능이 좋다.
④ 소형, 경량이다.

21 기어펌프에 비해 플런저 펌프의 특징이 아닌 것은?
① 효율이 높다.
② 최고 토출압력이 높다.
③ 구조가 복잡하다.
④ 수명이 짧다.

22 날개로 펌핑 동작을 하며, 소음과 진동이 적은 유압 펌프는?
① 기어 펌프   ② 플런저 펌프
③ 베인 펌프   ④ 나사펌프

23 유압펌프에서 경사판의 각을 조정하여 토출유량을 변환시키는 펌프는?
① 기어 펌프   ② 로터리 펌프
③ 베인 펌프   ④ 플런저 펌프

24 유압펌프 내의 내부누설은 무엇에 반비례하여 증가하는가?
① 작동유의 오염
② 작동유의 점도
③ 작동유의 압력
④ 작동유의 온도

25 유압기기의 작동속도를 높이기 위해 무엇을 변화시켜야 하는가?
① 유압모터의 크기를 작게 한다.
② 유압펌프의 토출압력을 높인다.
③ 유압모터의 압력을 높인다.
④ 유압펌프의 토출유량을 증가시킨다.

26 유압펌프에서 토출압력이 가장 높은 것은?
① 베인 펌프
② 기어펌프
③ 액시얼 플런저 펌프
④ 레이디얼 플런저 펌프

정답해설

20 베인 펌프는 소형, 경량이고, 수명이 길며, 구조가 간단하고 성능이 좋고, 맥동과 소음이 적으나 대용량, 고속 가변형으로는 부적합하다.

22 베인 펌프는 로터에는 홈이 있고, 그 홈 속에 판 모양의 날개(vane)가 끼워져 자유롭게 작동유가 출입할 수 있도록 되어있다.

23 경사판의 각을 조정하여 토출유량을 변환하는 펌프는 액시얼형 플런저 펌프이다.

24 유압펌프 내의 내부누설은 작동유의 점도에 반비례하여 증가하게 된다.

25 유압기기의 작동속도를 높이려면 유압펌프의 토출유량이 증가되어야 한다.

26 유압펌프의 최고압력
- 액시얼 플런저 펌프: 210~400kgf/cm²
- 베인 펌프: 35~140kgf/cm²
- 레이디얼 플런저 펌프: 140~250kgf/cm²
- 기어펌프: 10~250kgf/cm²

|정답| 20 ① 21 ④ 22 ③ 23 ④ 24 ② 25 ④ 26 ③

27 유압펌프가 오일을 토출하지 않는 경우는?

① 유압펌프의 회전이 너무 빠를 때
② 유압유의 점도가 낮을 때
③ 흡입관으로부터 공기가 흡입되고 있을 때
④ 릴리프 밸브의 설정압력이 낮을 때

28 유압펌프의 작동유 유출여부 점검방법에 해당하지 않는 것은?

① 정상작동 온도로 난기운전을 실시하여 점검하는 것이 좋다.
② 고정 볼트가 풀린 경우에는 추가 조임을 한다.
③ 작동유 유출점검은 운전자가 관심을 가지고 점검하여야 한다.
④ 하우징에 균열이 발생되면 패킹을 교환한다.

유압실린더

29 유압실린더 중 피스톤의 양쪽에 유압유를 교대로 공급하여 양방향의 운동을 유압으로 작동시키는 형식은?

① 단동식
② 복동식
③ 다동식
④ 편동식

30 유압장치에서 액추에이터의 종류에 속하지 않는 것은?

① 감압밸브
② 유압실린더
③ 유압모터
④ 플런저 모터

31 유압실린더의 지지방식이 아닌 것은?

① 유니언형
② 푸트형
③ 트러니언형
④ 플랜지형

32 유압실린더의 주요 구성 품이 아닌 것은?

① 피스톤 로드
② 피스톤
③ 커넥팅 로드
④ 실린더

33 유압모터와 유압실린더의 설명으로 옳은 것은?

① 둘 다 회전운동을 한다.
② 둘 다 왕복운동을 한다.
③ 유압모터는 직선운동, 유압실린더는 회전운동을 한다.
④ 유압모터는 회전운동, 유압실린더는 직선운동을 한다.

정답해설

27 흡입관으로부터 공기의 흡입은 유압펌프가 오일을 토출하지 못하도록 한다.

28 하우징에 균열이 발생되면 하우징을 수리하거나 교체한다.

29 ① 단동식: 한쪽 방향으로만 동작하고, 복귀는 중력이나 복귀 스프링 등 외부의 힘에 의해 이루어진다.
② 복동식: 유압실린더 피스톤의 양쪽에 유압유를 교대로 공급하여 양방향의 운동을 유압으로 작동시킨다.

30 유압에너지를 기계적 에너지로 변환하는 것을 액추에이터라고 하며, 감압밸브는 압력을 다운시키는 밸브이다.

31 유압실린더 지지방식: 플랜지형, 트러니언형, 클레비스형 푸트형이 있다.

33 유압모터는 회전운동을 하고, 유압실린더는 직선운동을 한다.

| 정답 | 27 ③ 28 ④ 29 ② 30 ① 31 ① 32 ③ 33 ④

34 유압실린더의 종류에 해당하지 않는 것은? ★★★

① 복동 실린더 더블로드형
② 복동 실린더 싱글로드형
③ 단동 실린더 램형
④ 단동 실린더 배플형

35 유압 액추에이터의 설명으로 옳은 것은? ★★★

① 유체에너지를 기계적인 일로 변환
② 유체에너지를 생성
③ 유체에너지를 축적
④ 기계적인 에너지를 유체에너지로 변환

36 유압 복동 실린더에 대한 설명으로 옳지 않은 것은? ★★

① 싱글 로드형이 있다.
② 더블 로드형이 있다.
③ 수축은 자중이나 스프링에 의해서 이루어진다.
④ 피스톤의 양방향으로 유압을 받아 늘어난다.

37 유압실린더에서 피스톤 행정이 끝날 때 발생하는 충격을 흡수하기 위해 설치하는 장치는? ★★

① 쿠션기구　　② 압력보상장치
③ 서보밸브　　④ 스로틀 밸브

38 유압실린더를 교환하였을 경우 조치해야 할 작업으로 가장 거리가 먼 것은? ★★★

① 오일필터 교환
② 공기 빼기 작업
③ 누유 점검
④ 시운전하여 작동상태 점검

39 〈보기〉 중 유압실린더에서 발생되는 피스톤 자연하강 현상(cylinder drift)의 발생 원인으로 옳은 것을 모두 고르면? ★

[보기]
㉠ 작동압력이 높은 때
㉡ 유압실린더 내부 마모
㉢ 컨트롤 밸브의 스풀 마모
㉣ 릴리프 밸브의 불량

① ㉠, ㉡, ㉢　　② ㉠, ㉡, ㉣
③ ㉡, ㉢, ㉣　　④ ㉠, ㉢, ㉣

40 유압모터를 선택할 때 고려사항과 가장 거리가 먼 것은? ★★★

① 동력　　② 부하
③ 효율　　④ 점도

정답해설

34 유압실린더의 종류: 단동실린더, 복동 실린더(싱글로드형과 더블로드형), 다단 실린더, 램형 실린더 등

35 유압 액추에이터는 유압펌프에서 발생된 유압을 기계적 에너지(직선운동이나 회전운동)로 바꾸는 장치를 말한다.

36 단동 실린더는 자중이나 스프링에 의해서 수축이 이루어지는 방식이다.

37 쿠션기구는 유압실린더에서 피스톤 행정이 끝날 때 발생하는 충격을 흡수하는 기능을 한다.

38 액추에이터(작업 장치)를 교환하였을 경우에는 기관을 시동하여 공회전 시킨 후 작동상태 점검, 공기빼기 작업, 누유점검, 오일보충을 해야 한다.

40 점도는 유압유 선택 시 고려 사항이다.

| 정답 | 34 ④　35 ①　36 ③　37 ①　38 ①　39 ③　40 ④

41 유압실린더의 로드 쪽으로 오일이 누출되는 결함이 발생하는 원인이 아닌 것은?

① 실린더 로드 패킹 손상
② 실린더 헤드 더스트 실(seal) 손상
③ 실린더 로드의 손상
④ 실린더 피스톤 패킹 손상

42 유압실린더에서 숨 돌리기 현상이 생겼을 때 일어나는 현상이 아닌 것은?

① 작동지연 현상이 생긴다.
② 피스톤 동작이 정지된다.
③ 오일의 공급이 과대해진다.
④ 작동이 불안정하게 된다.

43 유압실린더의 작동속도가 정상보다 느릴 경우, 예상되는 원인으로 가장 적절한 것은?

① 유압계통 내의 흐름용량이 부족하다.
② 작동유의 점도가 약간 낮아짐을 알 수 있다.
③ 작동유의 점도지수가 높다.
④ 릴리프 밸브의 설정압력이 너무 높다.

44 유압모터에 대한 설명 중 옳은 것은?

① 유압발생장치에 속한다.
② 압력, 유량, 방향을 제어한다.
③ 직선운동을 하는 작동기(actuator)이다.
④ 유압에너지를 기계적 일로 변환한다.

45 기어모터의 장점에 해당하지 않는 것은?

① 구조가 간단하다.
② 토크변동이 크다.
③ 가혹한 운전조건에서 비교적 잘 견딘다.
④ 먼지나 이물질에 의한 고장발생률이 낮다.

46 유압모터의 장점이 아닌 것은?

① 작동이 신속·정확하다.
② 관성력이 크며, 소음이 크다.
③ 전동모터에 비하여 급속정지가 쉽다.
④ 광범위한 무단변속을 얻을 수 있다.

정답해설

41 유압실린더의 로드 쪽으로 오일이 누출되는 원인: 실린더 로드 패킹 손상, 실린더 헤드 더스트 실(seal) 손상, 실린더 로드의 손상

42 숨 돌리기 현상은 유압유의 공급이 부족한 경우에 발생한다.

43 유압실린더의 작동속도가 정상보다 느린 원인은 유압계통 내의 흐름용량(유량)이 부족한 경우에 발생하게 된다.

44 유압모터는 유압 에너지에 의해 연속적으로 회전운동 함으로써 기계적인 일을 하는 것을 말한다.

45 기어모터의 장점
- 가혹한 운전조건에서 비교적 잘 견딘다.
- 구조가 간단하고 가격이 싸다.
- 먼지나 이물질에 의한 고장발생률이 적다.
- 먼지나 이물질이 많은 곳에서도 사용이 가능하다.

46 유압모터는 광범위한 무단변속을 얻을 수 있고, 작동이 신속·정확하며, 전동모터에 비하여 급속정지가 쉽고, 관성력 및 소음이 작은 장점을 갖고 있다.

| 정답 | 41 ④ 42 ③ 43 ① 44 ④ 45 ② 46 ②

47 유압모터의 단점에 해당되지 않는 것은?

① 작동유에 먼지나 공기가 침입하지 않도록 특히 보수에 주의해야 한다.
② 작동유가 누출되면 작업 성능에 지장이 있다.
③ 작동유의 점도변화에 의하여 유압모터의 사용에 제약이 있다.
④ 릴리프 밸브를 부착하여 속도나 방향을 제어하기가 곤란하다.

48 유압모터의 회전속도가 규정 속도보다 느릴 경우, 그 원인이 아닌 것은?

① 유압펌프의 유압유 토출량 과다
② 각 작동부의 마모 또는 파손
③ 유압유의 유입량 부족
④ 유압유의 내부누설

49 유압모터의 종류에 해당하지 않는 것은?

① 기어 모터
② 베인 모터
③ 플런저 모터
④ 직권형 모터

50 플런저가 구동축의 직각방향으로 설치되어 있는 유압모터는?

① 캠형 플런저 모터
② 액시얼형 플런저 모터
③ 블래더형 플런저 모터
④ 레이디얼형 플런저 모터

51 유압모터의 일반적인 특징으로 가장 적절한 것은?

① 넓은 범위의 무단변속이 용이하다.
② 직선운동 시 속도조절이 용이하다.
③ 각도에 제한 없이 왕복 각운동을 한다.
④ 운동량을 자동으로 직선 조작할 수 있다.

52 유압모터의 회전력이 변화하는 것에 영향을 미치는 것은?

① 유압유 압력   ② 유량
③ 유압유 점도   ④ 유압유 온도

53 유압모터에서 소음과 진동이 발생할 때의 원인이 아닌 것은?

① 내부부품의 파손
② 작동유 속에 공기의 혼입
③ 체결 볼트의 이완
④ 유압펌프의 최고 회전속도 저하

정답해설

48 유압모터의 회전속도 증가 현상은 유압펌프의 유압유 토출량 과다 시 발생한다.

49 유압모터의 종류에는 기어 모터, 베인 모터, 플런저 모터 등이 있다.

50 레이디얼형 플런저 모터는 플런저가 구동축의 직각방향으로 설치되어 있는 구조이다.

52 유압유의 압력은 유압모터의 회전력 변화에 영향을 미치게 된다.

| 정답 | 47 ④　48 ①　49 ④　50 ④　51 ①　52 ①　53 ④

54 유압모터와 연결된 감속기의 오일수준을 점검할 때의 유의사항으로 옳지 않은 것은?

① 오일이 정상 온도일 때 오일수준을 점검해야 한다.
② 오일량은 영하(−)의 온도상태에서 가득 채워야 한다.
③ 오일수준을 점검하기 전에 항상 오일 수준 게이지 주변을 깨끗하게 청소한다.
④ 오일량이 너무 적으면 모터 유닛이 올바르게 작동하지 않거나 손상될 수 있으므로 오일량은 항상 정량유지가 필요하다.

컨트롤 밸브의 구조

55 일반적으로 유압장치에서 릴리프 밸브가 설치되는 위치는?

① 유압펌프와 오일탱크 사이
② 오일여과기와 오일탱크 사이
③ 유압펌프와 제어밸브 사이
④ 유압실린더와 오일여과기 사이

56 유압회로에 사용되는 제어밸브의 역할과 종류의 연결 사항으로 옳지 않은 것은?

① 일의 속도제어: 유량조절밸브
② 일의 시간제어: 속도제어밸브
③ 일의 방향제어: 방향전환밸브
④ 일의 크기제어: 압력제어밸브

57 릴리프 밸브에서 포핏 밸브를 밀어 올려 기름이 흐르기 시작할 때의 압력은?

① 설정압력 ② 크랭킹 압력
③ 허용압력 ④ 전량 압력

58 유압회로 내의 압력이 설정압력에 도달하면 유압펌프에서 토출된 오일의 일부 또는 전량을 직접 탱크로 돌려보내 회로의 압력을 설정 값으로 유지하는 밸브는?

① 시퀀스밸브 ② 릴리프밸브
③ 언로드밸브 ④ 체크밸브

59 유체의 압력, 유량 또는 방향을 제어하는 밸브의 총칭은?

① 안전밸브 ② 제어밸브
③ 감압밸브 ④ 측압기

정답해설

54 유압모터의 감속기 오일양 뿐만 아니라 모든 유압유의 오일량은 정상작동 온도에서 Full 선 가까이 있어야 한다.

55 릴리프 밸브의 설치위치는 유압펌프 출구와 제어밸브 입구사이에 설치되어 유압을 제어하게 된다.

56 제어밸브의 기능
- 유량제어밸브: 일의 속도결정
- 압력제어밸브: 일의 크기결정
- 방향제어밸브: 일의 방향결정

57 크랭킹 압력이란 릴리프밸브에서 포핏밸브를 밀어올려 오일이 흐르기 시작할 때의 기동 시 압력이다.

59 제어밸브는 유체의 압력, 유량 또는 방향을 제어하는 밸브의 총칭을 말한다.

| 정답 | 54 ② 55 ③ 56 ② 57 ② 58 ② 59 ② |

60 유압계통에서 릴리프 밸브의 스프링 장력이 약화될 때 발생될 수 있는 현상은?

① 채터링 현상　② 노킹 현상
③ 블로바이 현상　④ 트램핑 현상

61 유압유의 압력을 제어하는 밸브가 아닌 것은?

① 릴리프 밸브　② 체크밸브
③ 리듀싱 밸브　④ 시퀀스 밸브

62 유압회로에서 어떤 부분회로의 압력을 주회로의 압력보다 저압으로 해서 사용하고자 할 때 사용하는 밸브는?

① 릴리프 밸브　② 리듀싱 밸브
③ 카운터밸런스 밸브　④ 체크밸브

63 유압으로 작동되는 작업 장치에서 작업 중 힘이 떨어질 때의 원인과 가장 밀접한 밸브는?

① 메인 릴리프 밸브
② 체크(check)밸브
③ 방향전환밸브
④ 메이크업 밸브

64 액추에이터를 순서에 맞추어 작동시키기 위하여 설치한 밸브는?

① 메이크업 밸브(make up valve)
② 리듀싱 밸브(reducing valve)
③ 시퀀스 밸브(sequence valve)
④ 언로드 밸브(unload valve)

65 유압회로 내의 압력이 설정압력에 도달하면 유압펌프에서 토출된 오일을 전부 탱크로 회송시켜 펌프를 무부하로 운전시키는데 사용하는 밸브는?

① 체크밸브(check valve)
② 시퀀스 밸브(sequence valve)
③ 언로드 밸브(unloader valve)
④ 카운터밸런스 밸브(count balance valve)

66 유압장치에서 고압 소용량, 저압 대용량 유압펌프를 조합 운전할 때, 작동압력이 규정압력 이상으로 상승 시 동력절감을 하기 위해 사용하는 밸브는?

① 릴리프 밸브
② 감압밸브
③ 시퀀스 밸브
④ 무부하 밸브

정답해설

60 채터링이란 릴리프 밸브에서 스프링 장력이 약할 때 볼이 밸브의 시트를 때려 소음을 내는 밸브의 진동현상이다.

61 압력을 제어하는 밸브의 종류에는 릴리프 밸브, 리듀싱(감압)밸브, 시퀀스(순차) 밸브, 언로드(무부하) 밸브, 카운터밸런스 밸브 등이 있다.

63 유압장치에서 작업 중 힘이 떨어지면 유압의 최대 압력을 제어하는 메인 릴리프 밸브를 점검한다.

65 언로드(무부하)밸브는 유압회로 내의 압력이 설정압력에 도달하면 유압펌프에서 토출된 오일을 전부 탱크로 회송시켜 펌프를 무부하로 운전시키는 밸브이다.

| 정답 | 60 ① 61 ② 62 ② 63 ① 64 ③ 65 ③ 66 ④

67 유압실린더 등이 중력에 의한 자유낙하를 방지하기 위해 배압을 유지하는 압력 제어밸브는?

① 감압밸브   ② 시퀀스 밸브
③ 언로드 밸브   ④ 카운터 밸런스 밸브

68 유압장치에서 방향제어밸브 설명으로 옳지 않은 것은?

① 유체의 흐름방향을 변환한다.
② 액추에이터의 속도를 제어한다.
③ 유체의 흐름방향을 한쪽으로만 허용한다.
④ 유압실린더나 유압모터의 작동방향을 바꾸는데 사용된다.

69 유압장치에서 유량제어밸브가 아닌 것은?

① 교축밸브   ② 니들밸브
③ 분류밸브   ④ 릴리프밸브

70 유압장치에서 작동체의 속도를 바꿔주는 밸브는?

① 압력제어밸브   ② 유량제어밸브
③ 방향제어밸브   ④ 체크밸브

71 방향제어밸브에서 내부누유에 영향을 미치는 요소가 아닌 것은?

① 관로의 유량
② 밸브간극의 크기
③ 밸브 양단의 압력차이
④ 유압유 점도

72 유압장치에서 방향제어밸브에 해당하는 것은?

① 셔틀밸브   ② 릴리프 밸브
③ 시퀀스 밸브   ④ 언로더 밸브

73 유압 컨트롤 밸브 내에 스풀형식의 밸브 기능은?

① 축압기의 압력을 바꾸기 위해
② 유압펌프의 회전방향을 바꾸기 위해
③ 유압유의 흐름방향을 바꾸기 위해
④ 유압계통 내의 압력을 상승시키기 위해

74 방향제어밸브를 동작시키는 방식이 아닌 것은?

① 수동방식   ② 스프링 방식
③ 전자방식   ④ 유압 파일럿 방식

정답해설

67 유압실린더 등이 중력 및 자체중량에 의한 자유낙하를 방지하기 위해 배압을 유지하는 밸브를 카운터 밸런스 밸브라 한다.

68 액추에이터의 속도제어는 유량제어밸브로 할 수 있다.

69 유량제어밸브의 종류: 니들밸브, 급속배기밸브, 분류밸브, 속도제어밸브, 오리피스 밸브, 교축밸브(스로틀 밸브), 스톱밸브, 스로틀 체크밸브 등

70 유량제어밸브는 액추에이터의 운동속도를 조정하기 위하여 사용한다.

71 방향제어밸브에서 내부누유에 영향을 미치는 요소는 밸브간극의 크기, 밸브 양단의 압력차이, 유압유의 점도 등이 있다.

72 방향제어밸브의 종류에는 셔틀밸브, 스풀밸브, 체크밸브 등이 있다.

73 스풀밸브는 원통형의 밸브로서 오일의 흐름 방향을 바꾸는 기능을 한다.

74 방향제어밸브를 동작시키는 방식에는 수동방식, 유압 파일럿 방식, 전자방식 등이 있다.

|정답| 67 ④ 68 ② 69 ④ 70 ② 71 ① 72 ① 73 ③ 74 ②

75 유압모터의 속도를 감속하는 데 사용하는 밸브는?

① 체크밸브
② 디셀러레이션 밸브
③ 변환밸브
④ 압력 스위치

76 유압 작동기의 방향을 전환시키는 밸브에 사용되는 형식 중 원통형 슬리브 면에 내접하여 축 방향으로 이동하면서 유로를 개폐하는 형식은?

① 스풀형식
② 포핏 형식
③ 베인 형식
④ 카운터밸런스 밸브 형식

77 일반적으로 캠(cam)으로 조작되는 유압 밸브로서 액추에이터의 속도를 서서히 감속시키는 밸브는?

① 디셀러레이션 밸브
② 카운터밸런스 밸브
③ 방향 제어밸브
④ 프레필 밸브

유압탱크

78 유압유에 포함된 불순물을 제거하기 위해 유압펌프 흡입관에 설치하는 것은?

① 어큐뮬레이터
② 스트레이너
③ 공기청정기
④ 부스터

79 유압유 탱크의 기능이 아닌 것은?

① 유압회로에 필요한 압력설정
② 유압회로에 필요한 유량확보
③ 격판에 의한 기포분리 및 제거
④ 스트레이너 설치로 회로 내 불순물 혼입방지

80 오일탱크 내의 오일을 전부 배출시킬 때 사용하는 것은?

① 드레인 플러그　② 배플
③ 어큐뮬레이터　④ 리턴라인

정답해설

75 디셀러레이션 밸브는 캠(cam)으로 조작되는 유압밸브이며 리턴 유량을 제어함으로써 액추에이터의 속도를 서서히 감속시키는 밸브이다.

76 스풀밸브는 원통형 슬리브 면에 내접하여 축 방향으로 이동하여 유로를 개폐하여 오일의 흐름방향을 바꾸는 밸브이다.

77 디셀러레이션 밸브는 캠(cam)으로 조작되는 유압밸브이며 리턴 유량을 제어함으로써 액추에이터의 속도를 서서히 감속시키는 밸브이다.

78 스트레이너(strainer)는 유압펌프의 흡입관에 설치되어 1차로 불순물을 여과하는 여과기이다.

79 오일탱크의 기능: 유압회로에 필요한 유량확보, 격판에 의한 기포분리 및 제거, 스트레이너 설치로 회로 내 불순물의 혼입을 방지하는 기능을 한다.

80 오일탱크 내의 오일 및 수분 배출 시 드레인 플러그를 풀어 배출하게 된다.

|정답| 75 ② 76 ① 77 ① 78 ② 79 ① 80 ①

81 유압장치의 오일 유압펌프 흡입구의 설치에 대한 설명으로 옳지 않은 것은?

① 유압펌프 흡입구는 반드시 탱크 가장 밑면에 설치한다.
② 유압펌프 흡입구에는 스트레이너(오일여과기)를 설치한다.
③ 유압펌프 흡입구와 탱크로의 귀환구(복귀구) 사이에는 격리판(baffle plate)을 설치한다.
④ 유압펌프 흡입구는 탱크로의 귀환구(복귀구)로부터 될 수 있는 한 멀리 떨어진 위치에 설치한다.

82 일반적인 오일탱크의 구성품이 아닌 것은?

① 유압실린더   ② 스트레이너
③ 드레인 플러그   ④ 배플 플레이트

유압유

83 유압오일에서 온도에 따른 점도변화 정도를 표시하는 것은?

① 점도분포   ② 관성력
③ 점도지수   ④ 윤활성

84 유압유의 주요기능이 아닌 것은?

① 열을 흡수한다.
② 동력을 전달한다.
③ 필요한 요소 사이를 밀봉한다.
④ 움직이는 기계요소를 마모시킨다.

85 〈보기〉에서 유압 작동유가 갖추어야 할 조건으로 옳은 것을 모두 고르면?

[보기]
㉠ 압력에 대해 비압축성일 것
㉡ 밀도가 작을 것
㉢ 열팽창계수가 작을 것
㉣ 체적탄성계수가 작을 것
㉤ 점도지수가 낮을 것
㉥ 발화점이 높을 것

① ㉠, ㉡, ㉢, ㉣
② ㉡, ㉢, ㉤, ㉥
③ ㉡, ㉣, ㉤, ㉥
④ ㉠, ㉡, ㉢, ㉥

86 유압유의 첨가제가 아닌 것은?

① 마모 방지제   ② 유동점 강하제
③ 산화 방지제   ④ 점도지수 방지제

정답해설

81 유압펌프 흡입구는 탱크 밑면과 어느 정도 공간을 두고 설치해야 이물질 흡입을 방지할 수 있다.

82 오일탱크는 주입구, 스트레이너, 유면계, 배플 플레이트(격판) 드레인 플러그로 구성되어 있다.

83 점도지수는 유압유가 온도에 따른 점도변화 정도를 표시하는 수치를 말한다.

85 유압유의 구비조건: 압력에 대해 비압축성일 것, 밀도가 작을 것, 열팽창계수가 작을 것, 체적탄성계수가 클 것, 점도지수가 높을 것, 인화점 발화점이 높을 것, 내열성이 크고, 거품이 없을 것 등

86 유압유 첨가제에는 마모방지제, 점도지수 향상제, 산화방지제, 소포제(기포 방지제), 유동점 강하제 등을 사용하고 있다.

| 정답 | 81 ① 82 ① 83 ③ 84 ④ 85 ④ 86 ④

87 유압유의 압력이 낮아지는 원인과 가장 거리가 먼 것은?

① 유압펌프의 성능이 불량할 때
② 유압유의 점도가 높아졌을 때
③ 유압유의 점도가 낮아졌을 때
④ 유압계통 내에서 누설이 있을 때

88 유압유의 점도가 지나치게 높았을 때 나타나는 현상이 아닌 것은?

① 오일누설이 증가한다.
② 유동저항이 커져 압력손실이 증가한다.
③ 동력손실이 증가하여 기계효율이 감소한다.
④ 내부마찰이 증가하고, 압력이 상승한다.

89 유압장치에서 사용하는 작동유의 정상작동 온도범위로 가장 적절한 것은?

① 120~150℃
② 40~80℃
③ 90~110℃
④ 10~30℃

90 유압유(작동유)의 온도상승 원인에 해당하지 않는 것은?

① 작동유의 점도가 너무 높을 때
② 유압모터 내에서 내부마찰이 발생될 때
③ 유압회로 내의 작동압력이 너무 낮을 때
④ 유압회로 내에서 공동현상이 발생될 때

91 현장에서 오일의 오염도 판정방법 중 가열한 철판 위에 오일을 떨어뜨리는 방법은 오일의 무엇을 판정하기 위한 방법인가?

① 먼지나 이물질 함유
② 오일의 열화
③ 수분함유
④ 산성도

92 유압유 교환을 판단하는 조건이 아닌 것은?

① 점도의 변화
② 색깔의 변화
③ 수분의 함량
④ 유량의 감소

정답해설

87 유압유의 압력이 낮아지는 원인: 유압유의 점도가 낮아졌을 때, 유압계통 내에서 누설이 있을 때, 유압펌프가 마모되었을 때, 유압펌프 성능이 노후 되었을 때, 유압펌프의 성능이 불량할 때

88 유압유의 점도가 너무 높으면 유동저항이 커져 압력손실이 증가하고, 동력손실이 증가하여 기계효율이 감소하며, 내부마찰이 증가하고, 압력이 상승한다.

89 작동유의 정상작동 온도범위는 40~80℃이다.

90 유압유의 온도가 상승하는 원인: 유압유의 점도가 너무 높을 때, 유압장치 내에서 내부마찰이 발생될 때, 유압회로 내의 작동압력이 너무 높을 때, 유압회로 내에서 캐비테이션이 발생될 때

91 오일의 수분함유 여부를 판정하기 위한 방법으로 가열한 철판 위에 오일을 떨어뜨려 수분의 증발 여부를 확인한다.

|정답| 87 ② 88 ① 89 ② 90 ③ 91 ③ 92 ④

93 서로 다른 두 종류의 유압유를 혼합하였을 경우에 대한 설명으로 옳은 것은?

① 서로 보완 가능한 유압유의 혼합은 권장 사항이다.
② 열화현상을 촉진시킨다.
③ 유압유의 성능이 혼합으로 인해 월등해진다.
④ 점도가 달라지나 사용에는 전혀 지장이 없다.

94 공동(Cavitation)현상이 발생하였을 때의 영향 중 가장 거리가 먼 것은?

① 체적효율이 감소한다.
② 고압부분의 기포가 과포화상태로 된다.
③ 최고압력이 발생하여 급격한 압력파가 일어난다.
④ 유압장치 내부에 국부적인 고압이 발생하여 소음과 진동이 발생된다.

★★★
95 현장에서 오일의 열화를 찾아내는 방법이 아닌 것은?

① 색깔의 변화나 수분, 침전물의 유무 확인
② 흔들었을 때 생기는 거품이 없어지는 양상 확인
③ 자극적인 악취 유무 확인
④ 오일을 가열하였을 때 냉각되는 시간 확인

★★★
96 유압회로 내의 밸브를 갑자기 닫았을 때, 오일의 속도 에너지가 압력 에너지로 변하면서 일시적으로 큰 압력 증가가 생기는 현상을 무엇이라 하는가?

① 캐비테이션(cavitation) 현상
② 서지(surge) 현상
③ 채터링(chattering) 현상
④ 에어레이션(aeration) 현상

★★★
97 현장에서 오일의 열화를 확인하는 인자가 아닌 것은?

① 오일의 점도   ② 오일의 냄새
③ 오일의 색깔   ④ 오일의 유동

★★★
98 건설기계에 사용하고 있는 필터의 종류가 아닌 것은?

① 배출필터   ② 흡입필터
③ 고압필터   ④ 저압필터

★★★
99 기체-오일방식 어큐뮬레이터에 가장 많이 사용되는 가스는?

① 산소   ② 질소
③ 아세틸렌   ④ 이산화탄소

정답해설

93 서로 다른 종류의 유압유를 혼합하면 열화현상을 촉진시키게 된다.

94 공동현상이 발생하면 유압장치 내부에 국부적인 고압이 발생하여 소음과 진동이 발생된다.

95 작동유의 열화를 판정하는 방법: 점도상태로 확인, 색깔의 변화나 수분, 침전물의 유무 확인, 자극적인 악취 유무 확인(냄새로 확인), 흔들었을 때 생기는 거품이 없어지는 양상을 확인하여 열화의 판정을 할 수 있다.

96 서지현상은 유압회로 내의 밸브를 갑자기 닫았을 때, 오일의 속도에너지가 압력에너지로 변하면서 일시적으로 큰 압력 증가가 생기는 현상을 말하며 유압회로의 이상증상 중 하나이다.

97 오일의 열화를 확인하는 방법에는 오일의 점도, 오일의 냄새, 오일의 색깔 등으로 열화 상태를 확인할 수 있다.

99 가스형 어큐뮬레이터(축압기)에는 질소가스가 들어있다.

|정답| 93 ② 94 ② 95 ④ 96 ② 97 ④ 98 ① 99 ②

유압 기호 및 회로

100 유압회로에서 속도제어회로에 속하지 않는 것은?
① 시퀀스 회로
② 미터-인 회로
③ 블리드 오프 회로
④ 미터-아웃 회로

101 유압장치의 기호회로도에 사용되는 유압기호의 표시 방법으로 적절하지 않은 것은?
① 기호에는 각 기기의 구조나 작용압력을 표시하지 않는다.
② 기호에는 흐름의 방향을 표시한다.
③ 각 기기의 기호는 정상상태 또는 중립상태를 표시한다.
④ 기호는 어떠한 경우에도 회전하여 표시하지 않는다.

102 유량제어밸브를 실린더와 병렬로 연결하여 실린더의 속도를 제어하는 회로는?
① 미터-인 회로
② 미터-아웃 회로
③ 블리드 오프 회로
④ 블리드 온 회로

103 유압장치에서 가장 많이 사용되는 유압 회로도는?
① 조합 회로도
② 그림 회로도
③ 단면 회로도
④ 기호 회로도

104 액추에이터의 입구 쪽 관로에 유량 제어 밸브를 직렬로 설치하여 작동유의 유량을 제어함으로써 액추에이터의 속도를 제어하는 회로는?
① 시스템 회로(system circuit)
② 블리드 오프 회로(bleed-off circuit)
③ 미터-인 회로(meter-in circuit)
④ 미터-아웃 회로(meter-out circuit)

105 그림과 같은 유압 기호에 해당하는 밸브는?

① 체크밸브
② 카운터밸런스 밸브
③ 릴리프 밸브
④ 무부하밸브

106 다음 유압 도면기호의 명칭은?

① 스트레이너
② 유압모터
③ 유압펌프
④ 압력계

정답해설

100 속도제어 회로의 종류에는 미터-인(meter in)회로, 미터-아웃(meter out)회로, 블리드 오프(bleed off)회로가 있다.

101 기호 회로도에 사용되는 유압 기호는 오해의 위험이 없는 경우에는 기호를 회전하거나 뒤집어 사용해도 된다.

102 블리드 오프 회로는 유량제어밸브를 실린더와 병렬로 연결하여 실린더의 속도를 제어하는 기능을 한다.

103 일반적으로 많이 사용하는 유압회로도는 기호 회로도이다.

104 미터 인 회로: 유압 액추에이터의 입구 쪽에 유량제어밸브를 직렬로 연결하여 액추에이터로 유입되는 유량을 제어하여 액추에이터의 속도를 제어한다.

| 정답 | 100 ① 101 ④ 102 ③ 103 ④ 104 ③ 105 ③ 106 ③ |

107 그림의 유압기호가 나타내는 것은?

① 유압밸브　② 차단밸브
③ 오일탱크　④ 유압실린더

108 가변용량형 유압펌프의 기호 표시는?

① 　②

③ 　④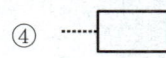

109 다음 유압기호가 나타내는 것은?

① 릴리프 밸브　② 감압밸브
③ 순차밸브　④ 무부하 밸브

110 그림의 유압 기호는 무엇을 표시하는가?

① 고압우선형 셔틀밸브
② 저압우선형 셔틀밸브
③ 급속배기 밸브
④ 급속흡기 밸브

111 그림에서 체크밸브를 나타낸 것은?

① 　②

③ 　④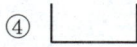

112 복동 실린더 양 로드형을 나타내는 유압 기호는?

113 그림과 같은 실린더의 명칭은?

① 단동 실린더
② 단동 다단실린더
③ 복동 실린더
④ 복동 다단실린더

114 그림의 유압 기호는 무엇을 표시하는가?

① 유압실린더　② 어큐뮬레이터
③ 오일탱크　④ 유압실린더 로드

정답해설

| 정답 | 107 ③　108 ①　109 ④　110 ①　111 ①
112 ④　113 ③　114 ② |

로더운전기능사 필기

PART 09
CBT 적중모의고사

1회 CBT 적중모의고사
2회 CBT 적중모의고사
3회 CBT 적중모의고사
4회 CBT 적중모의고사
5회 CBT 적중모의고사

PART 09 CBT 적중모의고사 1회

01 엔진오일 압력이 떨어지는 원인으로 가장 거리가 먼 것은?

① 오일펌프 마모 및 파손되었을 때
② 오일이 과열되고 점도가 낮을 때
③ 압력조절밸브 고장으로 열리지 않을 때
④ 오일 팬 속에 오일량이 부족할 때

02 기관이 작동되는 상태에서 점검 가능한 사항이 아닌 것은?

① 냉각수의 온도
② 충전상태
③ 기관 오일의 압력
④ 엔진 오일량

03 다음 중 흡기 장치의 요구 조건으로 옳지 않은 것은?

① 전 회전 영역에 걸쳐서 흡입효율이 좋아야 한다.
② 균일한 분배성을 가져야 한다.
③ 흡입부에 와류가 발생할 수 있는 돌출부를 설치해야 한다.
④ 연소속도를 빠르게 해야 한다.

04 기관에서 연료압력이 너무 낮을 때 그 원인이 아닌 것은?

① 연료필터가 막혔다.
② 리턴호스에서 연료가 누설된다.
③ 연료펌프의 공급압력이 누설되었다.
④ 연료압력 레귤레이터에 있는 밸브의 밀착이 불량하여 리턴포트 쪽으로 연료가 누설되었다.

05 4행정 사이클 기관의 행정 순서로 옳은 것은?

① 압축 → 동력 → 흡입 → 배기
② 흡입 → 동력 → 압축 → 배기
③ 압축 → 흡입 → 동력 → 배기
④ 흡입 → 압축 → 동력 → 배기

06 기관의 냉각팬이 회전할 때 공기가 불어가는 방향은?

① 방열기 방향
② 엔진 방향
③ 상부 방향
④ 하부 방향

07 디젤기관에서 터보차저의 기능으로 옳은 것은?

① 실린더 내에 공기를 압축 공급하는 장치이다.
② 냉각수 유량을 조절하는 장치이다.
③ 기관 회전수를 조절하는 장치이다.
④ 윤활유 온도를 조절하는 장치이다.

08 다음 중 커먼레일 디젤기관의 연료장치 구성품이 아닌 것은?

① 고압펌프
② 커먼레일
③ 인젝터
④ 공급펌프

09 수냉식 기관이 과열되는 원인이 아닌 것은?

① 규정보다 적게 냉각수를 넣었을 때
② 방열기의 코어가 20% 이상 막혔을 때
③ 수온조절기가 열린 채로 고정되었을 때
④ 규정보다 높은 온도에서 수온 조절기가 열릴 때

10 라이너식 실린더에 비교한 일체식 실린더의 특징 중 옳지 않은 것은?

① 냉각수 누출 우려가 적다.
② 라이너 형식보다 내마모성이 높다.
③ 부품 수가 적고 중량이 가볍다.
④ 강성 및 강도가 크다.

11 다음 중 광속의 단위는?

① 칸델라 ② 럭스
③ 루멘 ④ 와트

12 축전지 전해액의 비중 측정에 대한 설명으로 틀린 것은?

① 전해액의 비중을 측정하면 축전지 충전 여부를 판단할 수 있다.
② 유리 튜브 내에 전해액을 흡입하여 뜨개의 눈금을 읽는 흡입식 비중계가 있다.
③ 측정 면에 전해액을 바른 후 렌즈 내로 보이는 맑고 어두운 경계선을 읽는 광학식 비중계가 있다.
④ 전해액은 황산에 물을 조금씩 혼합하도록 하며 유리 막대 등으로 천천히 저어서 냉각한다.

13 '유도기전력의 방향은 코일 내의 자속의 변화를 방해하려는 방향으로 발생한다.'는 법칙은?

① 플레밍의 왼손 법칙
② 플레밍의 오른손 법칙
③ 렌츠의 법칙
④ 자기유도 법칙

14 기동전동기 동력전달 기구인 벤딕스식의 설명으로 적절한 것은?

① 전자력을 이용하여 피니언 기어의 이동과 스위치를 개폐시킨다.
② 피니언의 관성과 전동기의 고속회전을 이용하여 전동기의 회전력을 엔진에 전달한다.
③ 오버런닝 클러치가 필요하다.
④ 전기자 중심과 계자 중심을 옵셋시켜 자력선이 가까운 거리를 통과하려는 성질을 이용한다.

15 축전지(battery) 내부에 들어가는 것이 아닌 것은?

① 단자기둥 ② 음극판
③ 양극판 ④ 격리판

16 장비 기동 시에 충전 계기의 확인 점검은 언제 하는가?

① 기관 가동 중
② 주간 및 월간 점검 시
③ 현장관리자 입회 시
④ 램프에 경고등이 점등되었을 때

17 건설기계의 운전 전 점검 사항을 나타낸 것으로 적절하지 않은 것은?

① 라디에이터의 냉각수량 확인 및 부족 시 보충
② 엔진 오일량 확인 및 부족 시 보충
③ V벨트 상태 확인 및 장력 부족 시 조정
④ 배출가스의 상태 확인 및 조정

18 로더의 일일점검 사항이 아닌 것은?

① 엔진 오일 점검 ② 배터리 전해액 점검
③ 연료량 점검 ④ 냉각수 점검

19 수동변속기에서 클러치의 필요성으로 옳지 않은 것은?

① 속도를 빠르게 하기 위해
② 변속을 위해
③ 기동의 동력을 전달 또는 차단하기 위해
④ 엔진 기동 시 무부하 상태로 놓기 위해

20 수동변속기가 장착된 건설기계장비에서 주행 중 기어가 빠지는 원인이 아닌 것은?

① 기어의 물림이 덜 물렸을 때
② 기어의 마모가 심할 때
③ 클러치의 마모가 심할 때
④ 변속기의 록 장치가 불량할 때

21 트랙장치의 트랙 유격이 너무 커졌을 때 발생하는 현상으로 가장 적절한 것은?

① 주행속도가 빨라진다.
② 슈 판 마모가 급격해진다.
③ 주행속도가 아주 느려진다.
④ 트랙이 벗겨지기 쉽다.

22 건설기계관리법상 로더의 정의로 올바른 것은?

① 무한궤도(크롤러) 또는 타이어식으로 적재장치를 가진 자체중량 2톤 이상인 것을 말한다.
② 타이어식으로 적재장치를 가진 자체중량 2톤 이상인 것을 말한다.
③ 무한궤도(크롤러)식으로 적재장치를 가진 자체중량 2톤 이상인 것을 말한다.
④ 무한궤도(크롤러) 또는 타이어식으로 적재장치를 가진 자체중량 8톤 이상인 것을 말한다.

23 장비에 부하가 걸릴 때 토크 컨버터의 터빈 속도는 어떻게 되는가?

① 빨라진다.   ② 느려진다.
③ 일정하다.   ④ 관계없다.

24 타이어식 건설기계로 길고 급한 경사 길을 운전할 때 반 브레이크를 사용하면 어떤 현상이 생기는가?

① 라이닝은 페이드, 파이프는 스팀 록
② 라이닝은 페이드, 파이프는 베이퍼 록
③ 파이프는 스팀 록, 라이닝은 베이퍼 록
④ 파이프는 베이퍼 록, 라이닝은 스팀 록

25 타이어타입 건설기계를 조종하여 작업을 할 때 주의하여야 할 사항으로 옳지 않은 것은?

① 노견의 붕괴 방지 여부
② 지반의 침하 방지 여부
③ 작업 범위 내에 물품과 사람 배치하기
④ 낙석의 우려가 있으면 운전실에 헤드가드를 부착하기

26 건설기계조종사 면허증 발급 신청 시 첨부하는 서류와 가장 거리가 먼 것은?

① 신체검사서
② 소형건설기계조종교육 이수증(소형건설기계조종사면허증을 발급신청 하는 경우 한정)
③ 신청일 전 6개월 이내에 촬영한 정면사진 1장
④ 주민등록등본

27 건설기계관리법령상 건설기계의 주요 구조를 변경 또는 개조할 수 있는 범위에 포함되지 않는 것은?

① 조향장치의 형식변경
② 동력전달장치의 형식변경
③ 적재함의 용량 증가를 위한 구조변경
④ 건설기계의 길이, 너비 및 높이 등의 변경

28 과실로 경상 6명의 인명피해를 입힌 건설기계를 조종한 자의 처분기준은?

① 면허효력정지 10일
② 면허효력정지 20일
③ 면허효력정지 30일
④ 면허효력정지 60일

29 건설기계 등록신청에 대한 설명으로 옳은 것은? (단, 전시, 사변 등 국가 비상사태 하의 경우 제외)

① 시·군·구청장에게 취득한 날로부터 10일 이내에 등록신청을 한다.
② 시·도지사에게 취득한 날로부터 15일 이내에 등록신청을 한다.
③ 시·군·구청장에게 취득한 날로부터 1개월 이내에 등록신청을 한다.
④ 시·도지사에게 취득한 날로부터 2개월 이내에 등록신청을 한다.

30 건설기계 등록 전에 임시 운행 사유에 해당되지 않는 것은?

① 등록신청을 하기 위하여 건설기계를 등록지로 운행하고자 할 때
② 등록신청 전에 건설기계 공사를 하기 위하여 임시로 운행하고자 할 때
③ 수출을 하기 위해 건설기계를 선적지로 운행할 때
④ 신개발 건설기계를 시험 운행하고자 할 때

31 건설기계대여업 등록신청서에 첨부하여야 할 서류가 아닌 것은?

① 건설기계 소유 사실을 증명하는 서류
② 사무실의 소유권 또는 사용권이 있음을 증명하는 서류
③ 주민등록표등본
④ 주기장 소재지를 관할하는 시장, 군수, 구청장이 발급한 주기장 시설보유 확인서

32 등록되지 아니한 건설기계를 사용하거나 운행한 자에 대한 벌칙은?

① 50만 원 이하의 벌금
② 100만 원 이하의 벌금
③ 1년 이하 징역 또는 1000만 원 이하의 벌금
④ 2년 이하 징역 또는 2000만 원 이하의 벌금

33 과태료 처분에 불복이 있는 자는 그 처분의 고지를 받은 날로부터 며칠 이내에 이의를 제기해야 하는가?

① 5일
② 10일
③ 30일
④ 60일

34 특별표지판을 부착해야 하는 건설기계가 아닌 것은?

① 높이가 3m인 건설기계
② 너비가 3m인 건설기계
③ 길이가 17m인 건설기계
④ 총중량이 45t인 건설기계

35 공유압 기호 중 그림이 나타내는 것은?

① 복동 가변식 전자 액추에이터
② 회전형 전기 액추에이터
③ 단동 가변식 액추에이터
④ 직접 파일럿 조작 액추에이터

36 유압장치에서 방향제어 밸브에 해당하는 것은?

① 셔틀 밸브 ② 릴리프 밸브
③ 시퀀스 밸브 ④ 언로드 밸브

37 액체의 일반적인 성질이 아닌 것은?

① 액체는 힘을 전달할 수 있다.
② 액체는 운동을 전달할 수 있다.
③ 액체는 압축할 수 있다.
④ 액체는 운동방향을 바꿀 수 있다.

38 유압실린더 교환 후 우선적으로 시행하여야 할 사항은?

① 엔진을 저속 공회전 시킨 후 공기빼기 작업 실시
② 엔진을 고속 공회전 시킨 후 공기빼기 작업 실시
③ 유압장치를 최대한 부하 상태로 유지한다.
④ 압력을 측정한다.

39 유압모터의 특징으로 옳은 것은?

① 가변체인구동으로 유량 조정을 한다.
② 오일의 누출이 많다.
③ 밸브오버랩으로 회전력을 얻는다.
④ 무단 변속이 용이하다.

40 유압장치의 구성요소 중 유압발생장치가 아닌 것은?

① 유압펌프
② 엔진 또는 전기모터
③ 오일탱크
④ 유압실린더

41 다음 중 유압회로 내의 열 발생 원인이 아닌 것은?

① 작동유 점도가 너무 높을 때
② 모터 내에서 내부마찰이 발생될 때
③ 유압회로 내의 작동 압력이 너무 낮을 때
④ 유압회로 내에서 캐비테이션이 발생될 때

42 릴리프 밸브(relief valve)에서 볼(ball)이 밸브의 시트(seat)를 때려 소음을 발생시키는 현상은?

① 채터링(chattering) 현상
② 베이퍼 록(vaper lock) 현상
③ 페이드(fade) 현상
④ 노킹(knock) 현상

43 유압장치에서 내구성이 강하고 작동 및 움직임이 있는 곳에 사용하기 적합한 호스는?

① 플렉시블 호스
② 구리 파이프 호스
③ 강 파이프 호스
④ PVC 호스

44 유압장치의 오일탱크에서 펌프 흡입구의 설치에 대한 설명으로 옳지 않은 것은?

① 펌프 흡입구는 반드시 탱크 가장 밑면에 설치한다.
② 펌프 흡입구는 스트레이너(오일 여과기)를 설치한다.
③ 펌프 흡입구와 탱크로의 귀환구(복귀구) 사이에는 격리판(baffle plate)을 설치한다.
④ 펌프 흡입구는 탱크로의 귀환구(복귀구)로부터 될 수 있는 한 멀리 떨어진 위치에 설치한다.

45 재해의 복합 발생 요인이 아닌 것은?

① 환경의 결함   ② 사람의 결함
③ 품질의 결함   ④ 시설의 결함

46 납산 배터리 액체를 취급하기에 가장 좋은 것은?

① 가죽으로 만든 옷
② 무명으로 만든 옷
③ 화학섬유로 만든 옷
④ 고무로 만든 옷

47 화재 발생 시 소화기를 사용하여 소화 작업을 하고자 할 때 올바른 방법은?

① 바람을 안고 우측에서 좌측을 향해 실시한다.
② 바람을 등지고 좌측에서 우측을 향해 실시한다.
③ 바람을 안고 아래쪽에서 위쪽을 향해 실시한다.
④ 바람을 등지고 위쪽에서 아래쪽을 향해 실시한다.

48 벨트를 풀리에 걸 때는 어떤 상태에서 해야 하는가?

① 저속 상태   ② 고속 상태
③ 정지 상태   ④ 중속 상태

49 복스렌치가 오픈엔드렌치보다 비교적 많이 사용되는 이유로 옳은 것은?

① 두 개를 한 번에 조일 수 있다.
② 마모율이 적고 가격이 저렴하다.
③ 다양한 볼트, 너트의 크기를 사용할 수 있다.
④ 볼트와 너트 주위를 감싸 힘의 균형을 이루어 미끄러지지 않는다.

50 작업장 내의 안전한 통행을 위하여 지켜야 할 사항이 아닌 것은?

① 주머니에 손을 넣고 보행하지 말 것
② 좌측 또는 우측통행 규칙을 엄수할 것
③ 운반차를 이용할 때에는 가능한 빠른 속도로 주행할 것
④ 물건을 든 사람과 만났을 때는 즉시 길을 양보할 것

51 수공구 사용상의 재해의 원인이 아닌 것은?

① 잘못된 공구 선택
② 사용법의 미숙지
③ 공구의 점검 소홀
④ 규격에 맞는 공구 사용

52 산업안전을 통한 기대효과로 옳은 것은?

① 기업의 생산성이 저하된다.
② 근로자의 생명이 보호된다.
③ 기업의 재산만 보호된다.
④ 근로자와 기업의 발전이 도모된다.

53 출입문이 전방에 설치된 로더의 전경각과 후경각 기준으로 맞는 것은?

① 전경각 45° 이상, 후경각 35° 이상
② 전경각 35° 이상, 후경각 25° 이상
③ 전경각 45° 이상, 후경각 25° 이상
④ 별도의 기준을 적용하지 않는다.

54 기동전동기가 회전하지 않는 경우가 아닌 것은?

① 기동전동기 손상
② 축전지 전압이 낮을 때
③ 연료가 없을 때
④ 브러시와 정류자 밀착 불량

55 어큐뮬레이터(축압)의 용도로 적절하지 않은 것은?

① 압력 보상
② 유압에너지 축적
③ 충격 흡수
④ 릴리프 밸브 제어

56 직선 왕복운동을 하는 유압기기는?

① 유압모터
② 유압펌프
③ 유압실린더
④ 축압기

57 유압모터의 종류가 아닌 것은?

① 베인 모터
② 나사 모터
③ 플런저 모터
④ 기어 모터

58 로더의 작업장치 유압계통에 관한 설명으로 틀린 것은?

① 붐 실린더는 붐의 상승, 하강 작용을 담당한다.
② 버킷 실린더는 버킷의 오므림과 덤프 작용을 한다.
③ 유압 펌프는 유압을 발생시켜 실린더와 모터를 움직여 준다.
④ 작업장치 작동을 위한 실린더는 주로 단동식이 사용된다.

59 도로교통법에서 정하는 주차금지 장소가 아닌 곳은?

① 교차로의 가장자리나 모퉁이로부터 10m 이내인 곳
② 안전지대로부터 10m 이내인 곳
③ 터널 안 및 다리 위
④ 소방용 방화 물통으로부터 5m 이내인 곳

60 다음 기초번호판에 대한 설명으로 옳지 않은 것은?

① 건물이 없는 도로에 설치되는 기초번호판이다.
② 도로의 시작점에서 끝 지점 방향으로 기초번호를 부여한다.
③ 표지판이 설치된 곳은 '병목안로'이다.
④ 도로명과 건물번호를 지시하는 기초번호판이다.

PART 09 CBT 적중모의고사 2회

01 엔진에서 라디에이터의 방열기 캡을 열어 냉각수를 점검했더니 기름이 떠 있었다. 그 원인으로 옳은 것은?

① 피스톤링과 실린더 마모
② 밸브 간격 과다
③ 피스톤의 이음 간극이 큼
④ 실린더 헤드 가스켓 파손

02 작업 후 탱크에 연료를 가득 채워주는 이유가 아닌 것은?

① 연료의 기포 방지를 위해서
② 내일의 작업을 위해서
③ 연료탱크에 수분이 생기는 것을 방지하기 위해서
④ 연료의 압력을 높이기 위해서

03 작업 중 운전자가 확인해야 할 것으로 틀린 것은?

① 온도계기   ② 전류계기
③ 오일압력계기 ④ 실린더 압력

04 기관이 과열되는 원인이 아닌 것은?

① 분사시기의 부적당
② 냉각수 부족
③ 팬벨트의 장력 과다
④ 물재킷 내의 물때 형성

05 기관에서 터보차저에 대한 설명으로 틀린 것은?

① 흡기관과 배기관 사이에 설치된다.
② 과급기라고도 한다.
③ 배기가스 배출을 위한 일종의 블로워(blower)이다.
④ 기관 출력을 증가시킨다.

06 축전지의 용량만을 크게 하는 방법으로 옳은 것은?

① 직렬 연결법   ② 병렬 연결법
③ 직·병렬 연결법 ④ 논리회로 연결법

07 엔진오일에 대한 설명으로 옳은 것은?

① 엔진을 시동한 상태에서 점검한다.
② 겨울보다 여름에 점도가 높은 오일을 사용한다.
③ 엔진오일에는 거품이 많이 들어있는 것이 좋다.
④ 엔진오일 순환상태는 오일레벨게이지로 확인한다.

08 냉각장치에서 수온조절기가 열림 상태로 고장난 경우 나타나는 현상으로 옳은 것은?

① 엔진의 회전속도가 빨라진다.
② 엔진이 과열되기 쉽다.
③ 워밍업 시간이 길어지기 쉽다.
④ 물 펌프에 부하가 걸리기 쉽다.

09 디젤기관에서 노킹의 원인이 아닌 것은?

① 연료의 세탄가가 높다.
② 연료의 분사압력이 낮다.
③ 연소실의 온도가 낮다.
④ 착화지연 시간이 길다.

10 예열플러그가 15~20초에서 완전히 가열되었을 경우에 대한 설명으로 옳은 것은?

① 정상상태이다.
② 접지되었다.
③ 단락되었다.
④ 다른 플러그가 모두 단선되었다.

11 다음 중 팬벨트와 연결되지 않은 것은?

① 발전기 풀리
② 기관 오일펌프 풀리
③ 워터펌프 풀리
④ 크랭크축 풀리

12 전류의 자기작용을 응용한 것은?

① 전구
② 축전지
③ 예열플러그
④ 발전기

13 기관을 회전시키고 있을 때 축전지의 전해액이 넘쳐 흐른다. 그 원인에 해당하는 것은?

① 전해액 양이 규정보다 5mm 낮게 들어있다.
② 기관의 회전이 너무 빠르다.
③ 팬벨트의 장력이 너무 팽팽하다.
④ 축전지가 과충전되고 있다.

14 디젤기관이 시동되지 않을 때의 원인과 가장 거리가 먼 것은?

① 연료가 부족하다.
② 연료계통에 공기가 차 있다.
③ 기관의 압축압력이 높다.
④ 연료 공급펌프가 불량하다.

15 건설기계장비 작업 시 계기판에서 냉각수의 경고등이 점등되었을 때 운전자로서 가장 적절한 조치는?

① 오일량을 점검한다.
② 작업이 모두 끝나면 바로 냉각수를 보충한다.
③ 작업을 중지하고 점검 및 정비를 받는다.
④ 라디에이터를 교환한다.

16 로더 작업장치의 유압계통에 대한 설명으로 틀린 것은?

① 버킷 실린더는 보통 1~2개로 버킷의 오므림과 덤프 작용을 해준다.
② 붐 실린더는 1개만으로 붐의 상승, 하강을 담당한다.
③ 조향 실린더는 메인 펌프 유압을 공통으로 사용하며 좌우에 하나씩 있으며 조향을 담당한다.
④ 작동유 탱크는 오일 저장, 적정 온도 유지, 기포 발생 방지의 역할을 한다.

17 기관을 시동하여 공전 시 점검할 사항이 아닌 것은?

① 기관의 팬벨트 장력 점검
② 오일 누출 여부 점검
③ 냉각수 누출 여부 점검
④ 배기가스 색깔 점검

18 기관 출력을 저하시키는 직접적인 원인이 아닌 것은?

① 실린더 내의 압력이 낮을 때
② 클러치가 불량할 때
③ 노킹이 일어날 때
④ 연료 분사량이 적을 때

19 기관에 온도를 일정하게 유지하기 위해 설치된 물 통로에 해당하는 것은?

① 오일팬   ② 밸브
③ 워터 자켓   ④ 실린더 헤드

20 기관의 연소실 방식에서 흡기가열식 예열장치를 사용하는 것은?

① 직접분사실식   ② 와류실식
③ 예연소실식   ④ 공기실식

21 오일의 여과방식이 아닌 것은?

① 자력식
② 전류식
③ 분류식
④ 샨트식

22 적하 방식에 따른 로더의 분류 중 앞부분에서 굴착을 하여, 장비 위를 넘어 후면에 덤프할 수 있는 것은?

① 프런트 엔드형(front end type)
② 사이드 덤프형(side dump type)
③ 오버 헤드형(overhead type)
④ 스윙형(swing type)

23 다음 중 액추에이터의 입구 쪽 관로에 설치한 유량제어 밸브로 흐름을 제어하여 속도를 제어하는 회로는?

① 시스템 회로(system circuit)
② 블리드오프 회로(bleed-off circuit)
③ 미터인 회로(meter-in circuit)
④ 미터아웃 회로(meter-out circuit)

24 차마 서로 간의 통행 우선순위로 바르게 연결된 것은?

① 긴급자동차 → 긴급자동차 외의 자동차 → 자동차 및 원동기장치자전거 외의 차마 → 원동기장치자전거
② 긴급자동차 외의 자동차 → 긴급자동차 → 자동차 및 원동기장치자전거 외의 차마 → 원동기장치자잔거
③ 긴급자동차 외의 자동차 → 긴급자동차 → 원동기장치자전거 → 자동차 및 원동기장치자전거 외의 차마
④ 긴급자동차 → 긴급자동차 외의 자동차 → 원동기장치자전거 → 자동차 및 원동기장치자전거 외의 차마

25 다음 설명에서 올바르지 않은 것은?

① 장비의 그리스 주입은 정기적으로 하는 것이 좋다.
② 엔진오일 교환 시 여과기도 같이 교환한다.
③ 최근의 부동액은 4계절 모두 사용하여도 무방하다.
④ 장비운전 작업 시 기관회전수를 낮추어 운전한다.

26 건설기계관리법상 건설기계조종사 면허를 받지 아니하고 건설기계를 조종한 자에 대한 벌금은?

① 70만 원 이하   ② 100만 원 이하
③ 1000만 원 이하 ④ 2000만 원 이하

27 최고 속도의 100분의 20을 줄인 속도로 운행하여야 할 경우는?

① 노면이 얼어붙을 때
② 폭우, 폭설, 안개 등으로 가시거리가 100m 이내일 때
③ 눈이 20밀리미터 이상 쌓인 때
④ 비가 내려 노면이 젖어있을 때

28 노면표지 중 진로 변경 제한선으로 옳은 것은?

① 황색 점선은 진로 변경을 할 수 없다.
② 백색 점선은 진로 변경을 할 수 없다.
③ 황색 실선은 진로 변경을 할 수 있다.
④ 백색 실선은 진로 변경을 할 수 없다.

29 건설기계 등록 전에 일시적으로 운행할 수 있는 경우가 아닌 것은?

① 등록신청을 위하여 건설기계를 등록지로 운행하는 경우
② 신규등록검사 및 확인검사를 받기 위하여 건설기계를 검사장소로 운행 하는 경우
③ 건설기계를 대여하고자 하는 경우
④ 수출하기 위하여 건설기계를 선적지로 운행하는 경우

30 그림의 유압기호는 무엇을 의미하는가?

① 오일쿨러 ② 유압탱크
③ 유압펌프 ④ 유압모터

31 출발지 관할 경찰서장이 안전기준을 초과하여 운행할 수 있도록 허가하는 사항에 해당하지 않는 것은?

① 적재중량 ② 운행속도
③ 승차인원 ④ 적재용량

32 무한궤도식 건설기계에서 트랙 장력 조정은 무엇으로 하는가?

① 스프로킷의 조정 볼트로 한다.
② 긴도조정 실린더로 한다.
③ 상부롤러의 베어링으로 한다.
④ 하부롤러의 시임을 조정한다.

33 무한궤도식 건설기계에서 트랙이 벗겨지는 원인이 아닌 것은?

① 상부롤러가 파손되었을 경우
② 리코일 스프링의 장력이 약할 경우
③ 트랙의 장력이 팽팽할 경우
④ 프론트 아이들러와 스프로킷의 중심이 어긋난 경우

34 유압모터와 유압실린더의 설명으로 옳은 것은?

① 둘 다 회전운동을 한다.
② 모터는 직선운동, 실린더는 회전운동을 한다.
③ 둘 다 왕복운동을 한다.
④ 모터는 회전운동, 실린더는 직선운동을 한다.

35 공동현상이라고도 하며 이 현상이 발생하면 소음과 진동이 발생하고 양정과 효율이 저하되는 현상은?

① 캐비테이션 현상
② 스크로크
③ 제로랩
④ 오버랩

36 정기검사를 받지 아니하고 정기검사 신청기간 만료일로부터 30일 이내인 때의 과태료는?

① 100만 원
② 50만 원
③ 20만 원
④ 10만 원

37 도로교통법상 도로에 해당하지 않는 것은?

① 해상도로법에 의한 항로
② 차마의 통행을 위한 도로
③ 유료도로법에 의한 유료도로
④ 도로법에 의한 도로

38 전기화재에 적합하며 화재 때 화점에 분사하는 소화기로 산소를 차단하는 소화기는?

① 포말 소화기
② 이산화탄소 소화기
③ 분말 소화기
④ 증발 소화기

39 트랙의 스프로킷 이상 마모의 원인으로 옳은 것은?

① 유압유의 부족
② 유압이 너무 높다.
③ 리코일 스프링의 장력 약화
④ 트랙의 심한 이완 또는 장력 과대

40 유압장치에서 고압 소용량, 저압 대용량 펌프를 조합 운전할 때 작동암이 규정 압력 이상으로 상승 시 동력절감을 위해 사용하는 밸브는?

① 감압 밸브   ② 릴리프 밸브
③ 시퀀스 밸브 ④ 무부하 밸브

41 〈보기〉에서 유압 작동유가 갖추어야 할 조건으로 옳은 것은?

[보기]
ㄱ. 압축성이 작을 것
ㄴ. 밀도가 작을 것
ㄷ. 열팽창계수가 작을 것
ㄹ. 체적탄성계수가 작을 것
ㅁ. 점도지수가 낮을 것
ㅂ. 발화점이 높을 것

① ㄱ, ㄴ, ㄷ, ㄹ
② ㄴ, ㄷ, ㅁ, ㅂ
③ ㄴ, ㄹ, ㄷ, ㅂ
④ ㄱ, ㄴ, ㄷ, ㅂ

42 로더의 유압 라인 중 가장 많은 유량과 높은 압력을 사용하는 부분은?

① 붐 유압 라인
② 버킷 유압 라인
③ 암 유압 라인
④ 파워스티어링 유압 라인

43 휠 로더 붐 제어 레버의 작동 위치가 아닌 것은?

① 붐 상승
② 붐 하강
③ 붐 틸트
④ 붐 부동

44 전기용접 작업 시 보안경을 사용하는 이유로 옳지 않은 것은?

① 유해 광선으로부터 눈을 보호하기 위하여
② 유해 약물로부터 눈을 보호하기 위하여
③ 중량물의 추락 시 머리를 보호하기 위하여
④ 분진으로부터 눈을 보호하기 위하여

45 휠 로더의 붐과 버킷 레버를 동시에 당기면 어떻게 되는가?

① 붐만 상승한다.
② 버킷만 오므려진다.
③ 붐은 상승하고, 버킷은 오므려진다.
④ 붐은 하강하고, 버킷은 펴진다.

46 다음과 같은 로더의 조종 레버에서 "3" 방향으로 움직이면 어떤 동작이 이루어지는가?

① 붐 상승
② 붐 하강
③ 버킷 롤 백
④ 버킷 덤프

47 차체 굴절식(허리꺾기식) 로더의 조향장치에 필요한 부품이 아닌 것은?

① 유압실린더   ② 웜기어
③ 조향 펌프   ④ 컴프레셔

48 그림과 같은 교통안전표지의 뜻은?

① 좌·우회전 표지
② 좌·우회전 금지표지
③ 양측방 일방 통행표지
④ 양측방 통행 금지표지

49 아세틸렌 용접기에서 가스 누설 여부를 검사하는 방법으로 가장 좋은 것은?

① 비눗물 검사
② 기름 검사
③ 촛불 검사
④ 물 검사

50 유류 화재 시 소화기 이외의 소화 재료로 가장 적당한 것은?

① 모래
② 시멘트
③ 진흙
④ 물

51 차량이 남쪽에서 북쪽으로 진행 중일 때, 그림에 대한 설명으로 옳지 않은 것은?

① 차량을 우회전하는 경우 서울역 쪽 '통일로'로 진입할 수 있다.
② 차량을 좌회전하는 경우 불광역 쪽 '통일로'로 진입할 수 있다.
③ 차량을 좌회전하는 경우 불광역 쪽 '통일로'로 건물번호가 커진다.
④ 차량을 좌회전하는 경우 불광역 쪽 '통일로'의 건물번호가 작아진다.

52 이미 소화하기 힘든 정도로 화재가 진행된 화재 현장에서 제일 먼저 하여야 할 조치로 가장 올바른 것은?

① 소화기 사용
② 화재 신고
③ 인명 구조
④ 분말 소화기 사용

53 중량물 운반에 대한 설명으로 옳지 않은 것은?

① 무거운 물건을 운반할 경우, 주위 사람이 인지하도록 한다.
② 무거운 물건을 상승시킨 채 오랫동안 방치하지 않는다.
③ 규정 용량을 초과해서 운반하지 않는다.
④ 흔들리는 중량물은 사람이 붙잡아서 이동한다.

54 맥동적 토출을 하지만 다른 펌프에 비해 일반적으로 최고압 토출이 가능하고 펌프 효율에서도 전압력 범위가 높아 최근에 많이 사용되고 있는 펌프는?

① 피스톤 펌프
② 베인 펌프
③ 나사 펌프
④ 기어 펌프

55 스패너를 사용할 때 올바른 것은?

① 스패너 입이 너트의 치수보다 큰 것을 사용해야 한다.
② 스패너를 해머로 사용한다.
③ 너트를 스패너에 깊이 물리고 조금씩 앞으로 당기는 식으로 풀고 조인다.
④ 너트에 스패너를 깊이 물리고 조금씩 밀면서 풀고 조인다.

56 유압실린더에서 실린더의 과도한 자연 낙하 현상이 발생할 수 있는 원인이 아닌 것은?

① 작동 압력이 높을 때
② 실린더 내의 피스톤 실링 마모
③ 컨트럴 밸브 스풀 마모
④ 릴리프 밸브의 조정 불량

57 유압유가 과열되는 원인과 가장 거리가 먼 것은?

① 릴리프 밸브(relief valve)가 닫힌 상태로 고장일 때
② 오일 냉각기의 냉각핀이 오손되었을 때
③ 유압유가 부족할 때
④ 유압유량이 규정보다 많을 때

58 다음 〈보기〉에서 작업자의 안전 자세로 올바른 것을 고르면?

[보기]
a. 자신의 안전과 타인의 안전을 고려한다.
b. 작업에 임해서는 아무런 생각 없이 작업한다.
c. 작업장 환경 조정을 위해 노력한다.
d. 작업 안전사항을 준수한다.

① a, b, c
② a, c, d
③ a, b, d
④ a, b, c, d

59 유압회로에서 역류를 방지하고 회로 내의 잔류압력을 유지하는 밸브는?

① 체크 밸브
② 셔틀 밸브
③ 메뉴얼 밸브
④ 스로틀 밸브

60 산업재해의 분류에서 사람이 평면상으로 넘어졌을 때(미끄러짐 포함)를 말하는 것은?

① 낙하
② 충돌
③ 전도
④ 추락

PART 09 CBT 적중모의고사 3회

01 기관에서 워터펌프의 역할로 옳은 것은?
① 정온기 고장 시 자동으로 작동하는 펌프이다.
② 기관의 냉각수 온도를 일정하게 유지한다.
③ 기관의 냉각수를 순환시킨다.
④ 냉각수 수온을 자동으로 조절한다.

02 디젤엔진 시동을 멈추기 위한 방법으로 가장 적절한 것은?
① 연료공급을 차단한다.
② 축전지에 연결된 전선을 끊는다.
③ 기어를 넣어서 기관을 정지시킨다.
④ 초크밸브를 닫는다.

03 디젤기관에서만 사용되는 장치는?
① 분사펌프   ② 발전기
③ 오일펌프   ④ 연료펌프

04 4행정 기관에서 크랭크축 기어와 캠축 기어와의 지름 비 및 회전 비는 각각 얼마인가?
① 2 : 1 및 1 : 2   ② 2 : 1 및 2 : 1
③ 1 : 2 및 2 : 1   ④ 1 : 2 및 1 : 2

05 기관 방열기에 연결된 보조탱크의 역할을 설명한 것으로 가장 적절하지 않은 것은?
① 냉각수의 체적 팽창을 흡수한다.
② 장기간 냉각수 보충이 필요없다.
③ 오버플로(over flow)되어도 증기만 방출된다.
④ 냉각수 온도를 적절하게 조절한다.

06 크랭크 케이스를 환기하는 목적은?
① 출력 손실을 막기 위하여
② 오일 증발을 막으려고
③ 오일의 슬러지 형성을 막으려고
④ 크랭크 케이스의 청소를 쉽게 하기 위해

07 4행정 기관에서 많이 쓰이는 오일펌프의 종류는?
① 로터리식, 나사식, 베인식
② 로터리식, 기어식, 베인식
③ 기어식, 플런저식, 나사식
④ 플런저식, 기어식, 베인식

08 디젤기관에서 흡입밸브와 배기밸브가 모두 닫혀 있을 때는?
① 소기행정   ② 배기행정
③ 흡입행정   ④ 동력행정

09 기관에서 흡입효율을 높이는 장치는?
① 과급기   ② 발전기
③ 토크컨버터   ④ 터빈

10 연료탱크의 배출 콕을 열었다가 잠그는 작업을 하는 것은 무엇을 배출하기 위한 작업인가?
① 수분과 오물
② 엔진오일
③ 유압오일
④ 공기

11 엔진에서 진동 소음이 발생하는 원인이 아닌 것은?
① 분사기의 불량
② 분사압력의 불량
③ 분사량의 불량
④ 프로펠러 샤프트의 불량

12 전압이 12V인 배터리를 저항 3Ω, 4Ω, 5Ω을 직렬로 연결할 때의 전류는 얼마인가?
① 1A   ② 2A
③ 3A   ④ 4A

13 축전지 전해액의 온도가 상승하면 비중은 어떻게 되는가?
① 올라간다.   ② 내려간다.
③ 변화가 없다.   ④ 내려가다가 올라간다.

14 12V 배터리의 셀 연결 방법으로 옳은 것은?
① 3개를 병렬로 연결한다.
② 3개를 직렬로 연결한다.
③ 6개를 직렬로 연결한다.
④ 6개를 병렬로 연결한다.

15 20°C에서 완전충전 시 축전지의 전해액 비중은?
① 2.260   ② 0.128
③ 1.280   ④ 0.0007

16 다음 중 전조등 회로의 구성으로 옳은 것은?
① 전조등 회로는 직렬 연결
② 전조등 회로는 병렬 연결
③ 퓨즈는 직렬로 연결
④ 전조등 회로는 직·병렬로 연결

17 축전지 전해액을 만들 때 용기로 무엇을 사용하는가?
① 철재
② 알루미늄
③ 구리합금
④ 질그릇

18 다이오드의 냉각장치로 옳은 것은?
① 냉각 팬
② 냉각 튜브
③ 히트 싱크
④ 엔드 프레임에 설치된 오일장치

19 토크 컨버터의 최대 회전력의 값을 무엇이라 하는가?
① 회전력   ② 토크 변환 비
③ 종감속 비   ④ 변속기어 비

20 록킹볼이 불량하면 어떻게 되는가?
① 변속할 때 소리가 난다.
② 변속레버의 유격이 커진다.
③ 기어가 빠지기 쉽다.
④ 기어가 이중으로 물린다.

21 다음 그림에서 로더의 전경각을 나타내는 것은?

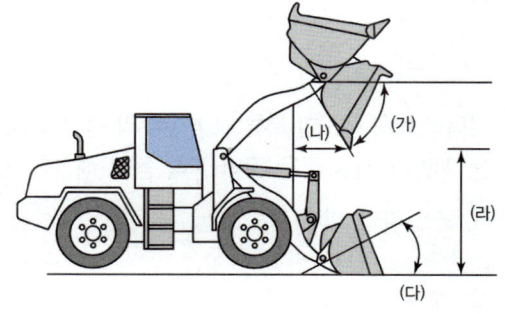

① (가)   ② (나)
③ (다)   ④ (라)

22 휠 로더의 휠 허브에 있는 유성기어 장치의 동력 전달 순서로 옳은 것은?

① 선 기어 → 유성기어 → 유성기어 캐리어 → 바퀴
② 유성기어 캐리어 → 유성기어 → 선 기어 → 바퀴
③ 링 기어 → 유성기어 → 선 기어 → 바퀴
④ 선 기어 → 링 기어 → 유성기어 캐리어 → 바퀴

23 로더에서 허리꺾기 조향식의 설명으로 가장 거리가 먼 것은?

① 최근 많이 사용된다.
② 좁은 장소에서의 작업에 유리하다.
③ 유압실린더를 사용하여 굴절하는 형식이다.
④ 후륜 조향식에 비해 선회반경이 크다.

24 브레이크 페달(pedal)을 밟았을 때 변속 클러치가 떨어져 엔진의 동력이 차축까지 전달되지 않게 하는 장치는?

① 클러치 컷오프 밸브
② 킥아웃 장치
③ 포지션 장치
④ 덤핑 클리어런스

25 축전지 용량의 단위는?

① W   ② AV
③ V   ④ AH

26 로더의 버킷 용도별 분류 중 나무뿌리 뽑기, 제초, 제석 등 지반이 매우 굳은 땅의 굴착 등에 적합한 버킷은?

① 스켈리턴 버킷
② 사이드 덤프 버킷
③ 래크 블레이드 버킷
④ 암석용 버킷

27 타이어에서 고무로 피복된 코드를 여러 겹으로 겹친 층에 해당하며 타이어 골격을 이루는 부분은?

① 카커스(carcass)부   ② 트레드(tread)부
③ 숄더(shoulder)부   ④ 비드(bead)부

28 변속기의 필요성이 아닌 것은?

① 회전력 증대   ② 무부하
③ 회전수 증대   ④ 역전 가능

29 타이어식 굴착기의 정기검사는 몇 년인가?

① 2년   ② 1년
③ 3년   ④ 4년

30 긴 내리막길을 내려갈 때 베이퍼 록을 방지하려고 하는 좋은 운전 방법은?

① 변속레버를 중립으로 놓고 브레이크 페달을 밟고 내려간다.
② 시동을 끄고 브레이크 페달을 밟고 내려간다.
③ 엔진 브레이크를 사용한다.
④ 클러치를 끊고 브레이크 페달을 계속 밟고 속도를 조정하며 내려간다.

31 15km/h 이하의 건설기계가 갖추지 않아도 되는 조명은?

① 전조등   ② 번호등
③ 후부반사판   ④ 후부반사기

32 주행 중 앞지르기 금지장소가 아닌 곳은?

① 교차로   ② 터널 안
③ 버스정류장 부근   ④ 다리 위

33 도로교통법상 주·정차 금지구역이 아닌 곳은?

① 안전지대로부터 20m
② 소화전으로부터 5m
③ 교차로에서부터 5m
④ 횡단보도로부터 10m

34 도로를 통행하는 자동차가 야간에 켜야 하는 등화의 구분 중 견인되는 자동차가 켜야 하는 등화는?

① 전조등, 차폭등, 미등
② 차폭등, 미등, 번호등
③ 전조등, 미등, 번호등
④ 차폭등, 미등

35 교차로에서 먼저 진입한 좌회전하는 건설기계와 직진하는 버스 중 우선 순위는?

① 버스가 우선한다.
② 건설기계가 우선 주행한다.
③ 서로 양보한다.
④ 속도가 빠른 차가 우선한다.

36 1종 대형면허로 운전할 수 없는 장비는?

① 덤프트럭
② 3톤 미만의 지게차
③ 아스팔트 살포기
④ 콘크리트 피니셔

37 건설기계 등록신청은 누구에게 할 수 있는가?

① 지방경찰청장
② 해양부장관
③ 시·도지사
④ 읍·면·동장

38 유압실린더 등이 중력에 의한 자유낙하를 방지하기 위해 배압을 유지하는 압력제어 밸브는?

① 시퀀스 밸브
② 언로드 밸브
③ 카운터 밸런스 밸브
④ 감압 밸브

39 제어밸브에 대한 설명으로 옳지 않은 것은?

① 일의 크기 → 압력제어밸브
② 일의 방향 → 방향제어밸브
③ 일의 속도 → 유량제어밸브
④ 일의 시간 → 속도제어밸브

40 어큐뮬레이터(축압기)의 사용 목적이 아닌 것은?

① 유압회로 내의 압력상승
② 충격압력 흡수
③ 유체의 맥동 감소
④ 압력보상

41 유압장치 중에서 회전운동을 하는 것은?

① 유압모터
② 유압실린더
③ 축압기
④ 급속배기밸브

42 다음 기호 중 압력계를 나타내는 것은?

① 　②
③ 　④

43 유압실린더의 피스톤에서 많이 쓰는 링은?

① O링 ② U링
③ V링 ④ C링

44 제한된 회전각도 이내에서 유체가 회전요동 운동력으로 변환시키는 요동 모터의 피스톤 형에 속하지 않는 것은?

① 링크형 ② 기어형
③ 래크와 피니언형 ④ 체인형

45 유압회로의 압력을 점검하는 위치로 가장 적당한 것은?

① 유압 오일탱크에서 유압펌프 사이
② 유압펌프에서 컨트롤 밸브 사이
③ 실린더에서 유압 오일탱크 사이
④ 유압 오일탱크에서 직접 점검

46 유압실린더에서 피스톤 행정이 끝날 때 발생하는 충격을 흡수하기 위해 설치하는 장치는?

① 서보밸브 ② 압력보상 장치
③ 쿠션기구 ④ 스로틀 밸브

47 블래드식 축압기(어큐물레이터)의 고무주머니에 들어가는 물질은?

① 메탄 ② 그리스
③ 질소 ④ 에틸렌글린콜

48 다음 중 다목적 버킷(Multi purpose bucket)에 대한 설명으로 옳은 것은?

① 일반 토사, 자갈 등과 같이 굴착되어 쌓여있는 작업물의 적재에 적합하다.
② 버킷이 열리게 되어 있으며, 일반버킷이나 도저와 같은 송토 작업, 집게 작업 등을 동시에 수행할 수 있다.
③ 주로 원목이나 파이프 등의 길고 둥근 물체를 집어서 고정시킨 후 운반한다.
④ 골재 현장에서 발파된 암석이나 비중이 높은 돌, 자갈 등의 상차에 사용된다.

49 자동차를 운행할 때 어린이가 타는 이동수단 중 주의하여야 할 것은?

| ㉠ 퀵보드 | ㉡ 인라인 스케이트 |
| ㉢ 롤러스케이트 | ㉣ 스노보드 |

① ㉠, ㉡
② ㉠, ㉡, ㉢
③ ㉡, ㉢, ㉣
④ ㉠, ㉡, ㉢, ㉣

50 작동장치가 별도로 필요치 않은 버킷 종류를 짧은 시간에 간단히 교체할 수 있도록 한 것은?

① 핀과 부싱 ② 와이어
③ 피팅 ④ 퀵 커플러

51 재해의 간접 원인이 아닌 것은?

① 신체적 원인 ② 자본적 원인
③ 교육적 원인 ④ 기술적 원인

52 연삭기의 안전한 사용 방법이 아닌 것은?

① 숫돌과 덮개 설치 후 작업
② 숫돌 측면 사용 제한
③ 보안경과 방진마스크 착용
④ 숫돌과 받침대 간격을 가능한 넓게 유지

53 용접 시 주의사항으로 옳지 않은 것은?
 ① 가열된 용접봉 홀더는 물에 넣어 냉각시킨다.
 ② 슬러지를 제거할 때는 보안경을 착용한다.
 ③ 피부 노출이 없어야 한다.
 ④ 우천 시 옥외 작업을 하지 않는다.

54 보호구 구비조건으로 옳지 않은 것은?
 ① 착용이 간편해야 한다.
 ② 작업에 방해가 되지 않아야 한다.
 ③ 구조와 끝마무리가 양호해야 한다.
 ④ 유해 위험요소에 대한 방호성능이 경미해야 한다.

55 차량이 남쪽에서 북쪽으로 진행 중일 때 그림에 대한 설명으로 옳지 않은 것은?

 ① 150m 전방에서 직진하면 '성결대' 방향으로 갈 수 있다.
 ② 150m 전방에서 좌회전하면 경수대로 도로 구간의 끝지점과 만날 수 있다.
 ③ 150m 전방에서 우회전하면 경수대로 도로 구간의 시작점과 만날 수 있다.
 ④ 150m 전방에서 우회전하면 '의왕' 방향으로 갈 수 있다.

56 로더의 동력 조향장치가 고장났을 때 수동으로 조작을 쉽게 하기 위한 것은?
 ① 밸브 스풀
 ② 안전 체크 밸브
 ③ 흐름 제어 밸브
 ④ 압력 조절 밸브

57 근로자가 안전하게 작업을 할 수 있는 세부 작업행동 지침은?
 ① 작업지시   ② 안전표지
 ③ 안전수칙   ④ 작업수칙

58 로더 주행 중 동력 조향핸들의 조작이 무거운 이유가 아닌 것은?
 ① 유압이 낮다.
 ② 호스나 부품 속에 공기가 침입했다.
 ③ 오일펌프의 회전이 빠르다.
 ④ 오일이 부족하다.

59 다음 중 로더 조향장치의 설명으로 틀린 것은?
 ① 허리꺾기 조향이 사용된다.
 ② 유압식에 의하여 작동된다.
 ③ 전륜 조향식이 사용된다.
 ④ 후륜 조향식이 사용된다.

60 로더의 클러치 컷오프 밸브의 설명 중 관계가 없는 것은?
 ① 변속기의 클러치 작동을 자동적으로 행한다.
 ② 경사지 작업에서는 업(up) 위치에 놓고 작업한다.
 ③ 브레이크를 밟으면 변속기 클러치가 차단된다.
 ④ 기관의 동력을 로딩이나 적재에 사용하기 위해서 작동된다.

CBT 적중모의고사 4회

01 기관이 과열되는 원인이 아닌 것은?
① 라디에이터가 막혔다.
② 물 재킷에 스케일이 많이 쌓였다.
③ 엔진 오일량이 부족하다.
④ 수온조절기가 열려있다.

02 오일 펌프에서의 압송된 오일의 압력을 일정한 압력으로 조정하는 유압 조절기(Oil Pressure Regulator)의 설치 위치가 바른 것은?
① 오일 필터 안
② 오일 스트레이너
③ 오일 펌프 커버
④ 오일 팬

03 기관의 온도를 측정하기 위해 냉각수의 수온을 측정하는 곳으로 가장 적절한 곳은?
① 실린더 헤드 물재킷 부
② 엔진 크랭크케이스 내부
③ 라디에이터 하부
④ 수온조절기 내부

04 기관의 온도가 과도하게 낮은 상태에서 운전 시 나타나는 현상으로 가장 적합한 것은?
① 연료소비량 증가
② 연료소비량 감소
③ 엔진오일 변질
④ 재료의 강도저하

05 엔진오일의 압력이 낮은 원인이 아닌 것은?
① 오일파이프의 파손
② 오일펌프의 고장
③ 오일에 다량의 연료 혼입
④ 플라이밍 펌프의 파손

06 다음 중 추운 겨울철에 엔진을 시동하여 보다 빨리 공전회전 속도가 되도록 난기운전을 촉진하는 것으로 옳은 것은?
① 아이들 어저스트 스크류
② 콜드 스타트 밸브
③ 패스트 아이들 기구
④ 스로틀 포지션 센서

07 건설기계 디젤기관에서 직접 분사식 엔진의 장점 중 틀린 것은?
① 구조가 간단하므로 열효율이 높다.
② 연료의 분사 압력이 낮다.
③ 실린더 헤드의 구조가 간단하다.
④ 냉각에 의한 열 손실이 적다.

08 디젤기관의 연료장치 구성품이 아닌 것은?
① 예열플러그
② 분사노즐
③ 연료공급펌프
④ 연료여과기

09 디젤기관에서 노킹이 발생하였을 때 미치는 영향이 아닌 것은?
① 출력이 낮아진다.
② 회전수가 높아진다.
③ 과열 또는 과냉된다.
④ 흡기 효율이 저하된다.

10 디젤기관의 출력이 저하되는 원인이 아닌 것은?
① 연료분사 시기가 부정확할 때
② 실린더 압축 압력이 부족할 때
③ 연료펌프 작동 불량 또는 연료여과기가 막혔을 때
④ 연료 오버플로우 파이프가 파손되었을 때

11 공기청정기의 종류 중 특히 먼지가 많은 지역에 적합한 공기청정기는?
① 건식
② 습식
③ 유조식
④ 복합식

12 직접 분사실식 연소실에 대한 설명 중 잘못된 것은?
① 열효율이 높고 연료소비율이 적다.
② 분사펌프와 노즐의 수명이 길다.
③ 사용 연료 변화에 민감하다.
④ 다공형 노즐을 사용한다.

13 다음의 전조등을 설명한 내용 중 틀린 것은?
① 조립식은 렌즈, 반사경, 전구들이 분리되는 구조로 되어있다.
② 세미 실드빔식은 전구를 갈아 끼울 수 있다.
③ 전조등은 상향등을 켜면 하향등은 꺼진다.
④ 실드빔식은 내부에 불활성 가스가 들어 있다.

14 건설기계에 사용되고 있는 교류발전기는 처음에 타여자식으로 작동하는 데 타여자식을 사용하는 이유로 가장 알맞은 것은?
① 소형, 경량으로 제작되어 있기 때문
② 회전속도가 높기 때문
③ 다이오드를 사용하여 정류하기 때문
④ 교류발전기가 3상 Y결선으로 되어있기 때문

15 기관 시동장치에서 링기어를 회전시키는 구동 피니언은 어느 곳에 부착되어 있는가?
① 클러치
② 변속기
③ 기동전동기
④ 뒷차축

16 정전압 회로에서 일정한 전압을 유지하기 위해 사용되는 반도체는?
① 발광다이오드
② 트랜지스터
③ 포토다이오드
④ 제너다이오드

17 축전지(battery)에 대한 설명으로 틀린 것은?
① 방전종지전압일 때 급속충전을 하면 사용이 가능하다.
② 전기적 에너지를 화학적 에너지로 바꾸어 저장한다.
③ 원동기를 시동할 때 전력을 공급한다.
④ 전기가 필요할 때는 전기적 에너지로 바꾸어 공급한다.

18 축전지 충전 방법 중에서 틀린 방법은?
① 정전류 충전법
② 정전압 충전법
③ 단별전류 충전법
④ 정저항 충전법

19 자동변속기의 구성품이 아닌 것은?
① 토크 변환기
② 유압제어 장치
③ 싱크로메시 기구
④ 유성기어 유닛

20 미끄러운 노면이 아닌 일반 작업조건에서 건설기계 운전 중장비를 멈추 었다가 출발하려고 하는데 전·후진이 되질 않아 점검하려고 한다. 가장 먼저 점검해보아야 하는 장치는?

① 스티어링 장치
② 트랜스미션 장치
③ 디퍼렌셜 장치
④ 서스펜션 장치

21 다음 그림은 안전표지의 어떠한 내용을 나타내는가?

① 지시표지
② 금지표지
③ 경고표지
④ 안내표지

22 무한궤도식 건설기계에서 주행 불량 현상의 원인이 아닌 것은?

① 한쪽 주행모터의 브레이크 작동이 불량할 때
② 유압펌프의 토출 유량이 부족할 때
③ 트랙에 오일이 묻었을 때
④ 스프로킷이 손상되었을 때

23 튜브리스타이어의 장점이 아닌 것은?

① 펑크수리가 간단하다.
② 못이 박혀도 공기가 새지 않는다.
③ 튜브 조립이 없어 작업성이 향상된다.
④ 주행 중에 열 발산이 좋지 않다

24 타이어식 건설기계장비에서 조향 핸들의 조작을 가볍고 원활하게 하는 방법으로 틀린 것은?

① 동력조향을 사용한다.
② 바퀴의 정렬을 정확히 한다.
③ 타이어의 공기압을 적정압으로 한다.
④ 종감속장치를 사용한다.

25 겨울철 연료탱크 내에 연료를 가득 채워두는 이유는?

① 연료가 적으면 휘발하여 손실되므로
② 공기 중의 수증기가 응축되어 물이 생기므로
③ 연료가 적으면 출렁거리므로
④ 연료 게이지가 고장날 수 있으므로

26 타이어식 로더와 비교한 무한궤도식(크롤러) 로더의 단점으로 볼 수 없는 것은?

① 기동성이 떨어져 작업속도가 느리다.
② 연약지반에서의 작업이 어렵다.
③ 급조향 시 트랙이 벗겨질 우려가 있다.
④ 도로 이동 시 트레일러 등의 운반장치가 필요하다.

27 도로교통법상 술에 취한 상태의 기준으로 옳은 것은?

① 혈중알콜농도 0.03% 이상일 때
② 혈중알콜농도 0.1% 이상일 때
③ 혈중알콜농도 0.05% 이상일 때
④ 혈중알콜농도 0.2% 이상일 때

28 로더에서 부동 위치가 설치되어 있는 것은?

① 고압 컨트롤 밸브
② 버킷 컨트롤 밸브
③ 붐 컨트롤 밸브
④ 고압 실린더

29 무한궤도식 건설기계의 트랙장력 조정은 어느 것으로 하는가?

① 상부롤러의 이동으로
② 하부롤러의 이동으로
③ 스프로킷의 이동으로
④ 아이들러의 이동으로

30 로더의 작업 중 가장 효과적인 작업은?

① 토사 적재 작업
② 굴토 작업
③ 제설 작업
④ 파이프 매설 작업

31 건설기계 조종사 면허를 취소하거나 정지시킬 수 있는 사유에 해당하지 않는 것은?

① 부당한 방법으로 면허를 취득하였음이 밝혀졌을 때
② 면허증을 타인에게 대여한 때
③ 조종 중 과실로 중대한 사고를 일으킨 때
④ 여행을 목적으로 1개월 이상 해외로 출국하였을 때

32 등록이전 신고는 어느 경우에 하는가?

① 건설기계 등록지가 시, 도로 변경되었을 때
② 건설기계 소재지에 변동이 있을 때
③ 건설기계 등록사항을 변경하고자 할 때
④ 건설기계 소유권을 이전하고자 할 때

33 다음 중 등록지를 관할하는 검사대행자가 시행할 수 없는 것은?

① 정기검사
② 신규등록검사
③ 수시검사
④ 정비명령

34 다음 건설기계 중 도로교통법에 의한 1종 대형면허로 조종할 수 없는 것은?

① 아스팔트살포기
② 노상안정기
③ 트럭적재식 천공기
④ 골재살포기

35 건설기계매매업의 등록을 하고자 하는 자의 구비서류로 옳은 것은?

① 건설기계매매업 등록필증
② 건설기계 보험증서
③ 건설기계 등록증
④ 하자보증금예치증서 또는 보증보험증서

36 건설기계관리법상 조종사가 주소, 성명 등 신상에 변동이 있을 때 그 사실이 발생한 날로부터 며칠 이내에 신고해야 하는가?

① 7일
② 15일
③ 20일
④ 30일

37 등록되지 아니한 건설기계를 사용하거나 운행한 자의 벌칙은?

① 1년 이하의 징역 또는 1000만 원 이하의 벌금
② 2년 이하의 징역 또는 2000만 원 이하의 벌금
③ 200만 원 이하의 벌금
④ 100만 원 이하의 벌금

38 건설기계 등록말소 사유 중 반드시 시·도지사가 직권으로 등록 말소하여야 하는 것은?

① 건설기계의 용도를 폐지한 때
② 건설기계를 수출하는 때
③ 건설기계의 차대가 등록 시의 차대와 다른 경우
④ 거짓, 그 밖의 부정한 방법으로 등록을 한 때

39 건설기계관리법상 건설기계형식의 정의로 옳은 것은?

① 건설기계의 구조, 규격 및 성능 등에 관하여 일정하게 정한 것
② 건설기계의 크기를 말한다.
③ 건설기계의 종류를 말한다.
④ 건설기계의 제작번호를 말한다.

40 건설기계 구조변경범위에 포함되지 않는 사항은?

① 원동기 형식변경
② 제동장치의 형식변경
③ 조종장치의 형식변경
④ 충전장치의 형식변경

41 유압모터에 장착되어 있는 릴리프 밸브의 기능 중 옳지 않은 것은?

① 고압에 대한 회로 보호
② 모터의 속도 증가
③ 설정 압력 유지
④ 모터 내의 쇼크 방지 기능

42 유압장치에서 비정상 소음이 나는 원인으로 가장 적합한 것은?

① 유압장치에 공기가 들어있다.
② 유압펌프의 회전속도가 적절하다.
③ 무부하 운전 중이다.
④ 점도 지수가 높다.

43 가변용량형 유압펌프의 기호 표시는?

①   ②
③   ④

44 건설기계에서 유압 작동기(액추에이터)의 방향전환 밸브로서 원통형 슬리브 면에 내접하여 축방향으로 이동하여 유로를 개폐하는 형식의 밸브는?

① 스풀 형식
② 포핏 형식
③ 베인 형식
④ 카운터밸런스 밸브 형식

45 작동유에서 점도의 단위로 옳은 것은?

① Kg ② cm
③ mm^2/s ④ S

46 유압장치에 사용되는 배관의 종류에 해당하지 않는 것은?

① 강 관
② 플라스틱 관
③ 스테인레스 관
④ 알루미늄 관

47 유압장치에서 기기 속에 혼입되는 불순물을 제거하기 위해 사용되는 것은?

① 스트레이너
② 패킹
③ 배수기
④ 릴리프 밸브

48 2개 이상의 분기회로에서 작동순서를 자동적으로 제어하는 밸브는?

① 시퀀스 밸브
② 릴리프 밸브
③ 언로드 밸브
④ 감압 밸브

49 유압장치에서 피스톤 펌프의 특징이 아닌 것은?

① 펌프 전체 효율이 기어 펌프보다 나쁘다.
② 구조가 복잡하고 가변용량 제어가 가능하다.
③ 가격이 고가이며 펌프 용량이 크다.
④ 고압, 초고압에 사용된다.

50 강철제의 용기에 기체를 봉입한 고무주머니를 넣은 구조로 되어있는 축압기는?

① 블레더식
② 피스톤식
③ 다이어프램식
④ 스프링가압식

51 다음의 안전표지로 맞는 것은?

① 폭발물 경고
② 레이저광선 경고
③ 낙하물 경고
④ 인화성물질 경고

52 다음 중 안전표지 분류에 해당하지 않는 것은?

① 금지표지
② 녹십자표지
③ 경고표지
④ 안내표지

53 안전관리의 목적이 아닌 것은?

① 인명의 존중   ② 생산성의 향상
③ 경제성의 향상   ④ 안전사고 수습

54 재해발생 과정에서 하인리히 연쇄반응이론의 발생 순서로 옳은 것은?

① 사회적 환경과 선천적 결함 – 개인적 결함 – 불안전 행동 – 사고 – 재해
② 개인적 결함 – 사회적 환경과 선천적 결함 – 사고 – 불안전 행동 – 재해
③ 불안전 행동 – 사회적 환경과 선천적 결함 – 개인적 결함 – 사고 – 재해
④ 사회적 환경과 선천적 결함 – 개인적 결함 – 재해 – 불안전 행동 – 사고

55 화재의 분류에서 전기화재에 해당하는 것은?

① A급 화재   ② B급 화재
③ C급 화재   ④ D급 화재

56 재해의 간접 원인이 아닌 것은?

① 기술적 원인   ② 교육적 원인
③ 관리적 원인   ④ 자본적 원인

57 추락물의 위험이 있는 작업장에서 갖추어야 할 가장 적절한 보호구는?

① 안전모   ② 귀마개
③ 보안경   ④ 안전장갑

58 다음 중 관공서용 건물번호판에 해당하는 것은?

①   ②

③ ④

59 수공구 취급 시 지켜야 하는 안전수칙으로 옳은 것은?

① 해머 작업 시 손에 장갑을 끼고 한다.
② 줄질 후 쇳가루는 입으로 불어 낸다.
③ 사용 전에 충분한 사용법을 숙지하고 익히도록 한다.
④ 큰 회전력이 필요한 경우 스패너에 파이프를 끼워서 사용한다.

60 특고압 전력선 주변 작업 중 건설기계의 전력선 근접으로 감전사고가 발생하였을 때의 조치사항으로 가장 거리가 먼 것은?

① 사고 발생 후 추가적인 사고발생이 없도록 하였다.
② 감전사고 시 외상의 인명 피해가 없으면 별도의 조치는 하지 않았다.
③ 즉시 한전사업소에 연락하여 전원을 차단한 후 장비를 철수하였다.
④ 전기재해는 인체에 치명적인 영향을 초래하므로 작은 사고라도 즉시 병원으로 후송하여 치료하도록 하였다.

PART 09 CBT 적중모의고사 5회

01 건설기계 등록사항 변경이 있을 때, 소유자는 건설기계 등록사항 변경신고서를 누구에게 제출하여야 하는가?
① 관할검사소장   ② 고용노동부 장관
③ 행정자치부장관   ④ 시·도지사

02 건설기계관리법령상 특별표지판을 부착하여야 할 건설기계의 범위에 해당하지 않는 것은?
① 높이가 4m를 초과하는 건설기계
② 길이가 10m를 초과하는 건설기계
③ 총중량이 40t을 초과하는 건설기계
④ 최소회전반경이 12m를 초과하는 건설기계

03 건설기계의 정기검사 유효기간이 1년이 되는 것은 신규등록일로부터 몇 년 이상 경과 되었을 때인가?
① 5년   ② 10년
③ 15년   ④ 20년

04 건설기계조종사 면허가 취소되었을 경우 그 사유가 발생한 날부터 며칠 이내에 면허증을 반납해야 하는가?
① 7일 이내   ② 10일 이내
③ 14일 이내   ④ 30일 이내

05 건설기계조종사의 면허취소 사유에 해당하는 것은?
① 고의로 인명피해를 입힌 때
② 과실로 1명 이상을 사망하게 한때
③ 과실로 3명 이상에게 중상을 입힌 때
④ 과실로 10명 이상에게 경상을 입힌 때

06 건설기계의 정기검사 신청기간 내에 정기검사를 받은 경우, 다음 정기검사 유효기간의 산정방법으로 옳은 것은?
① 정기검사를 받은 날부터 기산한다.
② 정기검사를 받은 날의 다음날부터 기산한다.
③ 종전 검사유효기간 만료일부터 기산한다.
④ 종전 검사유효기간 만료일의 다음날부터 기산한다.

07 소유자의 신청이나 시·도지사의 직권으로 건설기계의 등록을 말소할 수 있는 경우가 아닌 것은?
① 건설기계를 수출하는 경우
② 건설기계를 도난당한 경우
③ 건설기계 정기검사에 불합격된 경우
④ 건설기계의 차대가 등록 시의 차대와 다른 경우

08 건설기계조종사면허를 받지 아니하고 건설기계를 조종한 자에 대한 벌칙 기준은?
① 2년 이하의 징역 또는 1천만 원 이하의 벌금
② 1년 이하의 징역 또는 1천만 원 이하의 벌금
③ 2백만 원 이하의 벌금
④ 1백만 원 이하의 벌금

09 건설기계관리법상 구조변경검사를 받지 아니한 자에 대한 처벌은?
① 1년 이하의 징역 또는 1천만 원 이하의 벌금
② 2년 이하의 징역 또는 2천만 원 이하의 벌금
③ 200만 원 이하의 벌금
④ 250만 원 이하의 벌금

10 건설기계관리법상 건설기계의 구조를 변경할 수 있는 범위에 해당하는 것은?

① 원동기의 형식 변경
② 건설기계의 기종 변경
③ 육상작업용 건설기계의 규격을 증가시키기 위한 구조 변경
④ 육상작업용 건설기계의 적재함 용량을 증가시키기 위한 구조 변경

11 실린더와 피스톤 사이에 유막을 형성하여 압축 및 연소가스가 누설되지 않도록 기밀을 유지하는 작용으로 옳은 것은?

① 밀봉작용   ② 감마작용
③ 냉각작용   ④ 방청작용

12 교류발전기의 부품이 아닌 것은?

① 다이오드   ② 슬립링
③ 스테이터 코일   ④ 전류조정기

13 기관에 사용되는 여과장치가 아닌 것은?

① 공기청정기
② 오일 필터
③ 오일 스트레이너
④ 인젝션 타이머

14 기관의 동력을 전달하는 계통의 순서를 바르게 나타낸 것은?

① 피스톤 → 커넥팅로드 → 클러치 → 크랭크축
② 피스톤 → 클러치 → 크랭크축 → 커넥팅로드
③ 피스톤 → 크랭크축 → 커넥팅로드 → 클러치
④ 피스톤 → 커넥팅로드 → 크랭크축 → 클러치

15 4행정 사이클 기관의 행정 순서로 옳은 것은?

① 압축 → 동력 → 흡입 → 배기
② 흡입 → 동력 → 압축 → 배기
③ 압축 → 흡입 → 동력 → 배기
④ 흡입 → 압축 → 동력 → 배기

16 건설기계에 주로 사용되는 기동전동기로 옳은 것은?

① 직류분권 전동기
② 직류직권 전동기
③ 직류복권 전동기
④ 교류 전동기

17 퓨즈에 대한 설명 중 옳지 않은 것은?

① 퓨즈는 정격용량을 사용한다.
② 퓨즈 용량은 A로 표시한다.
③ 퓨즈는 가는 구리선으로 대용된다.
④ 퓨즈는 표면이 산화되면 끊어지기 쉽다.

18 가압식 라디에이터의 장점으로 옳지 않은 것은?

① 방열기를 작게 할 수 있다.
② 냉각수의 비등점을 높일 수 있다.
③ 냉각수의 순환 속도가 빠르다.
④ 냉각장치의 효율을 높일 수 있다.

19 건설기계운전 작업 후 탱크에 연료를 가득 채워주는 이유와 가장 관련이 적은 것은?

① 다음 작업을 준비하기 위해서
② 연료의 기포방지를 위해서
③ 연료탱크에 수분이 생기는 것을 방지하기 위해서
④ 연료의 압력을 높이기 위해서

20 축전지 내부의 충·방전 작용으로 가장 알맞은 것은?
① 화학 작용 ② 탄성 작용
③ 물리 작용 ④ 기계 작용

21 유압유의 온도가 과열되었을 때 유압계통에 미치는 영향으로 옳지 않은 것은?
① 온도변화에 의해 유압기기가 열변형 되기 쉽다.
② 오일의 점도 저하에 의해 누유되기 쉽다.
③ 유압펌프의 효율이 높아진다.
④ 오일의 열화를 촉진한다.

22 유압실린더 등의 중력에 의한 자유낙하 방지를 위해 배압을 유지하는 압력제어 밸브는?
① 감압 밸브
② 시퀀스 밸브
③ 언로더 밸브
④ 카운터 밸런스 밸브

23 유압장치에서 오일 여과기에 걸러지는 오염 물질의 발생 원인으로 가장 거리가 먼 것은?
① 유압장치의 조립과정에서 먼지 및 이물질 혼입
② 작동 중인 기관의 내부 마찰에 의하여 생긴 금속 가루의 혼입
③ 유압장치를 수리하기 위하여 해체하였을 때 외부로부터 이물질 혼입
④ 유압유를 장기간 사용하여 생긴 고온·고압 하에서 산화생성물이 생김

24 유압장치에서 일일 점검사항이 아닌 것은?
① 필터의 오염여부 점검
② 탱크의 오일량 점검
③ 호스의 손상여부 점검
④ 이음 부분의 누유 점검

25 유압유 관내에 공기가 혼입되었을 때 일어날 수 있는 현상이 아닌 것은?
① 공동현상
② 기화현상
③ 열화현상
④ 숨 돌리기 현상

26 축압기(어큐뮬레이터)의 기능과 관계가 없는 것은?
① 충격 압력 흡수
② 유압에너지 축척
③ 릴리프 밸브 제어
④ 유압펌프의 맥동 흡수

27 유압유의 압력을 제어하는 밸브가 아닌 것은?
① 릴리프 밸브 ② 체크 밸브
③ 리듀싱 밸브 ④ 시퀀스 밸브

28 유체 에너지를 이용하여 외부에 기계적인 일을 하는 유압기기는?
① 유압모터 ② 근접 스위치
③ 유압탱크 ④ 기동 전동기

29 유압장치 내부에 국부적으로 낮은 압력이 발생하여 소음과 진동이 발생하는 현상은?
① 노이즈   ② 벤트포트
③ 캐비테이션 ④ 오리피스

30 유압장치에서 주로 사용하는 펌프 형식이 아닌 것은?
① 베인 펌프   ② 플런저 펌프
③ 분사 펌프   ④ 기어 펌프

31 다음 중 재해발생 원인이 아닌 것은?
① 잘못된 작업방법
② 관리감독 소홀
③ 방호장치의 기능제거
④ 작업 장치 회전반경 내 출입금지

32 안전하게 공구를 취급하는 방법으로 적절하지 않은 것은?
① 공구를 사용한 후 제자리에 정리하여 둔다.
② 끝 부분이 예리한 공구 등을 주머니에 넣고 작업을 하여서는 안 된다.
③ 공구를 사용 전에 손잡이에 묻은 기름 등은 닦아 내어야 한다.
④ 숙달되면 옆 작업자에게 공구를 던져서 전달하여 작업능률을 올린다.

33 공구 및 장비 사용에 대한 설명으로 옳지 않은 것은?
① 공구는 사용 후 공구상자에 넣어 보관한다.
② 볼트와 너트는 가능한 소켓 렌치로 작업한다.
③ 토크 렌치는 볼트와 너트를 푸는 데 사용한다.
④ 마이크로미터를 보관할 때는 직사광선에 노출하지 않는다.

34 안전모에 대한 설명으로 바르지 못한 것은?
① 알맞은 규격으로 성능시험 합격품이어야 한다.
② 구멍을 뚫어서 통풍이 잘되게 하여 착용한다.
③ 각종 위험으로부터 보호할 수 있는 종류의 안전모를 선택해야 한다.
④ 가볍고 성능이 우수하며 머리에 꼭 맞고 충격 흡수성이 좋아야 한다.

35 작업장에서 작업복을 착용하는 이유로 가장 옳은 것은?
① 작업장의 질서를 확립시키기 위해
② 작업자의 직책과 직급을 알리기 위해
③ 재해로부터 작업자의 몸을 보호하기 위해
④ 작업자의 복장 통일을 위해

36 중량물 운반 작업 시 착용하여야 할 안전화로 가장 적절한 것은?
① 중 작업용
② 보통 작업용
③ 경 작업용
④ 절연용

37 작업 시 보안경 착용에 대한 설명으로 옳지 않은 것은?
① 가스 용접 시에는 보안경을 착용해야 한다.
② 절단하거나 깎는 작업을 할 때는 보안경을 착용해서는 안 된다.
③ 아크 용접할 때는 보안경을 착용해야 한다.
④ 특수 용접할 때는 보안경을 착용해야 한다.

38 구동 벨트를 점검할 때 기관의 상태는?
① 공회전 상태
② 급가속 상태
③ 정지 상태
④ 급감속 상태

39 사고를 일으킬 수 있는 직접적인 재해의 원인은?
① 기술적 원인
② 교육적 원인
③ 작업관리의 원인
④ 작업자의 불안전한 행동

40 안전수칙을 지킴으로써 발생할 수 있는 효과와 거리가 가장 먼 것은?

① 기업의 신뢰도를 높여준다.
② 기업의 이직률이 감소된다.
③ 기업의 투자경비가 늘어난다.
④ 상하 동료 간의 인간관계가 개선된다.

41 휠 형 로더의 구동 및 조향 방식으로 옳은 것은?

① 전륜 조향, 후륜 구동 방식
② 전륜 구동, 후륜 조향 방식
③ 전륜 구동 및 조향 방식
④ 후륜 구동 및 조향 방식

42 스키드 스티어 로더(Skid steer loader)에 대한 설명으로 틀린 것은?

① 방향을 전환할 때 핸들을 돌리면 타이어의 방향이 틀어지지 않고 그대로 직선상에 있다.
② 방향을 전환할 때는 두 쪽 바퀴가 모두 전진 또는 후진하는 방식이다.
③ 작고 좁은 공간에서 작업이 필요할 경우 효과적이다.
④ 다양한 작업장치 부착으로 적재 및 제설작업, 굴착, 운반, 작은 콘크리트나 일반 파쇄 도로 청소 등에서 사용된다.

43 충전된 축전지라도 방치해두면 사용하지 않아도 조금씩 자연 방전하여 용량이 감소하는 현상은?

① 급속방전　② 자기방전
③ 화학방전　④ 강제방전

44 휠 로더와 크롤러 로더의 단점을 보완한 것으로 타이어에 트랙을 감아 기동성을 향상시킨 형태의 로더는?

① 쿠션 로더　② 스키드 스티어 로더
③ 트랙 로더　④ 트레일러 로더

45 로더 장비로 작업할 수 있는 가장 적합한 것은?

① 백호 작업
② 스노플로우 작업
③ 훅 작업
④ 트럭과 호퍼에 토사 적재 작업

46 국부적인 높은 압력과 소음이 발생하는 현상은?

① 필터링
② 오버랩
③ 캐비테이션
④ 하이드로 록킹

47 로더의 자동 유압 붐의 킥아웃(kick-out) 장치에 대한 설명으로 옳은 것은?

① 붐이 일정한 높이에 이르면 자동적으로 멈추어 작업 능률과 안전성을 기하는 장치이다.
② 버킷 링크를 조정하여 덤프 실린더가 수평이 되게 하는 장치이다.
③ 가끔 침전물이나 물을 뽑아내고 이물질을 걸러내는 장치이다.
④ 로더의 고속 작동 시 자동적으로 버킷의 수평을 조절하는 장치이다.

48 로더에 관한 설명으로 옳지 않은 것은?

① 붐 리프트 레버는 상승, 하강의 2가지 위치가 있다.
② 버킷 틸트 레버는 전경, 후경, 유지의 3가지 위치가 있다.
③ 버킷 틸트 레버에는 버킷을 지면에 내려놓았을 때 굴착각도가 적당히 되도록 미리 설정해주는 포지션(position) 장치가 있다.
④ 붐이 원하는 위치까지 상승하면 자동으로 상승의 위치에서 유지 위치로 돌아가게 하는 킥아웃 장치가 있다.

49 로더의 작업장치와 관련된 설명으로 옳지 않은 것은?
① 붐(boom)은 리프트 레버(lift lever)로 조작한다.
② 버킷(bucket)은 틸트 레버(tilt lever)로 조작한다.
③ 버킷 투스(bucket tooth)는 반영구적인 사용이 가능하다.
④ 덤핑 클리어런스가 커지면 버킷을 들어올리는 높이가 높아진다.

50 브레이크 드럼의 구비 조건 중 옳지 않은 것은?
① 회전 불평형이 유지되어야 한다.
② 충분한 강성을 가지고 있어야 한다.
③ 방열이 잘 되어야 한다.
④ 가벼워야 한다.

51 연삭 칩의 비산을 막기 위하여 연삭기에 부착하여야 하는 안전 방호장치는?
① 안전 덮개
② 광전식 안전 방호장치
③ 급정지 장치
④ 양수 조작식 방호장치

52 로더의 "덤핑 리치"가 긴 경우에 대한 설명으로 옳은 것은?
① 적재 높이가 높아져 덤프 작업에 유리하다.
② 적재 높이가 낮아져 덤프 작업에 불리하다.
③ 적재 높이가 낮아져 덤프 작업에 유리하다.
④ 적재 높이가 높아져 덤프 작업에 불리하다.

53 작업장에서 작업복을 착용하는 주된 이유는?
① 작업 속도를 높이기 위해서
② 작업자의 복장 통일을 위해서
③ 작업장의 질서를 확립시키기 위해서
④ 재해로부터 작업자의 몸을 보호하기 위해서

54 정비공장의 정리 정돈 시 안전수칙으로 틀린 것은?
① 소화기구 부근에 장비를 세워두지 말 것
② 바닥에 먼지가 나지 않도록 물을 뿌릴 것
③ 잭 사용 시 반드시 안전작동으로 2중 안전장치를 할 것
④ 사용이 끝난 공구는 즉시 정리하여 공구 상자 등에 보관할 것

55 로더의 시동 전 점검 사항이 아닌 것은?
① 냉각수량
② 연료량
③ 기관의 출력 상태
④ 작동유 누유 상태

56 드라이버 사용 시 주의할 점으로 옳지 않은 것은?
① 규격에 맞는 드라이버를 사용한다.
② 지렛대 대신 소형 드라이버를 사용하지 않는다.
③ 클립이 있는 드라이버는 옷에 걸고 다녀도 무방하다.
④ 잘 풀리지 않는 나사는 플라이어를 이용하여 강제로 뺀다.

57 기계 및 기계장치 취급 시 사고 발생 원인이 아닌 것은?
① 불량 공구를 사용할 때
② 안전장치 및 보호장치가 잘 되어있지 않을 때
③ 정리 정돈 및 조명장치가 잘 되어있지 않을 때
④ 기계 및 기계장치가 넓은 장소에 설치되어 있을 때

58 액체약품 취급 시 비산물로부터 눈을 보호하기 위한 보안경은?
① 고글형
② 스펙타클형
③ 프론트형
④ 일반형

59 안전표지의 종류만으로 나열된 것은?

① 경고표지, 지시표지, 금지표지, 인도표지
② 경고표지, 금지표지, 지도표지, 안내표지
③ 금지표지, 경고표지, 지시표지, 안내표지
④ 지시표지, 경적표지, 지도표지, 인도표지

60 다음 도로명판에 대한 설명으로 옳지 않은 것은?

① '강남대로'는 도로명이다.
② '1 → '의 위치는 도로의 마지막 지점이다.
③ 강남대로는 6.99km이다.
④ 도로명판은 한쪽 진행 방향이다.

로더운전기능사 필기

PART 10
CBT 적중모의고사 정답과 해설

1회 CBT 적중모의고사 정답과 해설
2회 CBT 적중모의고사 정답과 해설
3회 CBT 적중모의고사 정답과 해설
4회 CBT 적중모의고사 정답과 해설
5회 CBT 적중모의고사 정답과 해설

PART 10 CBT 적중모의고사 정답과 해설

1회 CBT 적중모의고사 정답과 해설

01	③	02	④	03	③	04	②	05	④
06	①	07	①	08	④	09	③	10	②
11	③	12	④	13	③	14	②	15	①
16	①	17	④	18	②	19	①	20	③
21	④	22	①	23	②	24	②	25	③
26	④	27	③	28	②	29	④	30	②
31	③	32	④	33	④	34	①	35	②
36	①	37	③	38	①	39	④	40	④
41	③	42	①	43	①	44	①	45	③
46	④	47	④	48	④	49	④	50	③
51	④	52	④	53	②	54	③	55	④
56	③	57	②	58	④	59	①	60	④

01 ▶ 엔진구조
엔진오일의 압력조절을 하는 압력조절기의 닫힘 고장은 엔진오일압력을 상승시키는 원인이다.

02 ▶ 엔진구조
엔진 오일량 점검은 엔진을 정지한 상태에서 엔진오일 레벨게이지를 뽑아서 점검한다.

03 ▶ 엔진구조
흡입부는 공기의 흐름을 방해하지 않도록 돌출부가 없이 매끄러워야 한다.

04 ▶ 엔진구조
리턴호스는 연료압력 조절기를 지나 연료압력이 해제되는 호스이기 때문에 연료압력 형성과는 관련이 없다.

05 ▶ 엔진구조
4행정 사이클 기관의 행정 순서는 흡입, 압축, 폭발(동력), 배기 순이다.

06 ▶ 엔진구조
냉각팬의 공기 흐름은 방열기 방향으로 불어가게 하여 엔진의 온도를 낮춘다.

07 ▶ 엔진구조
디젤기관의 터보차저는 실린더 내에 공기를 압축하여 기관의 출력을 상승시키는 기능을 한다.

08 ▶ 엔진구조
공급펌프는 기계식 디젤엔진에서 연료탱크의 연료를 분사펌프에 공급하는 펌프이므로 커먼 레일의 부품이 아니다.

09 ▶ 엔진구조
냉각수의 양을 조절하는 수온조절기의 열림 고장은 기관의 과냉 원인이 된다.

10 ▶ 엔진구조
일체식 실린더의 특징으로는 냉각수 누출 우려가 적고, 부품 수가 적어 가벼우며 강성 및 강도가 큰 것이 특징이다.

11 ▶ 전기장치
- 칸델라(cd): 빛의 세기 단위
- 럭스(Lux): 빛의 밝기 단위
- 루멘(Lm): 광속의 단위
- 와트(W): 전력의 단위

12 ▶ 전기장치
전해액은 물에 황산을 조금씩 부어 저으며 혼합하도록 하며 유리 막대 등으로 저어서 냉각한다.

13 ▶ 전기장치
유도기전력의 방향이 코일 내의 자속의 변화를 방해하려는 방향으로 발생하는 법칙은 '렌츠의 법칙'이다.

14 ▶ 전기장치
피니언의 관성과 전동기의 고속회전을 이용하여 피니언기어를 플라이휠에 접속하는 방식을 취한 것은 벤딕스식 기동전동기이다.

15 ▶ 전기장치
축전지내부는 음극판, 양극판, 격리판 등이 있으며 (+), (−) 단자기둥은 내부가 아닌 외부에 노출되어 있다.

16 ▶ 작업 전·후 점검
충전계기는 발전기의 충전상태를 확인하는 계기이므로 기관 운전 중에 점검해야 할 사항이다.

17 ▶ 작업 전·후 점검
배출가스 상태 확인은 운전 전 점검사항이 아닌 엔진 가동 후 점검 사항이다.

242 PART 10 CBT 적중모의고사 정답과 해설

18 ▶ 로더의 점검 및 장비구조
배터리 전해액의 점검은 주기점검 사항이다.

19 ▶ 전·후진 주행장치
클러치는 엔진의 동력을 변속기에 전달 및 차단하는 장치이며, 변속기의 변속, 동력차단 및 변속기의 무부하 상태를 만들기 위해 필요하다.

20 ▶ 전·후진 주행장치
클러치의 마모가 심한 경우에는 동력전달이 잘 되지 않아 엔진rpm만 상승하고 차속은 나지 않게 된다.

21 ▶ 전·후진 주행장치
트랙의 유격이 너무 커졌을 경우 주행 중 또는 선회 시 트랙이 벗겨지기 쉽다.

22 ▶ 로더의 점검 및 장비구조
로더란 무한궤도(크롤러) 또는 타이어식으로 적재장치를 가진 자체중량 2톤 이상인 것을 의미한다(단, 차체굴절식 조향장치가 있는 자체중량 4톤 미만인 것은 제외한다).

23 ▶ 전·후진 주행장치
토크 컨버터의 터빈은 변속기 입력축과 연결되므로 장비의 부하는 터빈의 속도를 느리게 회전하게 한다.

24 ▶ 전·후진 주행장치
급한 경사길 운행 시 반 브레이크를 사용할 경우 라이닝은 열에 의한 마찰력 저하 현상인 페이드 현상이 발생하고 브레이크 파이프에는 열로 인한 오일의 증기현상이 발생하여 오일 흐름을 방해하는 베이퍼 록 현상이 발생한다.

25 ▶ 작업안전
작업 범위 내에는 물품과 사람을 배치해서는 안 된다.

26 ▶ 건설기계관리법
건설기계조종사 면허증 발급 신청 시 서류
- 신체검사서
- 소형건설기계조종교육이수증(소형건설기계 조종사면허증을 발급신청하는 경우에 한정한다)
- 건설기계조종사면허증(건설기계조종사면허를 받은 자가 면허의 종류를 추가하고자 하는 때에 한한다)
- 신청일 전 6개월 이내에 모자 등을 쓰지 않고 촬영한 천연색 상반신 정면사진 1장

27 ▶ 건설기계관리법
기종변경, 육상작업용 건설기계 규격의 증가 또는 적재함의 용량 증가를 위한 구조변경은 불가하다.

28 ▶ 건설기계관리법
과실로 경상 1명당 5일의 면허효력정지의 행정 처분을 받게 되므로 6명은 30일의 면허효력정지의 행정처분을 받게 된다.

29 ▶ 건설기계관리법
건설기계 소유자는 건설기계를 취득한 날로부터 2개월 이내에 등록신청을 해야 한다. (단, 전시, 사변 등 국가비상사태 하의 경우에는 5일 이내이다.)

30 ▶ 건설기계관리법
등록신청을 하기 전에 공사를 하기 위한 임시 운행은 할 수 없도록 되어있다.

31 ▶ 건설기계관리법
건설기계대여업의 등록신청서 첨부 목록
- 소유 사실 증명 서류
- 사무실의 소유권, 사용권 증명서류
- 주기장 소재지 관할의 시장, 군수, 구청장이 발급한 주기장 시설보유 확인서

32 ▶ 건설기계관리법
2년 이하의 징역 또는 2천만 원 이하의 벌금
① 미등록 건설기계 운행
② 등록말소된 건설기계 운행

33 ▶ 건설기계관리법
이의 신청 기간은 60일 이내이다.

34 ▶ 건설기계관리법
특별표지판 부착 차량
- 길이 16.7m 초과
- 너비 2.5m 초과
- 높이 4m 초과
- 최소회전반경 12m 초과
- 총중량 40t 초과
- 축하중 10t 초과 건설기계

35 ▶ 유압장치
회전형 전기 액추에이터 기호이다.

36 ▶ 유압장치
- 방향제어 밸브: 셔틀 밸브
- 압력제어 밸브: 언로드 밸브
- 순서제어 밸브: 시퀀스 밸브

37 ▶ 유압장치
기체는 압축할 수 있으나 액체는 압축할 수 없기 때문에 손실 없이 힘을 전달할 수 있다.

38 ▶ 유압장치
유압실린더를 교환한 후에는 실린더 내 공기빼기를 위해 공전 저속엔진 상태에서 공기빼기 작업을 실시해야 한다.

39 ▶ 유압장치
유압모터는 오일의 압력과 시간당 유량의 크기에 따라 회전력을 전달할 수 있어 무단 변속이 가능하다.

40 ▶ 유압장치
유압실린더는 발생된 유압에너지가 기계적 에너지로 변환될 때 실질적인 일을 하는 부품이다.

41 ▶ 유압장치
유압회로 내 압력이 낮으면, 열 발생이 적다.

42 ▶ 유압장치
릴리프 밸브에서 볼(ball)이 밸브의 시트를 때려 소음을 발생시키는 현상을 채터링(chattering) 현상이라고 한다.

43 ▶ 유압장치
유압장치에서 진동이 있거나 움직임이 있는 곳에 사용되는 호스는 내구성이 있으며 유연한 '플렉시블 호스'이다.

44 ▶ 유압장치
펌프 흡입구를 탱크 가장 밑면에 설치하면 이물질이 유입될 수 있기 때문에, 바닥면에서 약간 떨어진 곳에 설치하는 것이 안전하다.

45 ▶ 산업안전
재해는 환경, 사람, 시설의 결함에 의해 복합적으로 발생한다.

46 ▶ 전기장치
납산 배터리 전해액은 묽은 황산이므로 고무로 만든 옷이나 앞치마를 두르고 작업하는 것이 안전하다.

47 ▶ 작업안전
화재 발생 시 소화기 사용은 바람을 등지고 위쪽에서 아래쪽을 향해 실시하는 것이 안전하다.

48 ▶ 기계, 기구, 공구 안전
벨트를 각종 풀리에 걸 때는 풀리가 정지한 상태에서 거는 것이 가장 안전한 방법이다.

49 ▶ 기계, 기구, 공구 안전
복스렌치는 볼트 및 너트 주위를 감싸 힘의 균형을 이루어 조이기 때문이 안전하다.

50 ▶ 작업안전
작업장 내에서 운반차를 이용할 때는 가능한 천천히 주행함으로써 사고를 미연에 방지할 수 있다.

51 ▶ 기계, 기구, 공구 안전
규격에 맞는 공구 사용을 습관화하여 재해 발생을 줄일 수 있다.

52 ▶ 산업안전
산업안전은 근로자와 기업 양쪽 모두의 발전을 위한 안전 법규이다.

53 ▶ 로더의 점검 및 장비구조
로더의 전경각은 45° 이상, 후경각은 35° 이상이어야 한다. 다만, 출입문이 전방에 설치된 로더의 전경각은 35° 이상, 후경각은 25° 이상이어야 하며, 버킷에 적재물 배출장치를 설치한 경우에는 전경각 기준은 적용하지 않는다.

54 ▶ 전기장치
기동전동기는 축전지의 전기신호를 받아 작동하는 것으로 연료와는 상관이 없다.

55 ▶ 유압장치
질소가스를 사용하는 어큐뮬레이터는 유압회로 내의 압력 보상, 유압에너지 축척, 맥동압력 흡수 등의 기능을 한다.

56 ▶ 유압장치
유압실린더는 유압에너지를 활용하여 직선 운동을 하는 액추에이터이다.

57 ▶ 유압장치
베인 모터, 플런저 모터, 기어 모터 등의 유압모터를 사용하고 있다.

58 ▶ 로더의 점검 및 장비구조
작업장치에 사용되는 실린더는 오므림과 덤프 기능이 가능한 복동식 실린더가 주로 사용된다.

59 ▶ 도로교통법
5m 이내 주정차금지 장소
- 소방용 기계, 기구가 설치된 곳
- 도로공사를 하고 있는 공사 구역의 양쪽 가장 자리
- 지역 경찰청장이 인정하는 곳
- 교차로의 가장자리나 모퉁이로부터 5m 이내인 곳

60 ▶ 도로교통법
기초번호판은 도로명과 기초번호를 부여한 건물이 없는 도로에 설치되는 도로명판이다.

2회 CBT 적중모의고사 정답과 해설

01	④	02	④	03	④	04	③	05	③
06	②	07	②	08	③	09	①	10	①
11	②	12	④	13	④	14	③	15	③
16	②	17	①	18	②	19	③	20	①
21	①	22	③	23	③	24	②	25	④
26	③	27	④	28	④	29	③	30	③
31	②	32	②	33	③	34	④	35	①
36	④	37	①	38	②	39	④	40	②
41	④	42	①	43	③	44	③	45	③
46	③	47	④	48	①	49	①	50	①
51	③	52	③	53	④	54	①	55	③
56	①	57	④	58	②	59	①	60	③

01 ▶ 엔진구조
라디에이터 캡을 열어 기름이 떠있다면 실린더 헤드 가스켓 파손 및 실린더 헤드의 균열을 예측할 수 있다.

02 ▶ 작업 전·후 점검
작업 후 탱크에 연료를 가득 채워주는 것은 연료의 기포 방지, 다음 작업을 위한 사전 준비, 특히 겨울철에 외부온도 변화에 따른 탱크 내의 수분 발생 방지를 위한 것이다.

03 ▶ 작업 전·후 점검
실린더 압력 점검은 운전자가 할 수 있는 것이 아니고 건설기계 정비업자가 점검해야 할 부분이다.

04 ▶ 엔진구조
팬벨트의 장력 과다는 팬의 속도를 높여주므로 기관 과냉의 원인이 되며, 워터펌프 축 베어링의 조기 파손을 발생시킬 수 있다.

05 ▶ 엔진구조
터보차저는 흡기관과 배기관 사이에 설치되어 배기압력을 이용하여 회전력을 얻으며, 흡입공기를 압축하여 공급함으로써 엔진의 출력을 증대시킬 목적으로 설치되며 과급기라고도 한다.

06 ▶ 전기장치
축전지의 용량만 크게 하려면 배터리를 병렬로 연결하고, 전압만 크게 하려면 직렬로 연결하여 사용한다.

07 ▶ 엔진구조
엔진오일 점검은 엔진 정지상태에서 점검하며 오일레벨게이지로 오일의 양을 점검한다. 오일에는 거품이 없어야 하며, 겨울보다는 여름에 온도에 잘 견디는 높은 점도의 오일을 사용한다.

08 ▶ 엔진구조
냉각수의 양을 온도에 따라 조절하는 수온조절기의 열림 고장으로 인해 워밍업 시간이 길어지게 된다.

09 ▶ 엔진구조
디젤기관의 노킹의 원인에는 연소실의 낮은 온도로 인해 착화지연 시간이 길어지면 디젤기관의 노킹이 발생하며, 낮은 세탄가의 연료 사용 시에도 노킹이 발생하므로 연료의 높은 세탄가를 사용하여 노킹을 방지한다.

10 ▶ 엔진구조
예열플러그는 디젤기관의 시동보조 장치로서 Key-on 시 15~20초 내에 완전히 가열되어야 정상상태이다.

11 ▶ 엔진구조
팬벨트는 크랭크축 풀리와 워터펌프 풀리, 발전기 풀리 등이 함께 연결되어 구동된다.

12 ▶ 전기장치
① 전구: 발열작용
② 축전지: 화학작용
③ 예열플러그: 발열작용
④ 발전기: 자기작용

13 ▶ 전기장치
축전지 충전 시 축전지는 화학반응에 의해 열을 방출하게 되고, 과충전 시에는 전해액이 단자 주변의 틈으로 넘쳐흐르게 되므로 과충전이 되지 않도록 주의해야 한다.

14 ▶ 엔진구조
기관의 압축압력이 높은 경우에는 연료의 압축 착화 온도에 충분히 도달하기 때문에 오히려 디젤기관의 시동이 수월해진다.

15 ▶ 작업 전·후 점검
계기판에서 냉각수 경고등이 점등되었다면 냉각수 부족이므로 엔진의 과열로 인한 파손을 방지하기 위해 작업을 중지하고 점검 및 정비를 받아야 한다.

16 ▶ 로더의 점검 및 장비구조
로더의 붐 실린더는 보통 2개의 실린더로 붐의 상승, 하강을 담당한다.

17 ▶ 작업 전·후 점검
기관의 팬벨트 점검은 엔진이 정지한 상태에서 점검해야 안전하다.

18 ▶ 엔진구조
클러치는 엔진의 출력에 관계된 부품이 아니고 엔진과 변속기 사이에서 엔진의 동력을 변속기에 전달 및 차단하는 기능을 하므로 엔진 출력 저하의 직접적인 원인에 해당하지 않는다.

19 ▶ 엔진구조
엔진 온도를 일정하게 유지하기 위해 냉각수를 담는 통로를 '워터 자켓'이라고 한다.

20 ▶ 엔진구조
흡기가열식 예열장치는 공기가 흡입되는 흡입관의 공기 온도를 올려주는 방식이며, 부연소실이 없는 직접분사실식에서 주로 사용되고 있다.

21 ▶ 엔진구조
오일의 여과방식에는 전류식, 분류식, 샨트식 등이 있다.

22 ▶ 로더의 점검 및 장비구조
오버 헤드형은 장비 위를 넘어 후면에 덤프할 수 있는 것으로 좁은 공간에서 굴착이 필요한 터널공사 등에 효과적인 장비이다.

23 ▶ 유압장치
액추에이터의 입구 쪽 관로에 설치한 유량제어 밸브로 흐름을 제어하여 속도를 제어하는 회로는 '미터인 회로'이다.

24 ▶ 도로교통법
차마의 통행 우선순위는 긴급자동차 → 긴급자동차 외의 자동차 → 원동기장치자전거 → 자동차 및 원동기장치자전거 외의 차마이다.

25 ▶ 작업점검
장비운전 작업 시 기관회전수는 작업에 적당한 기관회전수를 유지해야 한다.

26 ▶ 건설기계관리법
건설기계조종사 면허를 받지 아니하고 건설기계를 조종한 자에 대한 처벌은 1년 이하의 징역 또는 1000만 원 이하의 벌금에 처한다.

27 ▶ 도로교통법
①, ②, ③은 최고 속도의 100분의 50을 줄여 운행해야 하는 상황이다.

28 ▶ 도로교통법
도로교통법상 노면표지 색 황색과 백색 실선은 진로를 변경할 수 없다.

29 ▶ 건설기계관리법
건설기계 임시운행 사유
• 등록신청을 위해 등록지로 운행하는 경우
• 신규등록검사 및 확인검사를 받기 위하여 검사장소로 운행하는 경우
• 수출하기 위하여 선적지로 운행하는 경우
• 신개발 건설기계를 시험·연구의 목적으로 운행하는 경우
• 판매 또는 전시를 위하여 일시적으로 운행하는 경우

30 ▶ 유압장치
그림의 기호는 유압펌프를 의미한다.

31 ▶ 도로교통법
적재중량, 적재용량, 승차정원 등을 초과하여 운행하는 경우에는 출발지 관할 경찰서장의 허가를 받아야 한다.

32 ▶ 하부장치
트랙의 장력 조정은 트랙 장력 조정용 실린더 (긴도조정 실린더)의 인밸브(In valve) 또는 아웃 밸브(Out valve)에 그리스를 넣거나 빼서 조정한다.

33 ▶ 하부장치
트랙 장력의 팽팽함은 트랙이 벗겨지는 원인과는 관계가 없으며, 트랙을 구성하고 있는 아이들러, 스프로킷, 상부롤러, 하부롤러 등의 마모를 일으키는 원인이 된다.

34 ▶ 유압장치
유압모터는 회전운동, 실린더는 직선운동을 한다.

35 ▶ 유압장치
공동현상(캐비테이션)은 유압회로 내의 압력이 저하되어 기포가 발생하는 현상을 말하며, 소음과 진동이 발생하고 펌프의 양정과 효율이 저하된다.

36 ▶ 건설기계관리법
정기검사를 받지 아니하고 정기검사 신청기간 만료일로부터 30일 이내인 때의 과태료는 10만 원이다.

37 ▶ 도로교통법
"도로"란 다음 각 목에 해당하는 곳을 말한다.
① 「도로법」에 따른 도로
② 「유료도로법」에 따른 유료도로
③ 「농어촌도로 정비법」에 따른 농어촌도로
④ 그 밖에 현실적으로 불특정 다수의 사람 또는 차마가 통행할 수 있도록 공개된 장소로서 안전하고 원활한 교통을 확보할 필요가 있는 장소

38 ▶ 작업안전
이산화탄소 소화기는 이산화탄소(CO_2)를 높은 압력으로 압축 액화시켜 단단한 철제 용기에 넣은 것이다. 이 소화기는 통상 B, C급 화재에 쓸 수 있고 물을 뿌리면 안되는 전기화재, 유류화재에 사용하면 효과적이며 냉각 효과와 질식 효과가 큰 특성을 가진다.

39 ▶ 하부장치
트랙의 장력의 과대 혹은 과소는 트랙 스프로킷의 이상 마모 원인이 된다.

40 ▶ 유압장치
릴리프 밸브는 유압장치에서 고압 소용량, 저압 대용량 펌프를 조합운전 할 때 작동암이 규정 압력 이상으로 상승 시 동력절감을 위해 사용하는 밸브이다.

41 ▶ 유압장치
유압유의 구비조건
- 압력에 대해 비압축성일 것
- 밀도가 작을 것
- 열팽창계수가 작을 것
- 체적탄성계수가 클 것
- 점도지수가 높을 것
- 인화점, 발화점이 높을 것
- 내열성이 크고, 거품이 없을 것

42 ▶ 로더의 점검 및 장비구조
붐, 버킷, 암, 파워스티어링 유압 라인 중 가장 큰 힘이 들어가는 곳이 붐의 상승, 하강, 유지 등이기 때문에 붐 실린더에 유입되는 유량이 가장 많고 높은 압력이 필요하다.

43 ▶ 로더의 점검 및 장비구조
붐 리프트는 상승, 유지, 하강, 부동의 4가지 위치가 있다.

44 ▶ 안전보호구
중량물의 추락 시 머리를 보호하기 위해서는 안전모를 착용해야 한다.

45 ▶ 로더의 점검 및 장비구조
스틱 레버의 작동 원리
- 붐 레버: 운전자 쪽으로 당기면 붐이 상승하고, 밀면 하강한다.
- 버킷 레버: 운전자 쪽으로 당기면 버킷은 오므려지고, 밀면 버킷이 펴져서 덤핑이 이루어진다.

46 ▶ 로더의 점검 및 장비구조

[조종레버 사용법]

47 ▶ 로더 조향장치
차체 굴절식(허리꺾기식)은 앞·뒤 차체 사이에 유압실린더가 좌우에 1개씩 설치되어 있으며, 조향 핸들 조작 시 유압실린더가 신축 작용을 하면서 앞·뒤 차체 사이가 꺾여 조향하는 방식을 말한다.

48 ▶ 도로교통법

49 ▶ 기계, 기구, 공구 안전
아세틸렌, LPG, LNG 등 대부분의 가스 검사는 비눗물 검사가 가장 효과적이고 안전하다.

50 ▶ 작업안전
유류 화재 시 소화기 이외의 소화 재료로는 모래가 가장 적당하다.

51 ▶ 도로교통법
남쪽에서 북쪽으로 진행하고 있으면 좌측(불광역)이 서쪽이고, 우측(서울역)이 동쪽이 된다. 도로 구간의 시작점과 끝 지점은 '서 → 동', '남 → 북쪽 방향으로 건물번호 순서를 정하고 있기 때문에 불광역 쪽에서 서울역 쪽으로 가면서 건물 번호가 커진다. 이에 차량을 좌회전하는 경우 불광역 쪽 '통일로'의 건물번호가 점차적으로 작아지게 됨을 알 수 있다.

52 ▶ 작업안전
화재 시 인명 구조를 가장 먼저 해야 한다.

53 ▶ 안전관리
흔들리는 중량물은 로프 등으로 결착한 후 안전하게 이동해야 한다.

54 ▶ 유압장치
최고압 토출이 가능하고 펌프 효율에서도 전압력 범위가 높아 최근에 많이 사용되고 있는 펌프는 피스톤 펌프(플런저 펌프)이다.

55 ▶ 기계, 기구, 공구 안전
스패너 및 소켓 공구는 너트 또는 나사를 조이고 풀 때 작업자의 몸 앞으로 당기면서 사용해야 안전한 작업이다.

56 ▶ 유압장치
실린더의 과도한 낙하 현상은 작동 실린더 내의 유압이 낮아지기 때문이며, 실린더 내의 피스톤 실링 마모, 컨트롤 밸브 스풀 마모, 릴리프 밸브의 압력 설정 조정 불량 등이 그 원인이 된다.

57 ▶ 유압장치
유압유의 유량이 규정보다 많은 것은 유압유의 과열의 원인과는 거리가 멀다.

58 ▶ 안전관리
작업자는 자신의 안전과 타인의 안전을 함께 고려하고, 작업 시 항상 안전사항에 주의하며, 작업장 환경 조정을 위해 노력해야 한다.

59 ▶ 유압장치
회로 내의 역류를 방지하고 회로 내의 잔류압력(잔압)을 유지하는 밸브는 체크 밸브이다.

60 ▶ 산업안전
① 낙하: 물체가 떨어짐
② 충돌: 서로 맞부딪침
③ 전도: 엎어져 넘어짐
④ 추락: 높은 곳에서 떨어짐

 3회 CBT 적중모의고사 정답과 해설

01	③	02	①	03	①	04	③	05	④
06	③	07	②	08	④	09	①	10	①
11	④	12	①	13	②	14	③	15	③
16	②	17	④	18	③	19	②	20	③
21	①	22	①	23	④	24	①	25	④
26	③	27	①	28	③	29	②	30	④
31	②	32	③	33	①	34	②	35	②
36	④	37	③	38	③	39	④	40	①
41	①	42	②	43	①	44	②	45	②
46	③	47	③	48	②	49	②	50	④
51	②	52	④	53	①	54	④	55	④
56	②	57	③	58	③	59	③	60	①

01 ▶ 엔진구조
엔진의 크랭크축 풀리와 벨트로 연결된 워터펌프 풀리는 엔진의 회전력을 전달받아 기관의 냉각수를 순환시키는 기능을 한다.

02 ▶ 엔진구조
디젤엔진의 시동 정지는 연료공급을 차단함으로써 가능하다.

03 ▶ 엔진구조
연료를 고압으로 형성 후 분사 순서에 맞게 연료를 분배하는 장치는 디젤기관에서만 사용되는 분사펌프이다.

04 ▶ 엔진구조
크랭크축 기어와 캠축 기어의 지름 비는 1 : 2이며, 회전 비는 반대로 2 : 1이 된다.

05 ▶ 엔진구조
냉각수 보조탱크는 엔진고온 시 냉각시스템 내의 팽창된 여분의 냉각수를 오버플로 파이프를 통해 보조탱크에 저장(흡수)하고, 엔진 냉각 시 다시 오버플로 파이프를 통해 내부로 냉각수가 보충되어 냉각수의 양을 적절하게 조절하는 기능을 한다. 냉각수 온도를 조절하는 것은 보조탱크가 아닌 수온조절기의 기능이다.

06 ▶ 엔진구조
크랭크 케이스를 환기하는 PCV는 오일탱크 내의 HC(미연소 탄화수소)에 의한 슬러지 형성을 방지한다.

07 ▶ 엔진구조
4행정 기관에서 많이 쓰이는 펌프의 종류에는 로터리식, 기어식, 베인식 등이 있다.

08 ▶ 엔진구조
흡배기 밸브가 모두 닫혀 있는 구간은 동력행정(폭발행정)이다.

09 ▶ 엔진구조
과급기는 흡입공기를 압축하여 기관의 출력을 증대시키는 기능을 한다.

10 ▶ 엔진구조
추운 겨울철에는 연료탱크 내의 공기 속에 포함된 수분이 응축되어 연료탱크 아래로 쌓인 수분과 오물을 배출하기 위해 연료탱크의 배출 콕을 열었다 잠그는 작업을 하게 된다.

11 ▶ 엔진구조
디젤엔진은 분사되는 연료의 상태에 따라 엔진의 출력에 큰 영향을 미치게 되므로 연료와 관련된 불량 시 엔진소음의 발생하며, 프로펠러 샤프트(추진축)의 불량은 주행 시 차체 진동을 발생시키는 원인이다.

12 ▶ 전기장치
옴의 법칙 $V = IR$에서 $I = V/R$이다.
직렬합성저항은 $R = R_1 + R_2 + R_3$이므로
$R = 3Ω + 4Ω + 5Ω = 12Ω$
∴ $I = 12V/12Ω = 1A$

13 ▶ 전기장치
전해액의 온도가 상승하면 화학적 반응이 활성화되어 전기 발생이 증가하고, 황산이 극판으로 이동하므로 축전지 전해액의 비중은 내려가게 된다.

14 ▶ 전기장치
12V 배터리는 셀 당 완전 충전 전압이 약 2V 인 6개의 셀을 직렬로 연결한 12.6V의 전압이 형성된 배터리를 사용하고 있다.

15 ▶ 전기장치
20°C에서 완전충전 시 축전지의 전해액 비중은 1.280이며 완전 방전 시 비중은 1.00이 된다. 사용가능한 비중은 약 1.23~1.280의 비중 값을 갖는다.

16 ▶ 전기장치
차량에 사용되는 대부분의 등화장치는 회로와 병렬로 연결되어 있다.

17 ▶ 전기장치
축전지 전해액은 증류수와 황산을 7 : 3의 비율로 증류수에 황산을 천천히 부어 희석시키며 만들게 되는데 황산과 화학적 반응이 없는 그릇에 담가야 하므로 질그릇이 적당하다.

18 ▶ 전기장치
발전기 다이오드의 열을 밖으로 배출시키는 냉각장치를 히트싱크(방열기)가 담당하고 있다.

19 ▶ 전·후진 주행장치
토크 컨버터의 최대 회전력의 값을 '토크 변환비'라고 한다.

20 ▶ 전·후진 주행장치
수동변속기에는 기어가 빠지는 것을 방지하기 위한 록킹볼과 이중 기어방지를 위한 인터록이 있다.

21 ▶ 로더의 점검 및 장비구조
(가): 전경각   (나): 최대 덤프 거리
(다): 후경각   (라): 최대 덤프 높이

22 ▶ 로더의 점검 및 장비구조
유성기어형 종감속 장치의 동력 전달 경로는 '선 기어 → 유성기어 → 유성기어 캐리어 → 바퀴'이다.

23 ▶ 로더의 점검 및 장비구조
허리꺾기식(차체굴절식)은 회전반경이 작아 좁은 장소에서의 작업이 용이하다.

24 ▶ 로더의 점검 및 장비구조
클러치 컷오프(clutch cut-off) 밸브는 브레이크 페달을 밟았을 때 변속 클러치가 떨어져 엔진의 동력이 차축까지 전달되지 않도록 하는 장치이다. 경사지 작업 시에는 밸브를 상향(up)으로 선택하여 로더가 미끄러지는 것을 방지해야 한다.

25 ▶ 전기장치
축전지 용량 단위로는 암페어시(Ah)를 사용한다.

26 ▶ 로더의 점검 및 장비구조
나무뿌리 뽑기, 제초, 제석 등 지반이 매우 굳은 땅 등의 굴착에 적합한 버킷은 래크 블레이드 버킷이다.

27 ▶ 전·후진 주행장치
① 카커스(carcass): 타이어골격 유지
② 트레드(tread): 타이어가 노면에 접촉되는 부위
③ 숄더부(shoulder): 타이어의 어깨부분
④ 비드(bead): 림에 끼우는 타이어의 가장자리

28 ▶ 전·후진 주행장치
변속기의 필요성으로는 회전력의 증대, 무부하, 역전 등이 있다.

29 ▶ 건설기계관리법
대부분의 건설기계 정기검사는 1년이며, 로더(타이어식), 지게차 1톤 이상, 모터 그레이더는 2년이다.

30 ▶ 전·후진 주행장치
베이퍼 록은 잦은 브레이크 사용으로 인한 열이 브레이크 파이프 내에 있는 브레이크 오일을 비등시키고, 이로 인해 유압호스 내에 공기가 발생하여 브레이크가 밀리는 현상을 의미하므로 긴 내리막길에서는 브레이크 페달을 자주 밟는 것 보다 저단으로 운행하는 엔진 브레이크를 사용하는 것이 안전하다.

31 ▶ 건설기계관리법
최고주행속도 15km/h 미만의 건설기계는 전조등, 제동등, 후부반사기, 후부반사판 또는 후부 반사지를 설치한다.

32 ▶ 도로교통법
앞지르기 금지 장소
- 교차로·터널 안 또는 다리 위
- 도로의 구부러진 곳
- 비탈길의 고개마루부근 또는 가파른 비탈길의 내리막
- 지방경찰청장이 필요하다고 인정하여 안전표지로 지정한 곳

33 ▶ 도로교통법
주·정차 금지지역
- 소화전 5m 이내
- 교차로모퉁이 5m 이내
- 초등학교 정문 앞 어린이보호구역
- 버스정류소 10m 이내
- 횡단보도 10m 이내

34 ▶ 도로교통법
야간에 견인되는 자동차가 켜야하는 등화는 차폭등, 미등, 번호등이다.

35 ▶ 도로교통법
교차로에서는 먼저 진입한 차량이 우선순위에 해당한다.

36 ▶ 건설기계관리법
1종 대형면허 운전 가능 차량: 덤프트럭, 아스팔트 살포기, 노상안정기, 콘크리트 믹서트럭, 콘크리트 펌프, 천공기, 특수건설기계 중 국토교통부장관이 지정하는 건설기계

37 ▶ 건설기계관리법
건설기계 등록신청은 건설기계 소유자의 주소 지 또는 건설기계 사용본거지를 관할하는 시·도 지사에게 등록한다.

38 ▶ 유압장치
하강 시 저항을 만들어 자유낙하를 못하게 만들어 주는 밸브를 '카운터 밸런스 밸브'라고 한다.

39 ▶ 유압장치
일의 시간 → 순서제어밸브(시퀀스 밸브)이다.

40 ▶ 유압장치
축압기의 기능
- 유압에너지 축적
- 충격파 흡수(충격완화)
- 압력보상
- 펌프의 압력 맥동수의 흡수(유체의 맥동감소)

41 ▶ 유압장치
유압장치에서 회전운동을 하는 것은 유압모터이다.

42 ▶ 유압장치
① 동력원
② 압력계
③ 온도계
④ 유량계

43 ▶ 유압장치
유압실린더 피스톤에는 O링이 가장 많이 쓰인다.

44 ▶ 유압장치
기어형 요동 모터는 회전각도에 제한이 없으며, 기어를 이용하여 유체의 회전운동을 변환시키는 방식으로 작동하기 때문에 제한된 회전각도 이내에서 유체를 변환시키는 피스톤형 요동 모터와는 구조적으로 차이가 있다.

45 ▶ 유압장치
유압펌프에서 컨트롤 밸브 사이가 유압회로의 압력을 점검하는 위치로 가장 적당하다.

46 ▶ 유압장치
유압실린더에서 피스톤 행정이 끝날 때 발생하는 충격을 흡수하는 장치는 쿠션기구이다.

47 ▶ 유압장치
질소는 산화반응이 없는 안정적인 가스이기 때문에 산업 분야에서 많이 쓰이고 축압기 역시 질소 가스를 넣어 유압의 충격을 흡수하는 데 이용되고 있다

48 ▶ 로더의 점검 및 장비구조
① 일반작업 버킷(General purpose bucket)
② 다목적 버킷(Multi purpose bucket)
③ 원목작업 버킷(Log fork bucket)
④ 암석작업 버킷(Rock bucket)

49 ▶ 도로교통법
보통 바퀴가 달린 이동수단을 이용하는 어린이를 보호해야 할 주의 의무를 부여한다.

50 ▶ **로더의 점검 및 장비구조**

건설 장비나 산업용 장비에서 작업 도구나 부착물을 빠르고 쉽게 교체할 수 있도록 해주는 장치인 퀵 커플러는 작동장치가 없는 버킷 종류를 짧은 시간에 간단히 교체 장착할 수 있도록 하는 장치이다.

51 ▶ **산업안전**

재해의 간접 원인에는 신체적 원인, 교육적 원인, 기술적 원인 등이 있다.

52 ▶ **기계, 기구, 공구 안전**

숫돌 받침대 간격은 3mm 이내로 유지하고 사용하는 안전수칙을 지켜야 안전하다.

53 ▶ **기계, 기구, 공구 안전**

가열된 용접봉 홀더는 물에 넣어 급냉해서는 안 된다.

54 ▶ **안전보호구**
- 착용이 간편할 것
- 작업에 방해를 주지 않을 것
- 유해 위험 요소에 대한 방호가 완전할 것
- 재료의 품질이 우수할 것
- 구조 및 표면 가공이 우수할 것
- 외관상 보기 좋을 것

55 ▶ **도로교통법**

150m 전방에서 우회전하면 '서울' 방향으로 갈 수 있다.

56 ▶ **로더의 점검 및 장비구조**

조향장치의 유압이 발생하지 못할 경우 안전 체크 밸브를 이용하여 수동으로 조작할 수 있다.

57 ▶ **산업안전**

근로자가 안전하게 작업을 할 수 있는 세부 작업행동 지침은 안전수칙이다.

58 ▶ **로더의 점검 및 장비구조**

동력 조향핸들이 무거운 이유
- 호스나 부품 속에 공기가 들어있는 경우
- 오일 부족
- 낮은 유압
- 오일펌프 V벨트가 미끄러지는 경우

59 ▶ **로더의 점검 및 장비구조**

크롤러형은 조향 클러치 방식(좌우 궤도의 회전 속도를 다르게 하여 차량의 방향을 전환), 타이어형은 허리꺾기식, 뒷바퀴(후륜) 조향식을 사용하며 유압식(동력 조향식)으로 작동된다.

60 ▶ **로더의 점검 및 장비구조**

클러치 컷오프는 굴착기, 로더 등에서 작업 중 운전자가 클러치 컷오프 스위치를 조작하여 붐, 암, 버킷 등의 작동을 멈추거나, 트랜스미션의 동력 전달을 차단하여 안전성을 확보하는 기능을 하는 것을 말한다. 경사지 작업 시에는 이 밸브를 상향(up)으로 선택하여 로더가 굴러 내려가는 것을 방지하여야 한다.

4회 CBT 적중모의고사 정답과 해설

01	④	02	③	03	①	04	①	05	④
06	③	07	②	08	①	09	②	10	④
11	③	12	②	13	③	14	②	15	③
16	④	17	①	18	④	19	③	20	②
21	①	22	③	23	④	24	④	25	②
26	②	27	①	28	②	29	④	30	①
31	④	32	①	33	④	34	④	35	④
36	④	37	②	38	④	39	①	40	④
41	②	42	①	43	①	44	②	45	②
46	②	47	①	48	①	49	①	50	①
51	②	52	②	53	④	54	①	55	③
56	④	57	①	58	②	59	③	60	②

01 ▶ 엔진구조
수온조절기의 열림은 반대로 기관 과냉의 원인이 된다.

02 ▶ 엔진구조
유압조절기는 오일 펌프 커버에 설치되어 있다.

03 ▶ 엔진구조
기관의 온도 측정은 엔진의 냉각수가 밖으로 나오는 실린더 헤드 물재킷 부에 설치되어있다.

04 ▶ 엔진구조
과냉 상태에서 기관 운전 시에는 정상적인 연소가 어려워 연료소비량이 증가하게 된다.

05 ▶ 엔진구조
플라이밍 펌프는 디젤 연료 필터 부근에 설치되어 연료파이프 내의 공기를 배출하기 위한 수동 공기빼기 펌프이므로 엔진오일의 압력과는 상관이 없다.

06 ▶ 엔진구조
추운 겨울철에 엔진을 시동하여 보다 빨리 공전 회전 속도가 되도록 난기운전을 촉진하는 기구를 패스트 아이들이라고 한다.

07 ▶ 엔진구조
직접 분사식 디젤기관은 압축압력이 높기 때문에 연료분사 압력이 높아야 한다.

08 ▶ 엔진구조
예열플러그는 엔진 시동 보조 장치이므로 연료 장치 구성품이 아니다.

09 ▶ 엔진구조
디젤기관의 노킹 발생 시 엔진의 부조 발생으로 회전수는 낮아지게 된다.

10 ▶ 엔진구조
연료 오버플로우 파이프는 고압 노즐에 연료를 분사 후 여분의 연료를 연료탱크로 되돌리는 부품이므로 디젤기관의 출력에는 영향이 없다.

11 ▶ 엔진구조
유조식 공기청정기는 특히 먼지가 많은 지역에 적합한 공기청정기이다.

12 ▶ 엔진구조
직접 분사실식은 높은 압축비와 높은 폭발력을 발휘하므로 분사펌프와 노즐의 수명은 그리 길지 않다.

13 ▶ 전기장치
전조등은 하향등 상향등 순으로 켜지며, 하향등이 켜진 상태에서 상향등이 더해 켜지므로 상향 등 조작 시에는 상향등과 하향등이 동시에 점등된다.

14 ▶ 엔진구조
타여자식은 외부의 배터리 전원을 공급받아 발전하는 방식을 말하며 다이오드 정류방식이 이용되면서 타여자식이 사용되고 있다.

15 ▶ 전기장치
엔진 크랭크축과 연결된 플라이휠 주위에 링기어가 장착되어 있고 이곳에 기동전동기의 구동 피니언기어가 링기어에 물리면서 기관 시동을 시작하게 된다.

16 ▶ 전기장치
기관회전수에 관계없이 발전기에서 일정한 13.5V~14.5V의 전압이 나오도록 조정하는 전압조정기에는 제너다이오드 소자가 회로에 연결되어 일정한 전압을 유지하는 회로를 구성하고 있다.

17 ▶ 전기장치
방전종지전압은 완전 방전을 의미하고 완전 방전 시 급속충전은 배터리에 무리를 주어 축전지의 수명을 단축시킨다.

18 ▶ 전기장치
정전류충전: 일정전류충전
정전압충전: 일정전압충전
단별전류충전: 단계별로충전

19 ▶ 전·후진 주행장치
싱크로메시 기구는 수동변속기에서 단기어와 허브기어의 회전속도를 같게 하여 기어 접속을 원활하게 하는 부품이다.

20 ▶ 전·후진 주행장치
전·후진과 관련된 장치는 변속장치(트랜스미션)이므로 트랜스미션 장치의 점검을 우선 실행해야 한다.

21 ▶ 안전표지
보안경을 착용하라는 지시표지이다.

22 ▶ 작업장치
트랙의 오일 묻음은 주행에 영향을 주지 않는다.

23 ▶ 전·후진 주행장치
튜브리스타이어는 튜브가 없기 때문에 주행 중 발생하는 열의 발산이 매우 우수하다.

24 ▶ 전·후진 주행장치
종감속장치는 변속기에서 전달된 토크를 최종적으로 감속하여 토크를 증대시키는 기능을 하는 장치이다.

25 ▶ 작업장치
겨울철 연료탱크 내에 연료를 가득 채우면 공기 중의 수증기가 응축되어 물이 생기는 것을 방지할 수 있다.

26 ▶ 로더의 점검 및 장비구조
무한궤도식(크롤러) 로더의 단점
- 기동성이 떨어져 작업속도가 느리다.
- 도로 이동 시 트레일러 등의 운반장치가 필요하다.
- 급조향 시 트랙이 벗겨질 우려가 있다.

27 ▶ 도로교통법
혈중알콜농도가 0.03% 이상일 때 술에 취한 상태로 본다.

28 ▶ 로더의 점검 및 장비구조
붐은 리프트 레버로 작동되며, 붐 실린더에는 상승, 하강, 유지, 부동의 위치가 있다. 붐 킥아웃은 운전자가 설정한 위치에서 자동으로 붐이 멈추도록 하여, 작업자가 매번 붐의 위치를 수동으로 조절할 필요 없이 반복적인 작업을 빠르고 정확하게 수행할 수 있도록 하여, 작업 시 효율성을 높여주는 기능이다.

29 ▶ 하부장치
트랙 조정 실린더에 그리스를 주입하거나 배출하면 아이들러가 이동되어 트랙의 장력이 조정된다.

30 ▶ 로더의 점검 및 장비구조
로더는 트랙터 본체 전면에 적재 장치인 셔블(shovel)용 버킷을 부착한 장비를 말하며 프런트 로더가 대표적이다. 가장 일반적인 작업은 쌓여있는 토사를 퍼서 덤프트럭에 옮겨 싣는 작업이다.

31 ▶ 건설기계관리법
조종사 면허 취소 사유
- 부당한 방법으로 면허취득
- 효력정지 기간 중 운전
- 면허 결격 사유 해당
- 과실로 중대한 사고 발생

32 ▶ 건설기계관리법
등록이전 신고는 건설기계 등록지가 시, 도로 변경되었을 때 실시하는 것을 말한다.

33 ▶ 건설기계관리법
시·도지사는 검사에 불합격된 건설기계에 대해서는 31일 이내의 기간을 정하여 해당 건설기계의 소유자에게 검사를 완료한 날(검사를 대행하게 한 경우에는 검사결과를 보고받은 날)부터 10일 이내에 별지 제20호의 4서식에 따라 정비 명령을 해야 한다.

34 ▶ 건설기계관리법
1종 대형면허 운전가능 차량: 덤프트럭, 아스팔트살포기, 노상안정기, 콘크리트 믹서트럭, 콘크리트 펌프, 천공기, 특수건설 기계 중 국토교통부장관이 지정하는 건설기계

35 ▶ 건설기계관리법
건설기계매매업 등록서류
- 건설기계 소유사실 증명서류
- 사무실의 소유권 또는 사용권이 있음을 증명하는 서류
- 주기장보유시설 확인서
- 5천만 원 이상의 하자보증금 예치증서 또는 보증보험증서 (매매업 등록 시)

36 ▶ 건설기계관리법
건설기계관리법상 조종사가 주소, 성명 등 신상에 변동이 있을 때 그 사실이 발생한 날로부터 30일 이내에 신고해야 한다.

37 ▶ 건설기계관리법
등록되지 아니한 건설기계를 사용하거나 운행한 자의 벌칙은 2년 이하의 징역 또는 2000만 원 이하의 벌금이다.

38 ▶ 건설기계관리법
시·도지사는 등록된 건설기계를 소유자의 신청이나 직권으로 등록말소 할 수 있다. 다만, 다음의 경우에는 직권으로 말소하여야 한다.
- 거짓이나 기타 부정한 방법으로 등록을 한 때
- 제13조 제5항부터 제7항까지의 규정에 따른 정기검사 명령, 수시검사 명령 또는 정비 명령에 따르지 아니한 경우
- 건설기계를 폐기한 경우(제34조의2 제2항에 따라)
- 제20조의3 제1항에 따라 대통령령으로 정하는 내구연한을 초과한 건설기계

39 ▶ 건설기계관리법
'건설기계형식'이란 건설기계의 구조·규격 및 성능 등에 관하여 일정하게 정한 것을 말한다.

40 ▶ 건설기계관리법
건설기계 구조변경범위
- 원동기의 형식변경
- 동력전달장치의 형식변경
- 제동장치의 형식변경
- 주행장치의 형식변경
- 유압장치의 형식변경
- 조종장치의 형식변경
- 조향장치의 형식변경
- 작업장치의 형식변경
- 건설기계의 길이, 너비, 높이 등의 변경
- 수상작업용 건설기계의 선체의 형식변경 등

41 ▶ 유압장치
모터의 속도 증가는 유압모터 내로 흐르는 유량의 변화로 이루어진다.

42 ▶ 유압장치
유압장치 내에 공기가 들어가면 비정상적 소음이 발생한다.

43 ▶ 유압장치
① 가변용량형 펌프   ② 정용량형 펌프
③ 유압모터   ④ 유압계

44 ▶ 유압장치
스풀 밸브는 원통형의 내측에 가동 홈이 있는 막대 형태의 스풀을 끼워 넣어 이것이 축방향으로 이동하게 되면서 유로방향을 전환하는 형식의 밸브이다.

45 ▶ 유압장치
작동유의 공업용 윤활유는 절대 점도를 밀도로 나눈 동점도를 주로 사용하며 단위는 일반적으로 mm^2/s가 이용되고 있다.

46 ▶ 유압장치
유압장치에 쓰이는 배관은 주로 강관이나 철밋 고압호스, 알루미늄관, 스테인레스관 등이 사용되며, 내구성이 약한 플라스틱 관은 사용하지 않는다.

47 ▶ 유압장치
일반적으로 오일의 불순물 제거는 필터로 이루어지며, 1차 거름망을 스트레이너라고 하고, 2차 거름망은 엘리먼트 필터이다.

48 ▶ 유압장치
작동순서를 정하는 밸브는 시퀀스 밸브이다.

49 ▶ 유압장치
피스톤 펌프(플런저 펌프)는 펌프 중 가장 큰 토출력을 보이며 효율또한 우수하다.

50 ▶ 유압장치
강철제의 용기에 기체를 봉입한 고무주머니를 넣은 구조로 되어있는 축압기는 블레더식 축압기이다.

51 ▶ 안전관리
그림의 안전표지는 레이저광선 주의표지이다.

52 ▶ 안전표지
안전표지의 종류에는 금지표지, 경고표지, 안내표지, 지시표지 등이 있다.

53 ▶ 산업안전
안전사고 수습이 안전관리의 목적은 아니다.

54 ▶ 산업안전
하인리히 연쇄반응이론의 발생 순서는 '사회적 환경과 선천적 결함 – 개인적 결함 – 불안전 행동 – 사고 – 재해'순이다.

55 ▶ 작업안전
① A급 화재: 일반화재
② B급 화재: 유류화재
③ C급 화재: 전기화재
④ D급 화재: 금속화재

56 ▶ 산업안전
재해의 간접적 원인으로는 기술적 원인, 교육적 원인, 관리적 원인이 있다.

57 ▶ 안전관리
안전모는 추락물의 위험이 있는 작업장에서 근로자의 머리를 보호해 준다.

58 ▶ 도로교통법
①은 문화재 건물
②는 관공서 건물
③은 주택 건물
④는 상가 건물번호판 표지이다.

59 ▶ 기계, 기구, 공구 안전
① 해머 작업 시 장갑을 끼지 않는다.
② 줄질 후 쇳가루는 솔로 제거한다.
④ 스패너는 파이프를 끼워 사용하지 않는 것이 안전하다.

60 ▶ 전기공사 안전관리
전기재해는 인체에 치명적인 영향을 초래하므로 작은 사고라도 즉시 병원으로 후송하여 치료해야 한다.

5회 CBT 적중모의고사 정답과 해설

01	④	02	②	03	④	04	②	05	①
06	④	07	③	08	②	09	①	10	①
11	①	12	④	13	④	14	④	15	④
16	②	17	③	18	③	19	④	20	①
21	③	22	④	23	②	24	①	25	②
26	③	27	②	28	①	29	③	30	③
31	④	32	④	33	①	34	②	35	③
36	①	37	②	38	③	39	④	40	③
41	②	42	②	43	②	44	①	45	④
46	③	47	①	48	③	49	③	50	①
51	①	52	①	53	④	54	②	55	③
56	④	57	④	58	①	59	③	60	②

01 ▶ 건설기계관리법
건설기계의 등록사항 중 변경사항이 있는 때에 그 소유자·점유자가 30일 이내에 시·도지사에게 신고하여야 한다.

02 ▶ 건설기계관리법
길이가 16.7m를 초과하는 경우 특별표지판을 부착해야 하는 건설기계 범위에 해당한다.

03 ▶ 건설기계관리법
건설기계의 정기검사 유효기간이 1년이 되는 것은 신규등록일로부터 20년 이상 경과되었을 때이다.

04 ▶ 건설기계관리법
건설기계조종사 면허가 취소되었을 경우 그 사유가 발생한 날부터 10일 이내에 면허증을 반납해야 한다.

05 ▶ 건설기계관리법
면허취소 사유
- 고의로 인명피해를 입힌 때
- 거짓이나 그 밖의 부정한 방법으로 건설기계 조종사면허를 받은 경우
- 건설기계조종사면허의 효력정지기간 중 건설 기계를 조종한 경우

06 ▶ 건설기계관리법
건설기계의 정기검사 신청기간 내에 정기검사를 받은 경우, 종전 검사 유효기간 만료일의 다음날부터 기산한다.

07 ▶ 건설기계관리법
건설기계의 등록 말소
- 거짓이나, 부정 등록
- 건설기계가 천재지변 등으로 사용할 수 없게 되거나 멸실
- 차대(車臺)가 다름
- 건설기계안전기준 부적합
- 정기검사 명령, 수시검사 명령 또는 정비 명령 불응
- 건설기계를 수출하는 경우
- 건설기계를 도난당한 경우
- 건설기계를 폐기한 경우

08 ▶ 건설기계관리법
1년 이하의 징역 또는 1천만 원 이하의 벌금
- 건설기계조종사면허를 받지 아니하고 건설기계를 조종한 자
- 건설기계조종사면허가 취소되거나 건설기계 조종사면허의 효력정지처분을 받은 후에도 건설기계를 계속하여 조종한 자
- 건설기계를 도로나 타인의 토지에 버려둔 자
- 거짓이나 그 밖의 부정한 방법으로 등록을 한 자
- 등록번호를 지워 없애거나 그 식별을 곤란하게 한 자

09 ▶ 건설기계관리법
구조변경검사 또는 수시검사를 받지 아니한 자는 1년 이하의 징역 또는 1천만 원 이하의 벌금에 처한다.

10 ▶ 건설기계관리법
구조변경 불가사항
- 건설기계기종 변경
- 육상작업용 건설기계의 규격 증가
- 적재함의 용량 증가
- 등록된 차대의 변경
- 전보다 성능 또는 보안상의 안전도가 저하될 우려가 있는 경우의 변경

11 ▶ 엔진구조
① 밀봉작용: 기밀유지
② 감마작용: 마모감소
③ 냉각작용: 열냉각
④ 방청작용: 녹방지

12 ▶ 전기장치
직류발전기에는 전류조정기가 필요하지만 다이오드를 이용하는 교류발전기에는 전류조정기가 필요없다.

13 ▶ 엔진구조
연료 분사시기를 조절할 목적으로 인젝션 펌프의 구동축과 캠축의 위상각을 변화시켜 주는 기구인 인젝션 타이머는 여과장치가 아니다.

14 ▶ 엔진구조
기관 동력전달 순서는 '피스톤 → 커넥팅로드 → 크랭크축 → 클러치' 순이다.

15 ▶ 엔진구조
4행정 사이클 기관 행정 순서는 '흡입 → 압축 → 동력 → 배기' 순이다.

16 ▶ 엔진구조
건설기계에 사용되는 기동전동기는 주로 직류 직권 전동기가 사용되고 있다.

17 ▶ 전기장치
퓨즈는 과전류에 의한 화재 방지를 위한 안전장치이므로 구리나 철선으로 대용하여서는 안된다.

18 ▶ 엔진구조
압력식 라디에이터 장점
- 방열기를 작게 할 수 있다.
- 냉각수 비등점 높일 수 있다.
- 냉각장치의 효율을 높일 수 있다.

19 ▶ 작업 전·후 점검
추운 겨울철에는 연료탱크 내의 공기 속에 포함된 수분이 응축되는 것을 방지하기 위해 연료를 가득 채워둔다.

20 ▶ 전기장치
축전지는 화학 작용으로 화학에너지를 전기에너지로 변화시키는 기능을 한다.

21 ▶ 유압장치
유압유의 온도가 과열되었다면 유압펌프의 효율은 낮아진다.

22 ▶ 유압장치
유압실린더 등의 중력에 의한 자유낙하 방지를 위해 배압을 유지하는 것은 카운터 밸런스 밸브이다.

23 ▶ 유압장치
유압장치의 유압유는 기관 내부에 존재하는 것이 아닌, 기관의 동력을 받아 유압펌프가 작동되므로 기관 내부 마찰로 생긴 금속가루는 엔진오일에 혼입될 수 있으나 유압유에는 혼입되지 않는다.

24 ▶ 유압장치
유압유 오일 필터의 오염여부는 연간(2,000시간) 점검사항이다.

25 ▶ 유압장치
유압유 공기유입 시 공동현상, 오일의 열화현상, 펌프 및 오일관의 숨 돌리기 현상(공기가 실린더에 혼입되면 피스톤의 작동이 불량해져서 작동시간의 지연을 초래하는 현상) 등이 발생할 수 있다.

26 ▶ 유압장치
축압기의 기능
- 충격 압력 흡수 · 유압에너지 축척 · 맥동 흡수 등

27 ▶ 유압장치
체크 밸브는 압력제어밸브가 아닌 방향 제어밸브이다.

28 ▶ 유압장치
유압모터는 유체의 유량에 따라 회전 운동(기계적 운동)을 하는 장치이다.

29 ▶ 유압장치
캐비테이션(공동현상)은 유압장치 내부의 국부적으로 압력이 낮아 소음과 진동이 발생하는 현상이다.

30 ▶ 유압장치
분사 펌프는 디젤엔진의 연료를 고압으로 형성하고 시동순서에 맞게 연료를 분사하는 펌프이다.

31 ▶ 산업안전
작업장치 회전반경 내 출입금지 조치는 안전사항을 지키는 항목이므로 재해발생을 예방하는 사항이다.

32 ▶ 기계, 기구, 공구 안전
공구를 던져 전달하는 행동은 금해야 한다.

33 ▶ 기계, 기구, 공구 안전
토크 렌치는 볼트와 너트를 규정 토크(회전력)으로 조이는 데 사용되는 측정 장비이다.

34 ▶ 안전관리
안전모 선택 시 알맞은 규격의 성능시험 합격품, 각종 위험으로부터 보호할 수 있는 안전모를 선택해야 한다. 가볍고 성능이 우수하며 머리에 꼭 맞는 것을 선택해야 하며, 안전모는 충격 흡수성이 좋아야 한다.

35 ▶ 안전관리
작업복은 재해로부터 작업자의 몸을 보호하기 위한 것이다.

36 ▶ 안전관리
- 중 작업용 - 중량이 큰 물체를 취급
- 보통 작업용 - 손으로 취급 작업 또는 차량사업장 취급
- 경 작업화 - 경량 물체 취급

37 ▶ 안전관리
보안경 착용은 비산하는 물질과 용접 시 발생하는 빛으로부터 눈을 보호하는 보호구의 일종이다.

38 ▶ 안전관리
벨트 점검은 기관 정지 상태에서 점검하는 것이 가장 안전하다.

39 ▶ 산업안전
산업재해의 직접적인 원인은 기계설비 등이 불안전한 상태에 있었거나, 작업자가 불안전한 행동을 범한 결과로 발생한 것이 대부분이다.

40 ▶ 안전관리
안전수칙은 위험이 생기거나 사고가 발생하지 않도록 행동이나 절차에서 지켜야 할 사항을 정한 규칙이다. 사고를 미연에 방지하고 줄이는 효과를 얻을 수 있기 때문에 기업의 신뢰도를 높여주고, 근로자의 이직률이 감소하며 상하 동료 간의 인간관계가 개선되는 효과가 있다.

41 ▶ 로더의 점검 및 장비구조
휠 형 로더는 최고 속도가 시속 15~30km 이하의 저속이며, 전륜 구동, 후륜 조향 방식으로 작동된다.

42 ▶ 로더의 점검 및 장비구조
스키드 스티어 로더(Skid steer loader)는 방향 전환 시 한쪽 바퀴는 전진하고 반대쪽 바퀴는 후진하여 제자리에서 360° 회전이 가능하다.

43 ▶ 전기장치
자기방전이란 배터리를 사용하지 않아도 조금씩 자연 방전하여 용량이 감소하는 현상을 말한다.

44 ▶ 로더의 점검 및 장비구조
쿠션 로더(Cushion loader): 건설기계, 특히 로더나 굴착기 등의 단점을 보완한 것으로 타이어에 트랙을 감아 승차감과 기동성을 향상시킨 형태의 로더이다.

45 ▶ 로더의 점검 및 장비구조
① 굴착기, ② 그레이더, ③ 기중기, ④ 로더

46 ▶ 유압장치
캐비테이션 현상 발생 시에는 국부적인 높은 압력과 소음과 진동이 발생하게 된다.

47 ▶ 로더의 점검 및 장비구조
킥아웃(Kick out) 장치는 붐이 원하는 위치까지 상승이 되면 자동으로 상승의 위치에서 유지 위치로 돌아가게 하는 장치로 작업 능률과 안정성을 기하는 장치이다.

48 ▶ 로더의 점검 및 장비구조
붐 리프트 레버(lift lever)는 상승, 유지, 하강, 부동의 4가지 위치로 작동된다.

49 ▶ 로더의 점검 및 장비구조
버킷 투스(bucket tooth)는 소모품이기 때문에 교환해서 사용해야 한다.

50 ▶ 전·후진 주행장치
브레이크 드럼 구비조건
- 정적, 동력 평형이 잡혀있을 것
- 충분한 강성이 있을 것
- 마찰면에 충분한 내마멸성이 있을 것
- 방열이 잘 될 것
- 무게가 가벼울 것

51 ▶ 기계, 기구, 공구 안전
연삭 칩의 비산을 막기 위하여 연삭기에 부착하여야 하는 안전 방호장치는 안전덮개이다.

52 ▶ 로더의 점검 및 장비구조
로더의 덤핑 리치(dumping reach)는 로더 장비가 버킷을 최대로 높이 올린 상태에서 버킷을 앞으로 기울였을 때, 버킷의 앞부분 끝단에서 장비 전면까지의 수평 거리를 말하며 덤핑 리치가 길어지면 적재 높이가 높아져 덤프 작업에 유리하게 된다.

53 ▶ 안전보호구
작업 상황에 따른 알맞은 작업복 착용은 재해로부터 작업자의 몸을 안전하게 보호하는 기능을 한다.

54 ▶ 안전관리
바닥에 물을 뿌리지 않는다.

55 ▶ 로더의 점검 및 장비구조
시동 전 기관의 출력은 확인하기 어렵다.

56 ▶ 기계, 기구, 공구 안전
잘 풀리지 않는 나사를 플라이어를 이용하여 강제로 빼면 나사 머리 부분이 변형되거나 파손될 수 있다.

57 ▶ 기계, 기구, 공구 안전
기계 및 기계장치가 넓은 장소에 설치되어 있는 것은 사고 발생의 원인이 아니다.

58 ▶ 안전보호구
액체약품 취급 시 비산물로부터 눈을 보호하기 위한 고글 보안경은 강한 바람이나 먼지, 물, 기타 이물질로부터 눈을 보호한다.

59 ▶ 안전표지
안전표지의 종류에는 금지표지, 경고표지, 지시 표지, 안내표지 등이 있다.

60 ▶ 도로교통법
'1 → '은 도로의 시작 지점을 의미한다.

로더운전기능사 필기

부록
핵심 압축 이론

부록

시험 전에 꼭 확인해야 할 마지막 핵심 이론

핵심 압축 이론

제1장 안전관리

1 산업재해의 원인

직접적 원인	개인의 불안전한 행동(가장 많은 재해발생), 불안정한 상태
간접적 원인	기술적 원인, 교육적 원인, 작업관리상 원인
불가항력	천재지변

2 사고 발생 순

불안전 행위 → 불안전 조건 → 불가항력

3 산업안전의 3요소

① 교육적 요소 ② 기술적 요소 ③ 관리적 요소

4 안전보호구의 구비조건

① 유해, 위험 요소로부터 충분한 보호 기능이 있어야 한다.
② 품질과 끝마무리가 양호해야 한다.
③ 착용이 간단하고 착용 후 작업하기가 편리해야 한다.
④ 겉모양과 표면이 매끈하고 외관상 양호해야 한다.
⑤ 보호성능 기준에 적합해야 한다.

5 보호구의 종류

[안전보호구]

6 안전·보건 표지의 사용 및 색채

색상	용도	사용
빨간색	금지	소화설비, 정지신호, 유해행위 금지
	경고	화학물질 취급 장소에서의 유해·위험을 경고
노란색	경고	화학물질 취급 장소에서의 유해·위험경고 이외의 위험경고, 주의표지 및 기계 방호물
파란색	지시	특정 행위의 지시 및 사실의 고지
녹색	안내	사람 또는 차량의 통행표지, 비상구 및 피난소
흰색		파란색 또는 녹색에 대한 보조색
검은색		문자 및 빨간색 또는 노란색에 대한 보조색
보라색		방사능 등의 표시에 사용

7 수공구 사용 시 주의사항

① 수공구 사용 전에 이상 유무를 확인한다.
② 작업자는 필요한 안전보호구를 착용한다.
③ 용도 이외의 수공구는 사용하지 않는다.
④ 사용 전에 공구에 묻은 기름 등은 닦아낸다.
⑤ 수공구 사용 후에는 정해진 장소에 보관한다.
⑥ 작업대 위에서 떨어지지 않도록 안전한 곳에 보관한다.
⑦ 예리한 공구 등을 주머니에 넣고 작업하지 않는다.
⑧ 공구를 던져서 전달하지 않는다.

8 장갑을 착용하지 않는 작업의 종류

① 드릴작업
② 정밀기계작업
③ 연삭작업
④ 해머작업

9 전기장치 및 작업의 안전사항

① 전기장치는 반드시 접지설비를 구비하여 감전 사고를 방지한다.
② 퓨즈의 교체는 반드시 규정 용량의 퓨즈를 사용한다.
③ 작업 중 정전이 되었을 경우에는 즉시 전원스위치를 끄고 퓨즈의 단선 여부를 점검한다.
④ 전기장치는 사용을 마친 후에는 스위치를 끄도록 한다.

⑤ 전기장치의 전류 점검 시, 전류계는 부하에 직렬로 접속해야 한다.
⑥ 전기장치의 배선 작업 시, 제일 먼저 축전지의 접지 단자를 제거해야 한다.
⑦ 전선이나 코드의 접속부는 절연물로 완전히 피복한다.
⑧ 전선의 연결부(접촉부)는 최대한 저항을 적게해야 한다.
⑨ 퓨즈를 교체했음에도 지속적으로 단선이 발생하는 경우, 과전류가 의심되므로 고장개소를 찾아 수리해야 한다.

10 화재분류

A급 화재	일반 가연물질 화재
B급 화재	(유류 화재) 물사용 금지
C급 화재	(전기 화재) 물사용 금지
D급 화재	(금속 화재) 물사용 금지

11 소화설비의 종류

분말	미세한 분말인 제1인산 암모늄 방사
물 분무	냉각효과로 화재를 진화
이산화탄소	질식소화방식, 유류 및 전기 감전 위험이 높은 전기 화재

12 연소의 3요소
① 가연물 ② 점화원 ③ 산소

제2장 로더의 점검 및 장비구조

13 로더의 제원(휠로더)

[휠 로더 제원 표시 방법]

표시	제원 의미
A	양쪽 타이어의 중심에서 중심까지의 거리
B	양쪽 타이어의 외측 넓이
C	전후 축 간의 거리
D	지면에서 버켓 힌지까지의 거리
E	지면에서 하부까지 최저 높이
F	전체 높이
G	전체 폭
H	덤핑 높이
I	최대 높이에서 뻗을 수 있는 거리
J	전체 높이, 버킷을 올렸을 때
K	전체 길이

14 로더의 종류

로더의 종류	휠 로더
	스키드 스티어 로더
	크롤러 로더
	백호 로더

15 무한궤도 로더와 휠 로더의 장단점 비교

구분	크롤러(무한궤도) 로더	휠 로더
장점	• 안정성 및 등반 능력 험지나 경사면에서도 안정적인 작업이 가능하며, 뛰어난 등반 능력 • 강력한 힘 굴착 작업 등 무거운 하중을 처리하는 데 유리 • 다양한 지형 적응력 험지, 진흙, 모래 등 다양한 지형에서 작업 가능	• 기동성 및 이동성 빠른 속도로 이동하며 넓은 작업 공간에서 효율적으로 작업 가능 • 적은 지면 손상 바퀴가 지면과 접촉하는 면적이 넓어, 지면 손상을 최소화 • 조작 편리성 크롤러 로더보다 조작이 간단하여 초보자도 쉽게 조작 가능 • 다양한 부착 장비 활용 굴착, 적재, 제설 등 다양한 작업에 부착 장비 활용 가능
단점	• 기동성 및 이동성 부족 휠 로더보다 이동 속도가 느리고, 장거리 이동에 불리 • 지면 손상 트랙이 지면과 접촉하는 면적이 좁아지면 손상이 발생할 가능성이 있음 • 조작 복잡성 휠 로더보다 조작이 복잡하여 숙련된 작업자가 필요	• 안정성 부족 험지나 경사면에서 불안정할 수 있음 • 등반 능력 부족 험지 등반 능력은 크롤러 로더보다 낮음 • 가격 크롤러 로더보다 비싼 가격

16 로더의 적하 방식별 분류

프런트 엔드형 (front end type)	• 전방에 부착된 버킷이나 기타 장비를 사용하여 자재를 들어올리고 운반하는 장비 • '프런트 로더' 또는 '프런트 엔드 로더'라고 불리고 때로는 '휠 로더'라고도 불림
사이드 덤프형 (Side dump type)	측면으로 덤프가 가능하여 협소한 공간에서의 작업 효율성을 높임
오버 헤드형 (Overhead type)	앞부분에서 굴착을 하여 장비 위를 넘어 후면에 덤프할 수 있는 장비로 터널공사 등에 유리함
스윙형 (Swing type)	• 프런트 엔드형과 오버헤드형이 조합된 것으로 앞, 뒤 양방향에 덤프 가능 • 측면으로 덤프가 가능하여 좁은 공간에서 작업 효율성이 높음

17 버킷 용도별 분류

일반 작업 버킷	굴착되어 쌓여 있는 작업대상물을 상차하는 데 사용
암석 작업 버킷	골재 현장에서 발파된 암석이나 비중이 높은 작업대상물을 상차하는 데 사용
다목적 버킷	다목적 버킷은 평탄 작업이나 이동 작업 등 여러 가지 작업 수행
사이드 덤프 버킷	터널이나 도로 작업과 같은 협소한 장소에서 작업 수행
석탄 및 톱밥 작업 버킷	눈이나 가축 사료와 같은 비교적 가벼운 비중(1.2t/m³ 이하)의 작업대상물을 상차하는 데 사용
원목 작업 버킷	주로 원목을 운반하는 작업 수행
포크	캐리지와 포크를 장착하여 지게차처럼 사용할 수 있는 작업장치
스켈리턴 버킷	강가에서 골재 채취 등에 적합하여 작은 골재, 물 등이 빠져나갈 수 있는 구조로 굴착된 골재와 암석 중 큰 것만 골라내는 작업에 용이
래크 블레이드 버킷	나무뿌리 뽑기, 제석, 제초 등 지반이 매우 딱딱한 땅의 굴착 등에 적합

18 붐과 버킷의 자주 사용되는 용어

킥아웃 (kick-out)	붐(boom) 상승, 버킷 덤프, 버킷 틸트 복귀 같은 동작을 반복 수행 시 조종사가 매번 레버를 조정할 필요 없이, 미리 위치를 지정해 두면 그 위치에 도달했을 때 유압이 자동으로 중립으로 돌아가며 동작을 멈추는 기능
버킷 투스 (bucket tooth)	• 휠 로더(Loader)의 버킷 투스(bucket tooth)는 버킷 앞단에 붙어 있는 날카로운 이빨 모양의 부품 • 버킷이 자재를 더 쉽게 파고들 수 있도록 도와주는 소모성 부품
덤핑 클리어런스 (dumping clearance)	• 휠 로더에서 덤핑 클리어런스(dumping clearance)는 버킷을 최대한 상승시켜 자재를 쏟아낼 때, 버킷 하단과 지면 사이의 수직 거리를 의미 • 덤핑 클리어런스가 적재 대상의 벽 높이보다 높아야 작업 효율이 높음
덤핑 리치 (dumping reach)	• 덤프 시, 버킷 끝단이 장비 전방에서 앞으로 나와 있는 거리 • 얼마나 멀리까지 붓는 가를 의미함 • 클리어런스와 함께 트럭 적재 가능 여부를 판단하는 중요한 지표

19 조종 레버와 작업장치 기능

① 레버 뒤로 당김 → 붐 상승(Boom Up)
② 레버 앞으로 밀기 → 붐 하강(Boom Down)
③ 플로트(Float) 위치(일부 레버에 존재): 조종 레버를 끝까지 밀면 붐이 유압 구속 없이 자유롭게 떠 있게 되며 도저 작업, 제설 작업 시 사용

20 조종(조이스틱, 원 레버) 레버와 작업장치 작동 방법

21 로더의 조향장치

구분	특징	장점	단점
관절식 조향	차체 중앙 부분이 관절처럼 움직여 좁은 공간에서 유연하게 회전 가능	좁은 공간에서의 기동성이 우수	상대적으로 복잡한 구조
전륜 조향	앞바퀴만 조향하는 방식	구조가 간단하고 유지보수가 용이	관절식에 비해 좁은 공간에서의 기동성이 떨어짐
후륜 조향	드물게 사용됨(구형·특수 모델에서 제한적으로 존재)	-	전륜 하중이 크고 회전반경이 넓어 실용성이 떨어짐
4륜 조향	앞바퀴와 뒷바퀴 모두 조향이 가능	좁은 공간에서 더욱 뛰어난 기동성을 제공	복잡한 구조와 비싼 가격
스키드 로더	좌우 바퀴의 회전 속도를 다르게 하여 조향하며 제자리 회전 가능	좁은 공간에서 매우 뛰어난 기동성	타이어 마모가 심하고, 관절식 로더에 비해 작은 작업 반경
콤팩트 트랙 로더	스키드 로더와 유사하지만, 고무 트랙을 장착한 장비로 궤도 형태를 지님	연약 지반에서의 우수한 작업성	궤도 파손 시 비싼 수리 비용

제3장 로더의 작업 방법

22 일반적인 로더의 주행 가능 경사도
① 오르막 경사도: 25°
② 내리막 경사도: 30°~35°
③ 옆(측면) 경사도: 10°~16°

23 안전운전실의 종류
① Rops cabin(전복 시 안전 운전실): 운전실 구조를 스틸강 구조물로 제작하여 장비가 전복되어도 운전원을 보호하는 시설
② Fops cabin(낙석으로부터 보호 운전실): 작업장 위에서 낙하물이 떨어져도 운전원을 보호하는 구조로 제작된 시설
③ 스틸 캐빈(Steel cabin): 일반 스틸 철판으로 제작하여 운전실을 밀폐하고 겨울과 여름에 히터와 에어컨을 장착하여 계기 장치와 운전원을 보호하는 시설
④ 원두막 운전실(Canopy): 동남아시아와 같은 열대 기후에 주로 사용하며 히터나 에어컨이 부착되지 않아 외부 먼지나 비바람으로부터 운전실 내부가 보호되지 않으며 가격이 저렴한 시설

24 I형(전진·후진법) 적재 작업
① 전진과 후진을 직선으로 반복하며 작업하는 방식이다. 도로 정비, 골재 운반, 흙막이 등 좁고 길게 늘어진 작업장에서 주로 사용된다.
② I자 형태로 앞·뒤(전진/후진) 직선 경로를 왕복하면서 작업하는 방식이며, 전진 시 적재 또는 정지 작업, 후진 시 원위치로 돌아오며 하역 또는 대기하는 방식이다.
③ 주로 좁은 작업장, 선형 구간(도로 등)에서 사용되는 방식이다.

25 V형(45° 상차법) 적재 작업
① 로더가 적재 지점과 덤프트럭 사이를 약 45° 각도로 반복 주행하면서 작업하는 방식이다.
② 로더는 V자 경로를 따라 전진하여 적재 → 회전하여 상차 → 다시 후진 또는 전진하여 적재 지점 복귀를 반복하여 작업한다.
③ 90° 이상 회전 시 불필요한 회전과 시간 낭비로 이어지며, 45°는 회전 반경과 이동 거리의 최적 타협점이라 생각되며 빠르고 연속적인 상차가 가능하다.
④ 덤프트럭을 흙더미 기준 약 45~60° 각도에 주차시키고, 로더는 전진하여 흙을 퍼낸 후 후진하면서 45° 방향으로 선회하여 트럭 옆면에 접근해 상차한다. 상차 후에는 다시 45° 방향으로 선회하여 흙더미 방향으로 전진 복귀한다.

26 L형(90° 회전법) 적재 작업
① 로더가 직선으로 전진하여 흙을 적재하고, 90도 방향으로 회전하여 트럭이 대기하고 있는 위치로 이동해 상차하는 방식이다.
② L자 형태의 경로를 따라 움직인다고 하여 'L형 상차 방식'이라 부른다.

③ 작업 공간이 넓고, 직선보다 회전이 필요한 구조에서 주로 사용된다.

27 T형 적재 작업
① 로더가 적재 지점에서 전진하여 흙을 퍼낸 뒤, 후진하여 중심선에 위치한 트럭에 정면으로 상차하는 방식이다.
② 작업장 배치가 적재 지점-로더-트럭이 T자 형태로 구성되는 상황에서 사용된다.
③ 협소한 장소에서 이용되며 I형과 V형에 비해 비교적 작업 효율이 떨어진다.

28 재료 운반 작업
① 무거운 하중 상태에서는 반드시 저속 주행을 유지하며 운반거리는 약 50~150m 이내가 적당하다.
② 버킷을 지면에서 약 40~50cm 높이 정도로 하여 무게중심을 하단으로 유지한다.
③ 급가속, 급제동, 급회전은 자재 쏟음 및 장비 전복 위험이 있으니 주의한다.
④ 진흙, 모래, 눈, 경사 구간 등에서는 미끄러울 수 있으니 주의한다.
⑤ 전방 시야 및 주변 인원, 장애물을 수시로 확인한다.

29 메우기 작업
① 메우기 작업 전 작업 부위의 지반 상태를 반드시 점검하고 너무 습하거나 연약한 지반은 별도 보강 후 작업한다.
② 작업 대상에 맞는 재료를 사용하고 재료 내 이물질을 제거한다.(과도한 수분 함유된 재료는 피한다.)
③ 과적 및 불균형 적재를 금지한다.
④ 안전한 작업 속도 유지하며 급가속, 급정지 급회전을 금지한다.
⑤ 작업 공간 내 안전거리를 확보하고, 작업 중 주변 인원 접근 금지 및 신호체계를 확립하며, 충분한 회전 공간을 확보한다.
⑥ 재료 투입 시 버킷을 과도하게 높이 들지 않아야 하며, 흙을 고를 때는 천천히 밀면서 균등하게 편다.
⑦ 메우기 작업 후 흘러내린 흙, 자갈 등을 제거하고 다짐 상태를 점검한다.

30 평탄 작업
① 로더의 버킷을 이용해 고르게 정리하는 작업을 말한다.
② 버킷으로 재료를 밀며 '전진 → 후진(고르기 작업은 후진 시에 작업) → 좌우 이동'을 반복 수행한다.
③ 빠르게 작업하면 평탄도가 떨어지므로 반드시 저속으로 작업한다.
④ 버킷을 지면 가까이 낮게 유지하며 지면을 긁듯이 작업한다.

제4장 건설기계관리법 및 도로교통법

31 도로교통법 용어

용어	정의
도로	도로교통법상 도로 • 「유료도로법」에 따른 유료 도로 • 「도로법」에 따른 도로 • 「농어촌도로 정비법」에 따른 도로 • 차마의 통행을 위한 도로
고속도로	자동차의 고속운행에만 사용하기 위하여 지정된 도로
자동차 전용도로	자동차만 다닐 수 있도록 설치된 도로
긴급 자동차	소방차, 구급차, 혈액공급차량 그밖에 대통령령으로 정하는 자동차(긴급자동차는 긴급 용무 중일 때만 우선권과 특례의 적용을 받는다.)
정차	운전자가 5분을 초과하지 아니하고 차를 정지시키는 것으로서 주차 외의 정지상태
안전지대	도로를 횡단하는 보행자나 통행하는 차마의 안전을 위하여 안전표지나 이와 비슷한 인공구조물로 표시한 도로의 부분
어린이	13세 미만인 사람
안전표지	교통안전에 필요한 주의·규제·지시 등을 표시하는 표지판이나 도로의 바닥에 표시하는 기호·문자 또는 선 등
서행	운전자가 차 또는 노면전차를 즉시 정지시킬 수 있는 정도의 느린 속도로 진행하는 것

32 차로에 따른 통행차의 기준

도로	차로구분	통행할 수 있는 차종
고속도로 외 도로	왼쪽차로	승용자동차 및 경형·소형·중형 승합자동차
	오른쪽차로	건설기계·화물·특수·대형승합·이륜자동차 및 원동기장치자전거
고속도로	편도 2차로 / 1차로	• 앞지르기를 하려는 모든 자동차 • 도로상황이 시속 80km 미만으로 통행할 수밖에 없는 경우에는 통행 가능
	편도 2차로 / 2차로	모든 자동차(건설 기계 포함)
	편도 3차로 이상 / 1차로	• 앞지르기를 하려는 승용·경형·소형·중형 승합자동차 • 도로상황이 시속 80km 미만으로 통행할 수밖에 없는 경우에는 통행 가능
	편도 3차로 이상 / 왼쪽차로	승용자동차 및 경형·소형·중형 승합자동차
	편도 3차로 이상 / 오른쪽차로	건설기계 및 화물, 대형 승합, 특수자동차

33 통행 우선순위

① 긴급자동차
② 긴급자동차 이외 차량
③ 원동기장치자전거
④ 자동차 및 원동기장치자전거 이외 차마

34 이상 기후에서의 운행 속도

도로의 상태	감속운행속도
• 비가 내려 노면에 습기가 있는 때 • 눈이 20mm 미만 쌓인 때	최고속도의 20/100
• 폭우·폭설·안개 등으로 가시거리가 100m 이내인 때 • 노면이 얼어붙는 때 • 눈이 20mm 이상 쌓인 때	최고속도의 50/100

35 앞지르기 금지 장소

① 교차로, 터널, 다리 위
② 급경사의 내리막
③ 경사로 정상 부근

36 도로의 주정차 금지장소

주정차 금지 장소	① 안전지대의 사방으로부터 각각 10m이내 ② 건널목의 가장자리 또는 횡단보도로부터 10m 이내 ③ 버스 정류지임을 표시하는 기둥이나 표지판 또는 선이 설치된 곳으로부터 10m 이내 ④ 교차로의 가장자리나 도로의 모퉁이로부터 5m 이내 ⑤ 소방용수시설 또는 비상 소화장치가 설치된 곳으로부터 5m 이내 ⑥ 지방 경찰청장이 필요하다고 인정하여 지정한 곳 ⑦ 교차로, 횡단보도, 건널목이나 보도와 차도가 구분된 도로의 보도
주차 금지 장소	① 터널 안 및 다리 위 ② 도로공사를 하고 있는 경우에는 그 공사 구역의 양쪽 가장자리로부터 5m 이내 ③ 다중이용업소의 영업장이 속한 건축물로, 소방본부장의 요청에 의하여 시·도 경찰청장이 지정한 곳으로부터 5m 이내

37 건설기계관리법의 목적

건설기계를 효율적으로 관리하고 건설기계의 안전도를 확보하여 건설공사의 기계화를 촉진함

38 건설기계 용어 정리

용어	정의
건설기계 대여업	건설기계 대여를 업으로 하는 것
건설기계 정비업	건설기계를 분해, 조립, 수리하고 그 부분품을 가공, 제작, 교체하는 등 건설기계를 원활하게 사용하기 위한 모든 행위를 업으로 하는 것
건설기계 매매업	중고건설기계의 매매 또는 그 매매의 알선과 그에 따른 등록사항에 관한 변경신고의 대행을 업으로 하는 것
건설기계 해체 재활용업	폐기 요청된 건설기계의 인수(引受), 재사용 가능한 부품의 회수, 폐기 및 그 등록말소 신청의 대행을 업으로 하는 것
건설기계 형식	건설기계의 구조, 규격 및 성능 등에 관하여 일정하게 정하는 것

39 건설기계 등록

건설기계를 취득한 날부터 2월(60일) 이내에 소유자의 주소지 또는 건설기계 사용본거지 관할 시·도지사에게 할 것

상속의 경우 상속 개시일부터 3개월, 전시, 사변 기타 이에 준하는 국가 비상 상태 하에 있어서는 5일 이내

40 건설기계 등록 시 첨부 서류
① 건설기계의 출처를 증명하는 서류(건설기계 제작증, 수입면장, 매수증서)
② 건설기계의 소유자임을 증명하는 서류
③ 건설기계제원표
④ 자동차손해배상보장법에 따른 보험 또는 공제의 가입을 증명하는 서류

41 등록변경 신고
건설기계 등록사항에 변경이 있을 때(전시, 사변 기타 이에 준하는 비상사태 및 상속 시의 경우는 제외)에는 등록사항의 변경신고를 변경이 있는 날부터 30일 이내에 할 것

42 건설기계 등록말소 사유
① 거짓이나 그 밖의 부정한 방법으로 등록을 한 경우
② 건설기계가 천재지변 또는 이에 준하는 사고 등으로 사용할 수 없게 되거나 멸실된 경우
③ 건설기계의 차대(車臺)가 등록 시의 차대와 다른 경우
④ 건설기계안전기준에 적합하지 아니하게 된 경우
⑤ 최고(催告)를 받고 지정된 기한까지 정기검사를 받지 아니한 경우
⑥ 건설기계를 수출하는 경우
⑦ 건설기계를 도난당한 경우
⑧ 건설기계를 폐기한 경우
⑨ 건설기계 해체 재활용 업을 등록한 자에게 폐기를 요청한 경우
⑩ 구조적 제작 결함 등으로 건설기계를 제작자 또는 판매자에게 반품한 경우
⑪ 건설기계를 교육·연구 목적으로 사용하는 경우
⑫ 대통령령으로 정하는 내구연한을 초과한 건설기계. 다만, 정밀진단을 받아 연장된 경우는 그 연장기간을 초과한 건설기계

43 등록번호표 용도에 따른 색

비사업용	자가용	흰색 판에 검은색 문자
	관용	흰색 판에 검은색 문자
사업용	영업용	주황색 판에 흰색 문자
임시운행		흰색 판에 검은색 문자

44 기종별 기호표시

구분	색상	구분	색상
01	불도저	06	덤프트럭
02	굴착기	07	기중기
03	로더	08	모터 그레이더
04	지게차	09	롤러
05	스크레이퍼	10	노상 안정기

45 특별표지 부착대상 건설기계
① 길이가 16.7m를 초과하는 경우
② 너비가 2.5m를 초과하는 경우
③ 최소회전반경이 12m를 초과하는 경우
④ 높이가 4.0m를 초과하는 경우
⑤ 총중량이 40톤을 초과하는 경우
⑥ 총중량에서 축하중이 10톤을 초과하는 경우

46 등록번호표 반납
① 건설기계의 등록이 말소된 경우
② 건설기계 등록 사항 중 대통령령으로 정하는 사항이 변경된 경우
③ 등록번호표 또는 그 봉인이 떨어지거나 식별이 어려운 때 등록번호표의 부착 및 봉인을 신청한 경우
④ 반납 사유가 발생한 날로부터 10일 이내에 시·도지사에게 반납

47 임시운행의 요건
① 등록신청을 위한 등록지로 운행
② 신규 등록검사 및 확인검사를 받기 위하여 건설기계를 검사장소로 운행
③ 수출을 위한 선적지 운행
④ 수출을 위한 등록말소 한 건설기계의 점검·정비의 목적으로 운행
⑤ 신개발 시험·연구의 목적으로 운행
⑥ 판매 또는 전시를 위한 일시적으로 운행
⑦ 임시운행기간 15일 이내, 시험연구목적 3년 이내

48 건설기계검사 종류

신규등록검사	신규로 등록 시
정기검사	검사유효기간이 끝난 후 지속적으로 운행하려는 경우
구조변경검사	구조 변경 또는 개조한 경우
수시검사	성능이 불량하거나 사고 발생이 잦은 경우

49 정기검사 대상 건설기계 유효기간

기종		연식	검사유효기간
굴착기	타이어식	–	1년
로더	타이어식	20년 이하	2년
		20년 초과	1년
지게차	1톤 이상	20년 이하	2년
		20년 초과	1년
덤프트럭	–	20년 이하	1년
		20년 초과	6개월
기중기	–	–	1년
모터그레이더	–	20년 이하	2년
		20년 초과	1년
콘크리트 믹서트럭	–	20년 이하	1년
		20년 초과	6개월
콘크리트펌프	트럭적재식	20년 이하	1년
		20년 초과	6개월
아스팔트살포기	–	–	1년
천공기	–	–	1년

50 출장 검사가 가능한 경우
① 도서지역에 있는 경우
② 자체중량이 40t을 초과하거나 축중이 10t을 초과하는 경우
③ 너비가 2.5m를 초과하는 경우
④ 최고속도가 시간당 35km 미만인 경우

51 건설기계 사업의 종류

건설기계 대여업	건설기계 대여를 업으로 하는 것을 말한다.
건설기계 정비업	건설기계를 분해, 조립, 수리하고 그 부분품을 가공, 제작, 교체하는 등 건설기계를 원활하게 사용하기 위한 모든 행위를 업으로 하는 것 ① 종합건설기계 정비업 ② 부분건설기계 정비업 ③ 전문건설기계 정비업
건설기계 매매업	중고건설기계의 매매 또는 그 매매의 알선과 그에 따른 등록사항에 관한 변경신고의 대행을 업으로 하는 것
건설기계 폐기업	국토교통부령으로 정하는 건설기계 장치를 그 성능을 유지할 수 없도록 해체하거나 압축, 파쇄, 절단 또는 용해를 업으로 하는 것

52 제1종 대형면허로 조종 가능한 건설기계
① 덤프트럭, 아스팔트살포기, 노상안정기
② 콘크리트믹서트럭, 콘크리트펌프, 천공기(트럭적재식을 말한다.)
③ 특수건설기계 중 국토교통부장관의 지정 건설기계

53 조종사 면허 결격사유
① 18세 미만인 사람
② 건설기계 조종 상의 위험과 장해를 일으킬 수 있는 정신질환자 또는 뇌전증 환자
③ 앞을 보지 못하는 사람, 듣지 못하는 사람
④ 마약, 대마, 향정신성 의약품 또는 알코올 중독자

54 조종사 면허 반납 사유
① 건설기계 면허가 취소된 때
② 건설기계 면허의 효력이 정지된 때
③ 면허증의 재교부를 받은 후 잃어버린 면허증을 발견한 때에는 사유가 발생한 날부터 10일 이내에 시장, 군수, 구청장에게 면허증을 반납

55 건설기계관리법상 벌칙
① 2년 이하의 징역 또는 2천만원 이하의 벌금
  • 등록되지 아니한 건설기계를 사용하거나 운행한 자
  • 등록이 말소된 건설기계를 사용하거나 운행한 자
  • 시·도지사의 지정을 받지 아니하고 등록번호표를 제작하거나 등록번호를 새긴 자
② 1년 이하의 징역 또는 1천만원 이하의 벌금
  • 거짓이나 그 밖의 부정한 방법으로 등록을 한 자
  • 등록번호를 지워 없애거나 그 식별을 곤란하게 한 자
  • 구조변경검사 또는 수시검사를 받지 아니한 자
  • 정비명령을 이행하지 아니한 자
③ 300만원 이하의 과태료 부과
  • 등록번호표를 부착하지 아니하거나 봉인하지 아니한 건설기계를 운행한 자
  • 정기검사를 받지 아니한 자
  • 건설기계임대차 등에 관한 계약서를 작성하지 아니한 자
④ 100만원 이하의 과태료 부과
  • 등록번호표를 부착·봉인하지 아니하거나 등록번호를 새기지 아니한 자

- 등록번호표를 가리거나 훼손하여 알아보기 곤란하게 한 자 또는 그러한 건설기계를 운행한 자
- 건설기계안전기준에 적합하지 아니한 건설기계를 사용하거나 운행한 자 또는 사용하게 하거나 운행하게 한 자

⑤ 50만원 이하의 과태료 부과
- 임시번호표를 붙이지 아니하고 운행한 자
- 등록의 말소를 신청하지 아니한 자
- 변경신고를 하지 아니하거나 거짓으로 변경신고한 자

제5장 엔진구조

56 기관(엔진)
① 열에너지를 기계적 에너지로 바꾸는 장치
② rpm(Revolution Per Minute): 분당회전수

57 디젤기관의 장·단점
건설기계에 사용되는 엔진은 주로 디젤기관

디젤기관의 장점	디젤기관의 단점
• 연료소비율이 적다. • 인화점이 높아 화재의 위험이 적다. • 전기점화장치가 없어 고장률이 적당하다. • 유해 배기가스 배출량이 적다.	• 압축압력, 폭발압력이 커서 마력당 중량이 크다(무겁다). • 소음 및 진동이 크다. • 제작비가 비싸다. • 압축착화방식을 이용하기 때문에 겨울철에는 시동보조 장치인 예열플러그가 필요하다.

58 4행정 사이클의 의미와 행정 순서
4행정 사이클: 크랭크축 2회전에 '흡입 – 압축 – 폭발 – 배기'의 행정 순으로 4행정에 1사이클을 완성하는 기관

59 엔진 용어 정리

※ 시험에 자주 출제되는 엔진 용어정리
① 블로다운: 배기행정 초기에 배기가스의 잔압을 이용하여 배기가스가 배출되는 현상
② 블로바이가스: 피스톤과 실린더 사이의 간극 과대로 압축 시 미연소가스가 새는 현상
③ 상사점(TDC: Top Dead Center): 피스톤의 위치가 가장 높은 곳에 위치한 상태
④ 하사점(BDC: Bottom Dead Center): 피스톤의 위치가 가장 아래에 위치한 상태
⑤ 행정(Stroke): 상사점과 하사점의 거리
⑥ 밸브오버랩(Valve over lap): 흡배기밸브가 동시에 열려 있는 구간이며 흡배기 효율을 높여 엔진의 출력을 증가시킬 목적으로 밸브오버랩을 둔다.

60 실린더 헤드
주철과 알루미늄 합금으로 제작되며, 헤드가스켓을 사이에 두고 실린더 블록에 볼트로 설치되며, 피스톤, 실린더와 함께 연소실을 형성하고 있으며 흡배기 밸브를 구동하기 위한 캠축, 캠, 로커암 등이 설치되어 있다.

※ 실린더 헤드 탈부착 시 주의사항
① 실린더 헤드 볼트를 풀 때: 바깥쪽에서 안쪽으로 대각선 방향으로 푼다.
② 실린더 헤드 볼트를 조일 때: 안쪽에서 바깥쪽으로 대각선 방향으로 조인다(실린더 헤드의 변형 방지를 위해 위와 같은 방법으로 풀거나 조여야 한다).
③ 마지막 조임 시에는 볼트의 규정토크로 조이기 위해 토크렌치를 사용하여 조인다.

61 실린더 블록(cylinder block)
위쪽은 실린더 헤드가 부착되고 가운데는 실린더, 냉각수 통로, 오일 통로와 엔진의 각 부속품이 부착되어 있으며 아래쪽은 오일 팬이 설치되어 있다.

장행정기관	실린더내경 < 행정길이
단행정기관	실린더내경 > 행정길이
정방행정기관	실린더내경 = 행정길이

62 피스톤(Piston)
① 실린더 내에서 왕복 운동하며 흡입 공기를 압축한다.
② 폭발행정 압력으로 발생한 동력을 크랭크축에 전달하여 크랭크축을 회전 운동시킨다.

63 피스톤 링(Piston Ring)의 3대 작용
① 밀봉 작용: 실린더 벽과 윤활유를 사이에 두고 압축 압력이 새지 않도록 방지한다.
② 오일제어 작용: 피스톤 상승 시 링으로 실린더 벽에 윤활하고, 하강 시 그 오일을 긁어내린다.

③ 열전도(냉각) 작용: 피스톤 헤드부의 열을 실린더 벽으로 전달하여 냉각시킨다.

64 크랭크축의 구조
피스톤의 왕복운동을 회전운동으로 변환시켜 주는 축을 말한다.

[크랭크축 구조]

65 기계식 리프터와 유압식 밸브 리프터
기계식 리프트 방식은 밸브의 간극을 조정해야 하지만, 유압식리프트 방식은 밸브간극을 조정할 필요가 없으므로 유압식은 밸브간극 "0"이 된다.

66 밸브 간극

밸브 간극이 클 때의 영향	밸브 간극이 작을 때의 영향
흡·배기 밸브가 완전히 열리지 못하여 엔진 출력이 감소되며, 배기가스 배출이 증가하고 밸브에 충격과 소음이 발생한다.	흡·배기 밸브가 확실히 닫히지 못하여 엔진 출력이 감소되며, 역화나 후화 등의 이상연소가 발생한다.

67 디젤기관(연료장치) 연료공급 순서
연료탱크 → 공급펌프 → 연료필터(연료 여과기) → 분사펌프 → 분사 노즐

68 디젤 노킹 발생 원인
① 압축비가 너무 낮은 경우
② 착화 지연 기간이 길거나 착화 온도가 너무 높을 경우
③ 실린더 벽 온도나 흡입공기 온도가 낮은 경우
④ 엔진 회전속도가 너무 느린 경우
⑤ 연료의 분사량이 많거나 분사 시기가 너무 늦은 경우
⑥ 디젤 연료가 원인인 경우: 세탄가가 낮은 연료를 사용

69 CRDI 디젤 기관의 구성
① 저압 펌프: 흡입된 연료의 양과 압력이 조절되어 압송한다.
② 커먼레일(Common Rail): 고압펌프로부터 공급받은 고압 연료를 저장하고 인젝터에 분배
③ 연료압력 센서(Fuel Pressure Sensor): 커먼레일에 장착되어 있으며 연료압력을 감지하여 연료 분사량과 분사시기를 제어한다.
④ 연료온도 센서: 연료의 온도에 따라 연료량을 증감시키는 보정 신호로 사용한다.
⑤ 압력제어 밸브: 커먼레일에 공급되는 유량으로 압력을 제어하며, 고압펌프에 장착
⑥ 인젝터(Injector): 고압의 연료를 연소실에 분사한다.

70 연료탱크에 연료를 가득 채우는 이유
연료의 기포방지 및 공기 중의 수분이 응축되어 물이 생성되는 것을 방지하고 다음 작업의 준비를 위해 작업 후 연료를 가득 채워둔다.

71 윤활유의 작용
① 감마작용(마찰 및 마모방지)
② 밀봉(기밀)작용
③ 냉각작용
④ 세척작용
⑤ 방청작용
⑥ 응력 분산작용

72 윤활유의 구비조건
① 적당한 점도를 가질 것
② 청정성이 양호할 것
③ 적당한 비중을 가질 것
④ 인화점 및 발화점이 높을 것
⑤ 기포발생이 적을 것
⑥ 카본생성이 적을 것

73 오일 점검 방법
① 차량을 수평 상태로 두고, 시동을 끈 상태에서 오일 레벨 게이지가 Full선에 있는지 확인한다.
② 오일 부족 시 오일을 보충하고, 오일의 점도 및 오염도를 점검한다.

74 유압이 높아지는 원인
① 윤활유의 점도가 높은 경우
② 윤활 회로가 막힌 경우
③ 유압조절밸브의 스프링 장력이 클 때
④ 오일의 점도가 높은 경우

75 유압이 낮아지는 원인
① 베어링의 오일 간극이 클 경우
② 오일펌프가 마모 또는 오일이 누출될 때
③ 오일의 양이 적을 경우
④ 유압조절밸브 스프링의 장력이 작거나 절손될 때
⑤ 윤활유의 점도가 낮을 경우

76 냉각 장치
① 엔진이 정상적으로 작동할 수 있는 온도인 80~90℃가 유지될 수 있도록 과냉 및 과열을 방지하는 장치이다.
② 냉각 방식에 따라 공랭식과 수냉식이 있다.

[냉각장치 구조]

77 수온조절기(Thermostat)
엔진 냉각수의 온도를 항상 일정하게 유지하기 위해 실린더 헤드와 라디에이터 사이에 설치되어 물의 흐름을 제어하는 장치이다.
① 펠릿형: 내부에 왁스와 고무가 봉입된 형태
② 벨로즈형: 내부에 에테르나 알코올이 봉입된 형태

78 압력식 캡(라디에이터 캡)
냉각 계통의 압력을 일정하게 유지하여 비등점을 112℃로 상승시켜 냉각 효율을 높이는 장치이다. 압력 밸브 및 압력 스프링, 진공 밸브로 구성되어 있다.

79 라디에이터
뜨거워진 냉각수가 라디에이터로 유입되어 수관으로 흐르는 동안 자동차의 주행속도와 냉각팬에 의하여 유입되는 대기와의 열 교환이 냉각핀에서 이루어져 냉각된다.

80 과열 원인
① 냉각수 부족
② 라디에이터 압력 캡의 스프링 장력 약화
③ 냉각팬 모터 또는 스위치 및 릴레이 고장
④ 물펌프 불량, 팬벨트의 장력 부족 및 파손
⑤ 라디에이터의 코어 막힘 또는 파손
⑥ 수온조절기의 닫힘 고장
▶ 냉각수: 냉각수로 증류수, 수돗물, 빗물 등이 사용된다.

81 공기청정기 종류

건식 공기청정기	여과망으로 여과지 또는 여과포를 사용하여 작은 이물질과 입자도 여과 가능하다.
원심식 공기청정기	흡입 공기의 원심력으로 먼지를 분리하고, 정제된 공기를 건식 공기청정기에 공급한다.
습식 공기청정기	케이스 밑에 오일이 들어있기 때문에 공기가 오일에 접촉하면서 먼지 또는 오물이 여과된다.

82 연소상태에 따른 배기가스 색의 종류

농후한 혼합기	검은색
희박한 혼합기	엷은 자색
오일의 연소	백색
정상 연소	무색 또는 담청색

83 배기장치(배기관 및 소음기)
① 배기가스가 배출될 때 발생하는 소음을 줄이고 유해 물질을 정화한다.
② 소음기에 카본 퇴적으로 엔진이 과열될 경우 출력이 떨어진다.
③ 소음기가 손상되어 구멍이 생기면 배기음이 커진다.

84 과급기(터보차저)
기관의 흡입공기량을 증가시키기 위한 장치이다.
① 흡기관과 배기관사이에 설치되어 엔진의 실린더 내에 공기를 압축하여 공급한다.
② 과급기를 설치하면 엔진의 중량은 10~15% 정도 증가되고, 출력은 35~45% 정도 증가한다.

③ 구조가 간단하고 설치가 간단하다.
④ 연소상태가 양호하기 때문에 비교적 질이 낮은 연료를 사용할 수 있다.
⑤ 연소상태가 좋아지므로 압축온도 상승에 따라 착화지연기간이 짧아진다.
⑥ 동일 배기량에서 출력이 증가하고, 연료소비율이 감소한다.
⑦ 냉각손실이 적으며, 높은 지대에서도 엔진의 출력 변화가 적다.

제6장 전기장치

85 전류의 3대 작용
① 발열작용: 전기 히터, 전구, 예열 플러그 등
② 자기작용: 전동기, 발전기 등
③ 화학작용: 축전지, 전기도금 등

86 옴(Ohm)의 법칙
- 전압(V) = 전류(I) × 저항(R)
- 저항(R) = $\dfrac{전압(V)}{전류(I)}$

87 직렬접속
여러 저항을 직렬로 접속하면 합성저항은 각 저항의 합과 같다.

$R = R_1 + R_2 + R_3 \cdots + R_n$

88 병렬접속
저항 R_1, R_2, R_3, R_n을 병렬로 접속하면 합성저항은 다음과 같다.

$\dfrac{1}{R} = \dfrac{1}{R_1} + \dfrac{1}{R_2} + \dfrac{1}{R_3} + \cdots\cdots + \dfrac{1}{R_n}$

89 플레밍의 법칙

구분	정의	적용
플레밍의 왼손 법칙	도선이 받는 힘의 방향을 정하는 규칙	전동기의 원리
플레밍의 오른손 법칙	유도 기전력 또는 유도 전류의 방향을 정하는 규칙	발전기의 원리

90 축전기의 기능
축전지는 기동 전동기의 전기적 부하와 점등장치, 그밖에 다른 장치 등에 전원을 공급해주기 위해 사용한다.

91 축전지의 구조
① 극판: 과산화납으로 된 양(+)극판, 해면상납으로 된 음(−)극판이 있다.
② 격리판: 극판 사이에서 단락을 방지하기 위한 장치
③ 터미널: 연결 단자
④ 셀 커넥터: 축전지 내의 각각 단전지를 직렬로 접속하기 위한 장치
⑤ 전해액: 양(+)극판 및 음(−)극판의 작용 물질과 화학 작용을 일으키는 물질이다. 묽은 황산을 사용하며, 전해액 비중에 따라 완전충전 상태와 반충전 상태로 나뉜다.

92 축전지 자기방전
자기방전이란 배터리를 사용하지 않아도 스스로 방전되는 것을 말하며 온도와 비중에 비례해서 자기방전율이 높아진다.
▶ 자기방전의 원인: 전해액에 포함된 불순물이 국부전지를 형성하거나 탈락한 극판 작용물질이 축전지 내부에 축적되어 형성이되, 표면의 먼지 등에 의해 (+)극판과 (−)극판에 전기 회로를 형성하기 때문에 발생한다.

93 기동전동기 원리
기동전동기의 원리는 전기에너지를 운동에너지로 변화시키는 플레밍의 왼손법칙을 이용한 것이다.

직권식 전동기	계자 코일과 전기자 코일이 직렬로 접속된 형식이며, 기동력이 크지만 회전 속도의 변화가 심한 것이 단점이다.
분권식 전동기	계자 코일과 전기자 코일이 병렬로 접속된 형식이며, 회전 속도는 일정하지만 회전력이 약한 것이 단점이다.
복권식 전동기	계자 코일과 전기자 코일이 직렬과 병렬의 혼합으로 접속된 형식이며, 회전속도가 일정하고 회전력이 크지만 구조가 복잡한 것이 단점이다.

94 기동전동기의 회전이 느린 경우
① 축전지 불량
② 축전지 케이블의 접속 불량
③ 브러시의 마모 및 접촉 불량
④ 전기자 코일의 접지 불량

95 기동전동기가 회전하지 못하는 경우
① 축전지의 완전 방전
② 솔레노이드 스위치 불량
③ 전기자 코일 및 계자코일의 단선
④ 브러시와 정류자의 접촉 불량

96 충전장치 기능
① 자동차 시동 시 방전된 배터리를 충전한다.
② 주행 시 자동차에 필요한 전력을 공급한다.
③ 발전기와 레귤레이터 등으로 구성된다.
④ 발전기는 플레밍의 오른손 법칙 및 렌츠의 법칙 원리를 따른다.

97 발전기가 충전되지 않는 원인
① 다이오드의 단선 및 단락
② 전압 조정기의 불량
③ 스테이터 코일 또는 로터 코일의 단선
④ 발전기가 충전되지 않으면 계기판의 충전 경고등이 점등된다.

98 교류발전기의 구조

로터	양 철심 안쪽에 코일이 감겨 있고, 풀리에 의해 회전하는 부분이다. 슬립링으로 공급된 전류로 코일이 자기장을 형성할 때 전자석이 된다.
스테이터	3개 코일이 철심에 고정되는 부분이다. 3개의 코일인 스테이터 코일이 로터 철심의 자기장을 자르며 교류가 발생한다.
정류 다이오드	스테이터 코일에 발생된 교류 전기를 정류하여 직류로 변환시키는 장치로, 발전기로 전류가 역류하는 것을 방지한다.
슬립링	슬립링은 브러시와 접촉되어 회전하는 로터코일에 전류를 공하는 접촉링을 말한다.
브러시	슬립링에 접속하여 로터코일에 전류를 공급하는 기능을 한다.
전압 조정기	로터코일에 공급되는 전류를 제어하여 엔진의 회전수에 관계없이 발전기의 출력 전압이 13.5V~14.5V로 일정하게 유지되도록 하는 발전기 내의 전자 회로이다.
히트 싱트 (Heat sink)	실리콘 다이오드가 정류작용 시 발생되는 열을 외부로 방출하기 위한 방열판으로 방열판에 다이오드가 붙어 있다.

99 예열 플러그의 종류

코일형 예열플러그	가열코일이 노출되어 예열시간이 짧고 코일 저항이 작아 직렬연결로 사용하고 외부에 저항을 연결하여 사용한다.
시일드형 예열플러그	가열코일이 금속 튜브 속에 있으며 병렬연결로 사용하기 때문에 하나가 단선되어도 다른 예열플러그는 작동 가능하다.

100 전조등의 종류
① 세미 실드식(semi-sealed type): 렌즈와 반사경은 일체형이며 전구만 독립되어 분리가 가능하여 편리하지만 반사경이 흐려져 빛이 어두워지는 단점이 있다.
② 실드식(sealed type): 렌즈, 반사경, 필라멘트가 모두 일체형이며 내부는 진공으로 알곤, 질소 등의 불활성 가스를 넣어 밝기가 밝고 반사경이 어두워지는 것을 방지할 수 있으나 필라멘트가 단선이 되면 전구 전체를 교환해야 하는 단점이 있다.

101 방향지시등
• 좌우 점멸 횟수가 다르고 한 쪽이 작동되지 않는 경우
• 좌·우 전구의 용량이 다른 경우
• 접지 불량인 경우
• 한쪽 전구의 단선인 경우

제7장 전·후진 주행장치

102 동력전달 순서
피스톤 → 토크 컨버터 또는 클러치 → 변속기 → 드라이브 라인 → 종감속 장치 및 차동장치 → 액슬축 → 바퀴

103 클러치의 필요성
① 엔진 시동 시 무부하 상태를 위해 동력을 차단한다.
② 변속 시 기관 동력을 차단한다.
③ 관성운전을 가능하게 한다.

104 클러치가 미끄러지는 원인
① 클러치의 자유간극이 작은 경우(자유간극이 크면 클러치의 차단 불량)
② 클러치판에 오일이 부착된 경우

③ 클러치판이나 압력판의 마멸
④ 클러치 압력판의 스프링 장력이 약화된 경우

105 클러치의 자유 간극
① 정의: 클러치 페달을 밟았을 때 릴리스 베어링이 릴리스 레버에 닿을 때까지 페달이 움직인 거리를 말한다.
② 기능: 클러치의 미끄러짐을 방지하고, 클러치의 동력차단 기능을 원활하게 하여 변속 시 기어의 물림을 좋게 한다.

자유간극이 클 때	자유간극이 작을 때
클러치가 잘 끊어지지 않고, 변속이 잘 안 됨	클러치의 소음발생, 클러치 미끄럼 발생

106 변속기의 필요성
① 기관의 회전력을 증가시키기 위해
② 기관을 무부하 상태로 만들기 위해
③ 후진을 하기 위해

107 토크컨버터의 구성

펌프	크랭크축에 연결되어 회전한다.
스테이터	오일이 흐르는 방향을 바꾸어 회전력을 증가시킨다.
터빈	변속기 입력축의 스플라인에 결합한다.
가이드링	유체 클러치의 와류를 감소시킨다.

108 드라이브 라인(Drive Line)
변속기에서 나오는 동력을 바퀴까지 전달하는 추진축이다.

자재 이음	두 개의 축 각도에 유연성을 주는 장치이며, 축이 특정 각도로 교차할 때 자유롭게 동력을 전달하기 위한 이음매이다.
슬립 이음	차량의 하중이 증가할 때 변속기 중심과 후차축 중심 길이가 변하는 것을 신축시켜 추진축 길이의 변동을 흡수하는 장치이다.

109 종감속 기어
기관 동력을 구동력으로 증가시키는 장치이며, 추진축에서 받은 동력을 직각으로 바꾸어 뒷바퀴에 전달하고, 알맞은 감속비로 감속하여 회전력을 높인다.

110 차동기어
커브를 돌 때 선회를 원활하게 해주는 장치이다.

① 험로의 주행이나 선회 시에 좌우 구동바퀴의 회전속도를 달리하여 무리한 동력전달을 방지한다.
② 보통 차동기어장치는 노면의 저항을 작게 받는 쪽의 바퀴회전속도가 빠르다.
③ 선회 시 바깥쪽 바퀴의 회전속도를 증대시킨다.
④ 빙판이나 수렁을 지날 때 구동력이 한쪽 바퀴에만 전달되며 진행을 방해할 수 있기 때문에 4륜구동 형식을 채택하거나 차동제한 장치를 두기도 한다.

111 타이어

트레드 (Tread)	노면과 접촉하는 두꺼운 고무층으로, 마모에 잘 견디고 미끄럼 방지 및 열 발산 기능을 한다.
브레이커 (Breaker)	트레드와 카커스 사이에 있으며, 여러 겹의 코드층을 고무로 감싼 구조이다.
카커스 (Carcass)	타이어의 골격을 형성하는 부분으로, 강도가 강한 합성섬유에 고무를 입힌 층이다. 골격과 공기압을 유지시켜주는 역할을 한다.
사이드월 (Side Wall)	카커스를 보호하고 승차감을 좋게 한다. 타이어의 사이즈와 생산년도, 규정공기압, 하중 등의 정보가 표기되어 있다.
비드 (Bead)	휠림과 접촉하는 부분으로, 타이어를 림에 고정시키는 기능이 있으며 공기가 새는 경우를 방지하는 기능을 한다.
튜브리스 타이어	타이어 내부에 튜브 대신 이너 라이너라는 고무층을 둔다. 펑크 발생 시, 급격한 공기누설이 없기 때문에 안정성이 좋다. 또한 방열이 좋고 수리가 간편하다.

112 캠버(Camber)
① 자동차를 앞에서 보았을 때 노면 수직선과 바퀴의 중심선이 이루는 각도이다.
② 앞바퀴가 하중에 의해 아래로 벌어지는 것을 방지한다.
③ 조향 휠의 조작력을 가볍게 한다.

113 캐스터(Caster)
① 자동차를 옆에서 보았을 때 노면 수직선과 킹핀 중심선(조향축)이 이루는 각이다.
② 바퀴의 직진 안정성을 높인다.
③ 조향 후 바퀴를 직진 방향으로 돌아오게 하는 복원력을 높인다.

114 토(Toe)
바퀴를 위에서 보았을 때 좌우 바퀴의 간격이 뒤쪽보다 앞쪽이 좁은 경우(토 인) 또는 큰 경우(토 아웃)를 말한다.
① 조향을 가볍게 하고 직진성을 좋게 한다.
② 옆 방향으로 미끄러지지 않도록 한다.
③ 바퀴를 평행하게 회전하도록 한다.
④ 토가 잘못되면 타이어 트레드에 마모가 발생할 수 있다.

115 킹핀 경사각(King Pin Inclination Angle)
① 자동차를 앞에서 보았을 때 노면 수직선과 킹핀 중심선(조향축)이 이루는 각도이다.
② 바퀴의 방향 안정성과 복원성을 높인다.
③ 핸들의 조작력을 줄인다.
④ 바퀴의 시미현상을 방지한다.

116 제동장치의 원리
제동장치는 "밀폐 용기 내에서 액체를 채우고 그 용기에 힘을 가하면 유체 속에서 발생하는 압력은 용기 내의 모든 면에 같은 압력이 작용한다."라는 파스칼의 원리를 이용한다.

베이퍼록 현상	유압 라인 내에 마찰열이나 압력 변화로 오일에서 기포가 발생하고, 그 기포가 오일 흐름을 방해하여 제동력이 떨어지는 현상
페이드 현상	브레이크 드럼과 라이닝 사이에 마찰열이 과도하게 발생되면 마찰계수가 작아져 브레이크가 밀리는 현상을 말하며, 과도한 브레이크 사용으로 발생한다.

117 유압식 브레이크의 종류

드럼식 브레이크	• 브레이크 드럼 안쪽으로 라이닝을 부착한 브레이크 슈를 압착하는 방식으로 제동한다. • 휠 실린더, 브레이크 슈 및 브레이크 드럼, 백플레이트 등으로 이루어져 있다.
디스크 브레이크	• 바퀴에 디스크가 붙어 있어서 브레이크 패드가 디스크에 마찰을 주는 방식으로 제동한다. • 패드의 마찰 면적이 작기 때문에 제동 배력 장치가 필요하다 • 패드는 높은 강도의 재질로 구성되어야 한다.
공기 브레이크	• 압축 공기로 제동력을 얻는 장치이다. • 큰 제동력이 가능하므로 건설 기계 또는 대형 차량에 사용 가능하다.

제8장 유압장치

118 유압장치
유체에너지를 기계적 에너지로 바꾸는 장치이다.

119 파스칼의 원리
① 밀폐용기 내의 한 부분에 가해진 압력은 액체 내의 전부분에 같은 압력으로 전달된다.
② 정지된 액체에 접하고 있는 면에 가해진 압력은 그 면에 수직으로 작용한다.
③ 정지된 액체의 한 점에 있어서의 압력의 크기는 전 방향으로 동일하다.
  • 압력의 단위: psi, kgf/cm^2, kPa, mmHg, bar, atm
  • 압력: 힘(kgf)/단면적(cm^2)

120 유압장치의 장점
① 작은 동력으로 큰 힘을 낼 수 있다.
② 과부하 방지가 간단하다.
③ 운동 방향을 쉽게 변경할 수 있다.
④ 정확한 위치제어가 가능하다.
⑤ 동력의 전달 및 증폭을 연속적으로 제어할 수 있다.
⑥ 무단변속이 가능하고 작동이 원활하다.
⑦ 원격 제어가 가능하고 속도 제어가 쉽다.
⑧ 윤활성, 내마멸성, 방청성이 좋다.
⑨ 에너지 축적이 가능하다.

121 기어 펌프(Gear Pump)
① 소형이며 구조가 간단하다.
② 고속회전이 가능하다.
③ 정용량형 펌프이다.
④ 가격이 저렴하고 다루기 쉽다.
⑤ 흡입 성능이 우수하여 펌프 내에서 기포 발생이 적다.
⑥ 수명이 짧고, 소음과 진동이 큰 편이다.

122 기어 펌프의 폐입(폐쇄) 현상
토출된 유압오일 일부가 입구 쪽으로 귀환하여 토출 유량 감소, 축동력 증가 및 케이싱 마모, 기포 발생 등을 유발하는 현상이다.

123 베인 펌프(Vane Pump)
① 수명이 길고 구조가 간단하다.
② 토출 압력의 맥동과 소음이 적다.
③ 수리와 관리가 쉬운 편이다.
④ 제작 시 높은 정밀도가 요구된다.
⑤ 베인, 캠 링, 회전자 등으로 구성된다.

124 플런저 펌프(피스톤 펌프)
① 실린더에서 플런저(피스톤)이 왕복 운동을 하면서 유체 흡입 및 송출 등의 펌프 작용을 한다.
② 최고 압력 토출이 가능하고 높은 평균 효율로 고압 대출력에 사용 가능하다.
③ 높은 압력에 잘 견디며 가변용량이 가능하다.
④ 구조가 복잡하고 가격이 비싼 편이다.
⑤ 오일 오염에 민감하다.

125 유압펌프의 용량 표시방법
① 주어진 압력과 그 때의 토출유량으로 표시한다.
② 토출유량의 단위는 LPM(ℓ/min)이나 GPM(Gallon Per Minute)을 사용한다.

126 유압실린더의 종류

단동 실린더	피스톤 한쪽에만 유압이 발생하고 제어되는 단방향 형식의 실린더이다.
복동 실린더	피스톤 양쪽에 유압이 발생하고 제어되는 교대 형식의 실린더이다.
다단 실린더	실린더 내부에 실린더가 내장되어 있으며, 압착된 유체가 유입되면 실린더가 차례로 나오는 형식의 실린더이다.

127 유압모터
유압모터는 유압 에너지에 의해 연속으로 회전운동을 하면서 기계적인 일을 하는 장치이다.

128 컨트롤 밸브 구조와 기능
① 압력제어 밸브: 유압으로 일의 크기를 제어

릴리프 밸브 (Relief valve)	• 유압회로 전체의 압력을 일정하게 유지한다. • 과부하 방지와 유압기기의 보호를 위하여 최고압력을 제한한다.
리듀싱 밸브 (감압 밸브, Reducing Valve)	메인 유압보다 낮은 압력으로 유압 액추에이터를 동작시키고자 할 때 사용한다.
시퀀스 밸브 (Sequence Valve)	2개 이상의 분기회로에서 유압회로 압력으로 각 유압실린더를 일정한 순서로 작동시킨다.
무부하 밸브 (언로드 밸브, Unloader Valve)	유압펌프를 무부하 상태로 만드는 데 사용한다.
카운터밸런스 밸브(Counter Balance Valve)	중력 및 자체 중량에 의한 자유낙하 등을 방지하기 위하여 회로에 배압을 유지한다.

② 유량제어 밸브: 유량으로 일의 속도를 제어

교축밸브	밸브의 통로 면적을 변경하여 유량을 제어
오리피스 밸브	유압유가 통하는 작은 지름의 구멍으로, 소량의 유량 측정
분류밸브	2개 이상의 액추에이터에 동일한 유량을 분배
니들밸브	밸브가 바늘모양으로 되어 있으며, 노즐 또는 파이프 속의 유량을 제어
속도 제어밸브	액추에이터의 작동 속도를 제어

③ 방향제어 밸브: 유압의 방향을 제어

스풀 밸브	원통형 슬리브 면에 내접하여 축 방향으로 이동하여 유압회로를 개폐하는 형식
체크 밸브	유압유의 흐름을 한쪽으로만 허용
셔틀 밸브	2개 이상의 입구와 1개의 출구가 설치되어 있으며, 출구가 최고 압력의 입구를 선택

129 유압탱크 구조와 기능
① 유압탱크는 주입구 캡, 유면계, 격리판(배플), 스트레이너, 드레인 플러그 등으로 구성되어 있으며, 유압유를 저장하는 장치이다.
② 유압펌프 흡입관에는 스트레이너를 설치하며, 흡입관은 유압탱크 가장 밑면과 어느 정도 공간을 두고 설치하여야 한다.
③ 유압펌프 흡입관과 복귀관 사이에는 격리판(배플)을 설치한다.

④ 유압펌프 흡입관은 복귀관으로부터 가능한 한 멀리 떨어진 위치에 설치한다.

130 유압유의 구비조건
① 내열성이 크고, 인화점 및 발화점이 높아야 한다.
② 점성과 적절한 유동성이 있어야 한다.
③ 기포분리 성능(소포성)이 커야 한다.
④ 압축성, 밀도, 열팽창 계수가 작아야 한다.
⑤ 화학적 안정성(산화 안정성)이 커야 한다.
⑥ 점도지수 및 체적탄성계수가 커야 한다.

131 유압유의 점도가 높을 때의 영향
① 유압이 높아지므로 유동저항이 커져 압력손실이 증가한다.
② 내부마찰이 증가하므로 동력손실이 증가한다.
③ 열 발생의 원인이 될 수 있다.

132 유압유의 점도가 낮을 때의 영향
① 유압장치(회로)내의 유압이 낮아진다.
② 유압펌프의 효율이 저하된다.
③ 유압실린더와 유압모터의 작동속도가 늦어진다.
④ 유압실린더 및 유압모터, 제어밸브에서 누출현상이 발생한다.

133 유압장치의 이상 현상

숨돌리기 현상	유압 회로에 공기의 유입으로 기계가 작동하다가 순간적으로 멈추고 다시 작동하는 현상을 말한다.
캐비테이션 (공동현상)	작동유 속에 녹아있는 공기가 기포로 발생, 유압장치 내에 국부적인 폰은 압력과 소음 및 진동이 발생하여 효율과 펌프양정이 저하되는 현상
서지압력	급격하게 유압라인에 유체 흐름이 막혀 순간적으로 발생하는 이상압력의 최대값을 의미한다.

134 어큐뮬레이터(축압기, Accumulator)
① 유압의 압력 에너지를 저장한다.
② 펌프의 맥동(충격)을 흡수하여 일정하게 유지시킨다.
③ 비상용 및 보조 유압원으로 사용한다.
④ 스프링형, 기체 압축형(질소 사용), 기체와 기름 분리형(피스톤, 블래더, 다이어프램으로 구분) 등이 있다.

135 오일 여과기(Oil Filter)
오일여과기는 유압유 내에 금속의 마모된 찌꺼기나 카본 덩어리 등의 이물질을 제거하는 장치이다.

136 오일 냉각기(Oil Cooler)
공랭식과 수랭식으로 작동유를 냉각시키며, 작동유 온도를 알맞게 유지하기 위한 장치이다.
▶ 오일 실(Oil seal): 유압유의 누출을 방지

137 언로드 회로(무부하 회로)
일하던 도중에 유압펌프 유량이 필요하지 않게 되었을 때 유압유를 저압으로 탱크에 귀환시킨다.

138 속도제어 회로
유압회로에서 유량제어를 통하여 작업속도를 조절하는 방식에는 미터 인 회로, 미터 아웃 회로, 블리드 오프 회로, 카운터밸런스 회로 등이 있다.

미터-인 회로 (meter-in circuit)	액추에이터의 입구 쪽 관로에 직렬로 설치한 유량제어 밸브로 유량을 제어하여 속도를 제어한다.
미터-아웃 회로 (meter-out circuit)	액추에이터의 출구 쪽 관로에 직렬로 설치한 유량제어 밸브로 유량을 제어하여 속도를 제어한다.
블리드 오프 회로 (bleed off circuit)	유량제어 밸브를 실린더와 병렬로 설치하여 유압 펌프 토출량 중 일정한 양을 탱크로 되돌리므로 릴리프 밸브에서 과잉압력을 줄일 필요가 없는 장점이 있으나 부하변동이 급격한 경우에는 정확한 유량제어가 곤란하다.

MEMO

박문각 자격증 시리즈
로더운전기능사 필기 + 무료특강

초판인쇄	2026. 1. 15
초판발행	2026. 1. 20

발 행 인	박용
출판총괄	김현실
개발책임	이성준
편집개발	김태희, 윤혜진
마 케 팅	김치환, 최지희
일러스트	㈜ 유미지

발 행 처	㈜ 박문각출판
출판등록	등록번호 제2019-000137호
주 소	06654 서울시 서초구 효령로 283 서경B/D 6층
전 화	(02) 6466-7202
팩 스	(02) 584-2927
홈페이지	www.pmgbooks.co.kr

ISBN	979-11-7519-175-4
정가	18,000원

저자와의 협의 하에 인지 생략

이 책의 무단 전재 또는 복제 행위는 저작권법 제 136조에 의거, 5년 이하의 징역 또는 5,000만원 이하의 벌금에 처하거나 이를 병과할 수 있습니다.